이동통신 중계기의 이해
Introduction to Mobile Repeater System

송두희 · 이기진

서강대학교 출판부

들어가는 말

지난 2~3년 동안 이동통신 분야는 소비자들에게 통신의 의미를 심어 준 경제발전의 근본적인 도구로 발전하면서 정보통신 분야 중 가장 빠른 성장을 이룬 분야가 되었다. 우리나라에서도 CDMA방식에 기초를 둔 이동통신 디지털 셀룰라 서비스의 가입자가 2천만 명이 넘어서고 있는 것도 이동통신 서비스의 요구가 급격히 증가했다는 것을 말해 준다.

이동통신의 서비스 품질을 유지하기 위하여 서비스 사업자들은 이동통신 서비스의 용량, 품질과 커버리지 개선을 위해 끊임없이 노력해야 한다. 모든 이동통신 사용자들은 언제, 어디서나 끊김 없는 서비스를 요구한다. 이러한 욕구로 인해 셀룰라 시스템의 커버리지를 확장하기 위해 처음 시골이나 도심 외곽지역에 중계기 시스템을 도입하기 시작하였다. 지금은 이동통신 네트워크에서의 중계기 역할이 다양해졌다. 예를 들어 옥외 커버리지 확장은 물론 호 밀집지역의 호 분산, 빌딩 밀집지역의 옥내 커버리지 확보 등과 같은 다양한 지역의 커버리지를 위해 중계기 시스템이 사용된다. 일반적으로 중계기는 양방향 증폭기의 일종으로 구분되며 그 역할은 신호가 없거나 무선환경이 좋지 않은 음영지역에 기지국 무선환경을 제공해 주는 기능을 한다. 이 논문에서 우리는 단순한 음영지역을 커버하는 기능을 넘어서 셀 커버리지를 확장하는 의미로서의 중계기 적용 가능성을 분석하여 다른 시각에서의 최적화된 중계기의 적용을 고려해 볼 것이다. 그리고 분석된 결과들은 미약한 무선환경을 가진 지역을 높은 품질의 커버리지로 바꾸어 놓는다는 것을 확인할 수 있다. 중계기의 설치는 이동통신 네트워크 안에 또 다른 무선 공급원을 만드는 것을 의미한다. 그러므로 이동통신 네트워크 안에서의 중계기 적용은 기지국 성능에 영향을 미친다. 우리는 중계기로부터 어떤 종류의 영향들이 발생되는지, 그리고 효과적으로 커버리지를 확장하기 위해 기지국과 중계기 사이의 최적화된 링크를 어떻게 구현해야 하는지에 대하여 분석할 필요가 있다.

본 내용은 변조된 신호의 상태를 이해하기 위한 기본적인 개념에서 시작하여 이동통신에 기초한 중계기 시스템의 링크 방식 및 그 종류에 따라 중계기의 주요 기능에 대해 설명 하였다. 중계기가 기지국에 링크되었을 때에, 안정된 링크유지를 위한 링크경로 분석 및 이 링크를 통해 연결된 중계기의 수신성능 및 기지국과 중계기 커버리지 상호작용을 논의하였다. 또한 커버리지 분석을 고려하는데 도움을 줄 몇 가지 파라미터들에 대한 도출 및 의미를 부여하였고, 최적화된 이동통신 네트워크를 얻기 위한 중계기 동작점을 제안하였다.

서강대학교 물리학과 마이크로파 연구실

송두희 · 이기진

목 차

제 1 장

서론

이동통신은 급속도로 발전하는 정보화 사회 속에서 “언제, 어디서나, 누구와도” 통신을 가능하게 만들었고, 많은 정보들을 접할 수 있는 정보통신의 새로운 시대를 열어 놓았다. 이동통신 서비스가 대중화되고 무선 통신 기술이 발전함에 따라 누구나 필요할 때 필요한 곳에서 정보를 교환할 수 있는 정보통신의 개인화로 변화하고 있다. 디지털 이동통신 시스템은 짧은 기간 동안에 눈부신 발전을 거듭하여 통화위주의 서비스에서 음성 및 데이터 서비스로 바뀌게 되고, 전송속도가 높아짐에 따라 데이터 전송뿐만 아니라 동영상 등의 방송신호까지 실시간 전송이 가능한 서비스로 발전하고 있다.

이러한 이동통신 뒤에는 이동통신 서비스를 구축하기 위해 기지국을 중심으로 한 무선 네트워크 커버리지 최적화 및 안정화 운용이 큰 역할을 담당하였다. 주위 환경이나 지형에 따라 큰 영향을 받는 불안정한 무선환경을 매체로 하는 통신 시스템이기 때문에 이 불안정한 환경을 극복하기 위해 여러 기술들이 적용되어 왔다. 도심지역의 고층건물 및 복잡한 도심시설들은 전파전파에 많은 장애물이 되기 때문에 기지국 커버리지 내에서도 건물내부, 고층빌딩 밀집지역의 저층환경, 지하환경에서는 많은 음영지역이 발생하게 된다. 이러한 지역에 경제적인 방법으로 기지국 무선환경을 제공해 주어 사용자들의 통화욕구를 만족시켜 주는 “이동통신 중계기” 시스템이 도입되게 된 배경이 되었다. 이동통신 중계시스템이란 기지국과 다양한 방식의 링크를 이루어 기지국의 무선환경을 전파 음영지역에 제공해 주는 역할을 한다. 중계기는 기지국에 링크하여 전파 음영지역에 위치한 사용자 단말기에 기지국 신호를 전달하고 단말기의 송신신호를 기지국에 전달하는 역할을 한다. 중계기가 링크된 기지국의 커버리지는 링크조건에 따라 영향을 받게 되는데 이 조건을 분석하여 기지국 열화를 최소화 하면서도 중계기 커버리지를 극대화 할 수 있는 동작점을 찾을 필요가 있다. 중계기의 최대 과제는 링크된 기지국 영향을 줄이면서 중계 커버리지 효과를 극대화 하는 것이라 할 수 있기 때문에 중계기가 기지국에 링크될 때의 링크분석에 대한 부분이 중요하다. 그러므로 우리는 중계기의 링크분석을 통해 중계기의 링크로 인해 기지국에 미치는 영향을 분석하여 그 결과를 통해 중계기의 커버리지 최적화를 위한 동작점을 찾을 수 있다. 이동통신 네트워크에서 중계기의 적용은 새로운 잡음원을 추가하는 일이다. 이 잡음원은 링크된 기지국을 비롯한 주변 네트워크에 적지않은 영향을 주게 되지만 이 영향의 결과로 넓은 커버리지를 확보한다. 그러므로 잡음원인 중계기 시스템이 무선 네트워크에서 미치는 영향에 대한 분석과 이 영향의 결과로 얻어지는 중계기 커버리지 분석을 통해 이동통신 환경에 적용되는 중계기 시스템이 최적화된 무선 커버리지를 확보할 수 있도록 중계기의 동작점을 제시할 수 있다.

제 2 장

신호와 잡음, 그리고 열화

2.1 전파에 실린 정보

파동으로서의 전파는 진폭, 주파수(또는 파장), 그리고 위상으로 그 상태를 표현할 수 있다. 그래서 이 세가지 양이 시간을 좇아가며 정보와 대응하도록 변화시켜 주면 여기서 비로소 정보를 지닌 전파가 만들어지게 된다. 전파에 정보를 부여하는 방법을 변조(Modulation)라 한다. 전파의 변조방법에는 위의 세가지 변수 중 어느 것을 변화시키느냐로 결정되며, 진폭변조(AM), 주파수 변조(FM), 위상 변조(PM)의 세 종류로 크게 구분되는데 이 변조방식을 기초로 하여 다시 세분화 된 변조방법으로 나누어진다. 전파 대신에 음성을 생각해 보면 각각의 변조방법의 특징을 알 수 있다. 진폭변조는 소리의 크고 작음으로 바꾸어서 신호를 보내게 되는데 모르스 부호는 진폭변조의 극단적인 예이다. 주파수 변조는 소리의 높고 낮음을 변화시켜서 신호를 보낸다. 구급차의 사이렌 소리가 바로 이 변조방식이다. 위상변조는 소리를 내는 호흡의 리듬, 숨을 멎는 위치를 변화시켜서 신호를 보낸다. 그런데 이들 변조방법에는 장점과 단점이 있다. 변조된 전파는 많은 잡음이 존재하는 자유공간을 여행하여 수신기에 도달된다. 이 때 잡음이 섞인 신호로부터 얼마나 정확하게 본래의 신호를 복원해 낼 수 있느냐에 따라 각각의 변조방식의 특색이 결정된다.

2.2 신호와 잡음

유무선을 망라한 모든 통신 시스템에서 신호대잡음비(SNR : Signal to Noise Ratio)는 통신성능을 판가름할 수 있는 중요한 요소임이 틀림 없다. 신호대잡음비는 말 그대로 정보가 실린 신호레벨이 잡음레벨로부터 얼마나 높은 전력레벨을 가지고 있는가를 의미하는데, 이 값은 잡음성분이 정보가 실린 신호성분에 얼마나 영향을 주느냐를 알 수 있는 척도이며 다른 의미로는 신호성분의 열화 정도를 나타내기도 한다. RF신호를 이용한 통신시스템에서는 그 신호 캐리어들의 주파수(Frequency)와 진폭(Amplitude), 그리고 위상(Phase)상태를 변화시켜 정보를 전송한다. 그러므로 신호를 송신할 때에 신호캐리어의 진폭과 위상이 찌그러지거나 왜곡된다면 신호에 포함된 정보들이 소실될 것이다. 그러므로 송신기는 방사되는 높은 출력레벨에서도 신호의 찌그러짐이나 왜곡이 일어나지 않도록 해야 하는데 이것이 바로 RF 송신시스템의 선형성을 강조하는 이유이다. 이렇게 선형성을 유지하여 송신된 신호캐리어는 무선환경에서의 많은 신호감쇄를 겪고 수신안테나를 통하여 수신될 때, 수신 신호캐리어도 진폭과 위상 등이 왜곡 없이 선형성을 유지할 수 있어야 통신이 가능하다. 통신하는 전송선로가 유선이든 무선이든 누구나 먼 지역에서도 이 신호를 왜곡 없이 수신하길 바란다. 송신된 신호는 전송매체를 통해 수신자에게 전달되므로 전송매체도 선형시스템이어야 하는 것은 두말할 필요도 없다. 무선통신의 경우, 대기중의 자유공간을 전송매체로 사용하므로 무선환경을 잘 파악해야 이 안에서 전달되는 무선신호의 성질을 예측할 수 있다.

매체에 존재하는 잡음은 열 잡음, 산탄잡음, 분류잡음, 저주파잡음 등과 같이 다양한 종류의 잡음이 존재하게 되는데 이 잡음 중 열 잡음과 같은 경우는 전 주파수대역을 걸쳐 불규칙한 잡음(Random Noise)형태를 가지게 되는데 이러한 형태를 가진 잡음을 백색잡음(White Noise)이라 하여 전력 스펙트럼이 모든 주파수 대역에 균일하게 퍼져 있으며, 이는 빛이 모든 스펙트럼을 포함하면 흰색이 되는 것과 같다는 뜻에서 나온 말이다. 전력 스펙트럼이 균일하다는 것은 잡음을 구성하는 모든 주파수성분들이 통계적으로 볼 때 같은 전력을 가지고 있다는 뜻이다. 주위 온도에 의해 자유전자들의 불규칙한 운동은 열 잡음으로 나타나게 되는데 이 잡음은 주위의 온도에 관계하여 잡음의 크기가 결정된다.

$$\begin{aligned}&Thermal\ Noise = k \times T \times BW = -174\,dBm + 10log(BW)\ @\,T = 290^{\circ}K\\&(K{:}Boltzmann\ 상수,\ T{:}Kelvin\ Temperature,\ BW{:}Band\ Width)\end{aligned} \tag{2.1}$$

위의 식이 의미하는 바와 같이 열 잡음은 290°K에서 1Hz의 대역폭당 -174dBm의 전력 값을 가지고 있고, 대역이 넓어짐에 따라 열 잡음 레벨도 넓어진 대역폭만큼 합해져서 증가하게 된다. 이 열 잡음은 RF증폭회로 등에 의해 에너지가 주입되면 그 레벨도 증가된다.

2.3 잡음을 나타내는 단위

잡음을 나타내는 단위로는 절대단위와 상대단위가 있는데, 아래와 같은 단위들이 안테나로부터 입력되는 잡음과 수신기 내에서 생성되는 잡음을 정의하기 위해 사용된다.

· 잡음전력밀도(Noise Power Density) : pW 또는 dBm

· 잡음온도(Noise Temperature) : °K(Kelvin)

· 잡음지수(Noise Figure) : dB

열 잡음이란 현재의 온도에서 존재하는 공기분자들의 운동량에 의한 잡음을 의미한다. 열 잡음은 주파수에 의존하지 않고 대역폭에 관계하여 식 (2.1)과 같은 식으로 표현되고 다시 간단하게 표현하면 식 (2.2)와 같다. 이 열 잡음은 무선환경에서 증폭 및 경로손실에 대한 신호대잡음비의 기준레벨로 사용되며, 현재 온도환경의 최소 에너지레벨을 절대전력 값으로 나타낸 것이라 할 수 있다.

$$N_{thermal} = KTB$$

$$\begin{cases} N_{thermal}: \text{열잡음전력} \\ K: \text{볼쯔만 상수} \\ T: \text{잡음온도} \\ B: \text{대역폭} \end{cases} \qquad (2.2)$$

위의 식에서 알 수 있듯이 열 잡음 전력은 잡음의 온도와 비례할 뿐만 아니라 대역폭에도 관계하는 것을 알 수 있다. 열 잡음전력을 계산하는 온도는 켈빈온도(절대온도)를 사용하는데 모든 전자의 움직임이 멈추게 되는 절대영도 0°K(-273℃)일 때에 열 잡음이 0이 되는 것을 기준으로 열 잡음레벨을 나타낸다.

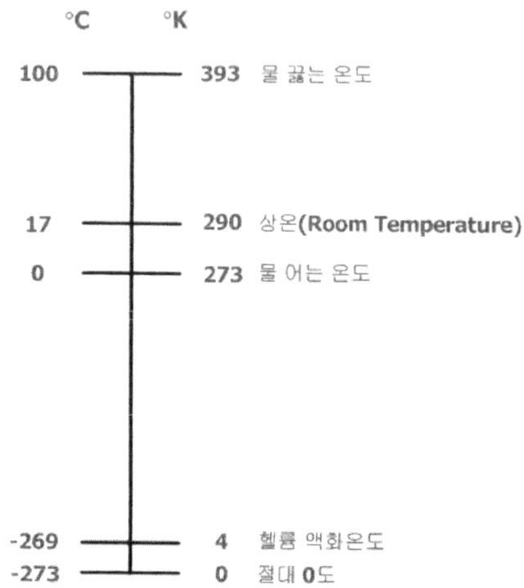

[그림 2.1 CELSIUS와 KELVIN 온도의 상관관계]

수동소자의 출력 단에서의 잡음전력은 실제의 물리적인 온도에 의존한다. 하지만 이 잡음전력이 증폭기와 같은 능동소자를 거쳤을 때의 잡음전력은 증폭되는 이득만큼 잡음전력을 높이게 되므로 증폭기를 비롯한 RF 시스템에서의 잡음온도는 실제 물리적인 온도를 올리거나 내리는 것을 의미하지 않는다. 이것은 얼마나 많은 잡음을 증폭기가 내 놓는가를 정의하는 방법이다. RF증폭기 트랜지스터의 잡음전력이 10MHz대역폭에서 0.01pW라면 잡음온도는 아래와 같이 계산할 수 있다.

$$T = \frac{N}{KB} = \frac{10^{-14}W}{\left(1.38 \times 10^{-23}\frac{W}{^{\circ}K \cdot Hz}\right) \times \left(10^{7}Hz\right)} = 72.5^{\circ}K \qquad (2.3)$$

이 온도는 트랜지스터의 물리적인 온도가 아니라 72.5°K에서의 열 잡음

출력레벨만큼의 잡음을 내놓는다는 의미이다. 보통 주위의 온도가 20℃인 상태에서의 열 잡음을 논의하므로 이것을 dBm단위의 간단한 식으로 표현하면 아래와 같다.

$$N_{thermal} = KTB = -174 + 10\log B\,(dBm) \tag{2.4}$$

식 (2.4)를 이용하여 계산하면 20℃ 부근에서 대기 중에 이와 같은 열 잡음이 항상 존재하며 이 잡음레벨에 에너지를 가하여 증폭하면 열 잡음 레벨이 증폭이득에 의해 증가한다. 모든 정보를 담은 신호들은 이 잡음레벨을 기준으로 형성되며 이 열 잡음레벨은 신호레벨의 신호대잡음비를 표현하는데 주로 사용한다. 물론 신호대잡음비가 크면 클수록 잡음으로부터 신호를 쉽게 구분해 낼 수 있으므로 양호한 수신상태를 유지할 수 있다.

대역폭	열 잡음레벨(20℃)	대역폭	열 잡음레벨(20℃)
1Hz	−174dBm	1.23MHz	−113dBm
1KHz	−144dBm	3.84MHz	−108dBm
1MHz	−114dBm	10MHz	−104dBm

[표 2.1 대역폭에 따른 열 잡음레벨]

반대로 수신되는 신호레벨이 열 잡음레벨과 비교하여 큰 차이가 없거나 잡음레벨보다 더 낮게 된다면, 잡음레벨이 수신신호와 혼합되면서 신호 내에 변조되어 포함된 정보를 오염시켜 복원할 수 없게 된다.

2.4 신호대잡음비(SNR)에 의한 통신가능거리 분석

그러면 이러한 잡음성분들이 어떻게 정보가 실린 신호캐리어에 영향을 주는지에 대하여 알아보자. 그림 2.2(a)에서 볼 수 있듯이 기지국 또는 중계기와 같은 송신기에서 증폭되어 고출력으로 송신된 신호와 잡음레벨은 ㉮지점부터 자유공간 손실에 의해 감쇄를 겪으며 전파되게 되는데 ㉯지점까지는 신호와 잡음레벨이 같이 감쇄되어 신호대잡음비의 열화가 일어나지 않지만 ㉯지점부터는 신호레벨은 감쇄가 계속 일어나는 반면 잡음레벨은 이미 기저레벨에 도달하였으므로 더 이상의 감쇄가 일어나지 못하여 신호대잡음비의 열화가 시작되고 결국 복조가 가능한 최소 신호대잡음비보다 낮아지면 통신이 불가능하게 된다. 이것을 수신신호에 대한 전송손실률(BER : Bit Error Rate)로 나타낸 그래프를 그리면 그림 2.2의 (b)와 같이 될 수 있고, 통신 가능한 지역에서는 송수신 시스템 자체의 BER로 유지되고 있는 반면,

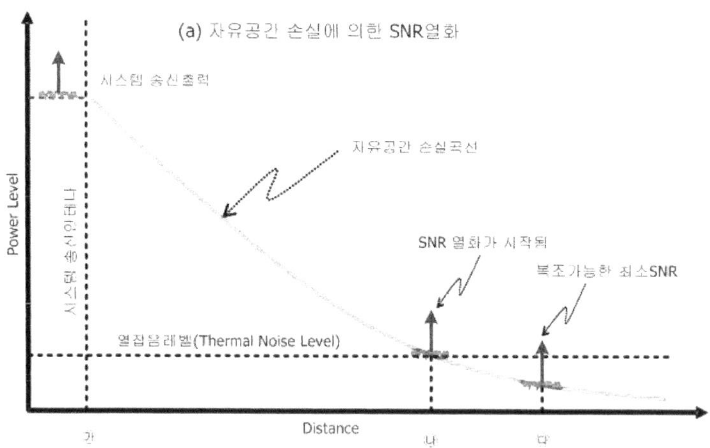

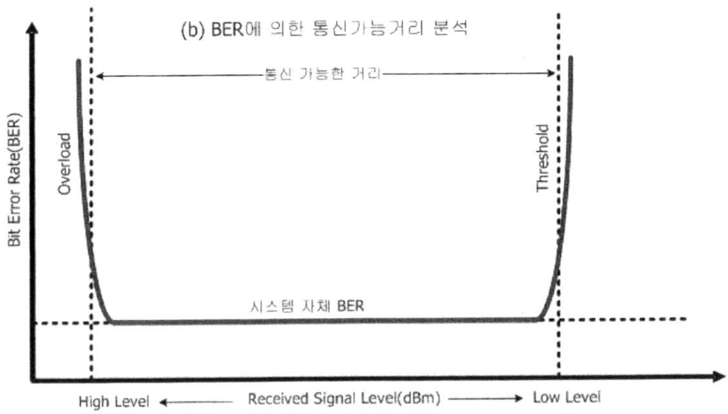

[그림 2.2 송신기와 수신기 사이의 통신거리 분석]

수신신호가 너무 강할 때에는 수신기의 과 입력에 의한 혼변조 현상으로 신호가 왜곡되어 BER이 증가되고 수신신호가 약할 때에는 열 잡음에 의해 신호캐리어 안의 정보들이 열화 및 소실되어 BER이 증가되는 것을 볼 수 있다. 참고로 BER은 아래의 식으로 정의된다.

$$BER = \frac{Errors}{Bits\ Sent} \tag{2.5}$$

위의 그림 2.2(b)에서와 같이 기지국 안테나 같은 송신기 가까이에서는 수신신호가 너무 강해서 수신기에 과 입력 레벨의 신호가 입력되고 수신기의 과입력 혼변조 현상에 의해 신호가 왜곡되어 BER이 크게 증가되다가 적당한 수신레벨 범위에서는 시스템 자체의 최소 BER을 유지하면서 통신할 수 있고 안테나로부터 멀어질수록 수신신호 세기가 약해지다가 최소요구 SNR을 유지할 수 있는 지역보다 멀어질 경우에는 신호 안에 포함된 정보들이 열 잡음의 간섭으로 소실되어 통신할 수 없게 되어 물리적인 거리의 제한을 갖게 된다.

통신(통화) 가능한 최소 수신신호 레벨의 존재는 곧 수신신호의 최소 신호대잡음비(SNR)를 의미하고, 이 거리는 동일한 송신출력, 동일한 주파수에서도 데이터 전송속도와 변조방식에 따라 많은 차이를 보인다. 변조방식은 ASK, FSK, PSK 등이 조합된 방식을 이용하며 데이터 전송속도가 낮은 통신시스템에서는 그다지 높지 않은 SNR을 요구하므로 통신 가능거리가 더 넓어질 수 있다. 하지만 고속의 데이터를 전송하는 QAM(16QAM, 64QAM, 128QAM 등)방식에서는 동시에 나타낼 수 있는 상태의 수(Constellation)가 많아지고 그 상태에 함축된 심볼당 비트수가 많아지므로 약간의 열화에도 데이터 소실이 일어날 수 있으므로 높은 신호대잡음비를 요구하게 되어 결국 통신가능 거리는 줄어들게 된다. 참고로 음성신호의 경우 10^{-3}정도의 BER을 요구하지만 데이터 전송에 있어서는 10^{-6}~10^{-12}정도의 BER이 요구된다. 그러므로 고속 데이터 통신의 경우에는 송신기의 뛰어난 선형성을 가져야 할 뿐만 아니라 수신기의 뛰어난 수신감도를 가질 수 있도록 설계해야 커버리지 확보에 많은 도움이 될 것이다.

2.5 잡음에 의한 신호성분의 열화

정보가 실린 신호캐리어들이 잡음레벨에 의해 어떻게 왜곡되는지를 알아보면, 그림 2.3의 (a)에서와 같이 원래의 신호캐리어에 잡음레벨이 혼합되었을 때 신호캐리어의 진폭과 위상이 열화 되어 원신호의 위치에서 벗어나게 되어 원안의 어느 상태를 가리키게 된다. 신호의 열화 정도는 원신호와 잡음레벨 사이의 크기 차, 즉 신호대잡음비에 의존하여 이 신호대잡음비 값이 커지게 되면 신호의 열화범위 원이 작아져 정확한 정보를 전달할 수 있게 되고, 작아지게 되면 열화범위 원이 커져서 에러 율이 많아지게 되어 이에 따라 정보소실이 많아지게 된다.

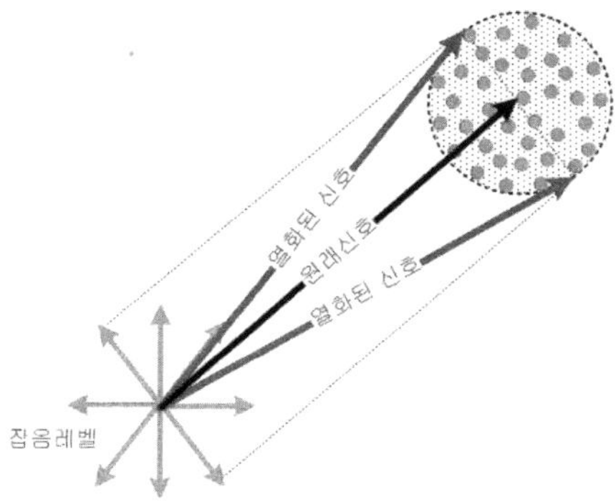

(a) 신호캐리어와 열 잡음 성분과의 벡터 합

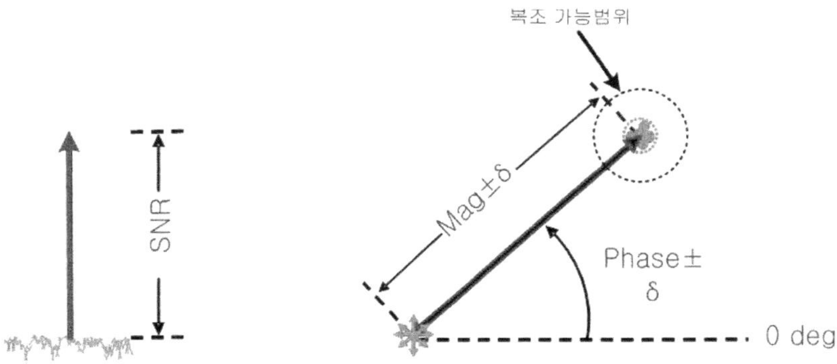

(b) 그림 2.2의 ㉮~㉯사이 신호대잡음비와 신호열화 정도

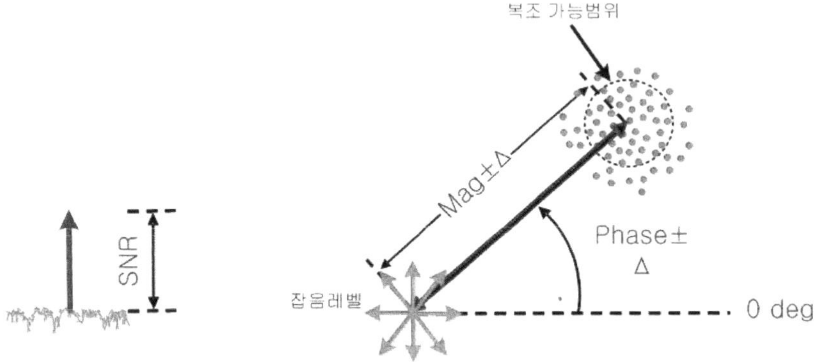

(c) 그림 2.2의 ㉰위치보다 먼 곳에서의 신호대잡음비와 신호열화 정도

[그림 2.3 신호와 잡음의 혼합으로 인한 신호열화]

정상적인 신호를 송신하는 안테나 근처에서의 신호대잡음비는 그림 2.2의 ㉯지점까지 열화 되지 않고 전달되게 된다. 그러므로 ㉮~㉯사이의 신호캐리어는 작은 열화가 일어나지만, 이 열화는 시스템의 성능에 관계한 열화이고 이 열화 정도는 신호의 복조 가능범위 안에 있으므로 수신 측에서 복조가 가능하다. 하지만 ㉰지점부터는 송신기의 잡음레벨이 열 잡음레벨까지 도달하여 더 이상 잡음레벨의 감소는 없고 신호캐리어만 줄어들어 신호대잡음비가 작아지기 시작한다. 그러므로 그림 2.3 (c)와 같이 신호캐리어에 작용하는 열 잡음레벨의 영향이 상대적으로 커져서 신호의 열화 정도는 증가하게 되고 수신 측에서는 모뎀의 복조 가능범위를 넘어선 수신 신호는 그 신호에 실린 데이터들을 복조 할 수 없게 된다.

2.6 이동통신의 대표적인 변조방식과 위상선도

이동통신에서 사용되는 변조방식에 대하여 알아보면 다음과 같다. 그림 2.4는 QPSK, 16QAM, 64QAM 방식에서의 위상선도를 나타낸다. CDMA방식의 이동통신에서는 음성통화를 위해 QPSK 변조를 기저대역 변조방식으로 사용하고 있고, 고속의 무선패킷 데이터를 전송하는 CDMA2000이나 EVDO 서비스에서는 16QAM의 변조방식을 혼용하고 있다. 또한 무선데이터 전송을 위한 이동통신서비스인 휴대무선인터넷 Wibro 시스템에서는 64QAM, 16QAM 및 QPSK의 3가지 방식 모두를 무선인터넷 서비스의 변조방식으로 채택하고 있다.

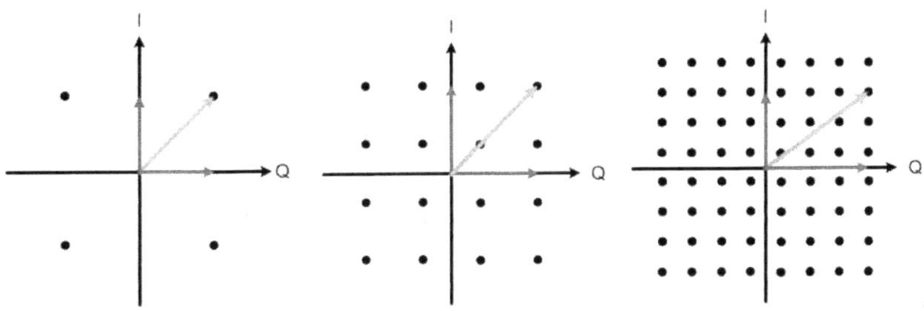

(a) QPSK (b) 16-QAM (c) 64-QAM

[그림 2.4 변조방식에 따른 위상선도상의 CONSTELLATION]

2.6.1 QPSK 변조

이 변조방식은 두 신호를 하나의 기저대역 전송로를 통해 전송하면서도 변복조 할 때에는 이 두 신호를 각각 분리할 수 있는 특징을 가지고 있어 비트 전송속도를 2배로 증가시킬 수 있다. 이것은 두 개의 BPSK신호를 동시에 전송할 수 있는 특징을 가지고 있어 직교-반송 다중화의 기본적인 형태를 가지고 있다고 할 수 있다. 두 개의 BPSK 신호는 $\phi_{BPSK1}(t) = \pm A\cos\omega t$, $\phi_{BPSK2}(t) = \pm A\sin\omega t$의 형태를 가지므로 이 두 신호를 더해서 QPSK의 한 전송신호 $\phi_{QPSK}(t)$를 만들 수 있는데 이때의 심볼 상태는 다음과 같이 4가지 중 하나의 상태가 된다.

$$\varphi_{QPSK}(t) = \begin{Bmatrix} +A\cos\omega t + A\sin\omega t \\ +A\cos\omega t - A\sin\omega t \\ -A\cos\omega t + A\sin\omega t \\ -A\cos\omega t - A\sin\omega t \end{Bmatrix} = \pm\left(A\cos\omega t \pm A sin\,\omega t\right) \tag{2.6}$$

위의 값은 삼각함수 정리에 의해

$$\cos\omega t \pm \sin\omega t = \sqrt{2}\cos\left[\omega t \mu \frac{\pi}{4}\right] \tag{2.7}$$

그러므로 위의 두 식을 적용하면 $\varphi_{QPSK}(t)$는 다음과 같이 표현된다.

$$\varphi_{QPSK}(t) = \begin{cases} \sqrt{2}A\cos\left(\omega t + \frac{\pi}{4}\right) \\ \sqrt{2}A\cos\left(\omega t + \frac{3\pi}{4}\right) \\ \sqrt{2}A\cos\left(\omega t + \frac{5\pi}{4}\right) \\ \sqrt{2}A\cos\left(\omega t + \frac{7\pi}{4}\right) \end{cases} \tag{2.8}$$

따라서 전송신호 $\varphi_{QPSK}(t)$의 위상은 아래의 그림과 같이 단위원상에서 90°(직교위상)의 균등한 간격으로 자리잡은 네 가지 형태가 되므로 이 방식을 직교 위상천이 변조(QPSK : Quadrature PSK)라고 한다. 이 방식은 단일신호 전송에 필요한 대역폭 만으로 두 개의 다른 신호를 동시에 전송할 수 있어 전송속도를 효율적으로 개선할 수 있다.

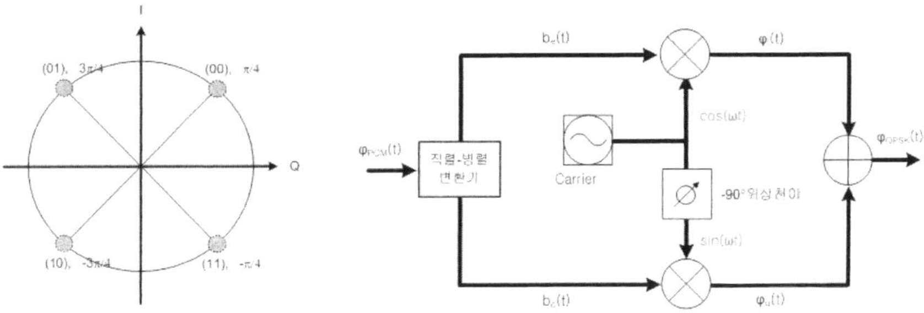

(a)QPSK신호의 위상선도　　　　　　(b)QPSK신호의 변조방법

[그림 2.5 QPSK신호의 위상선도 및 변조방법]

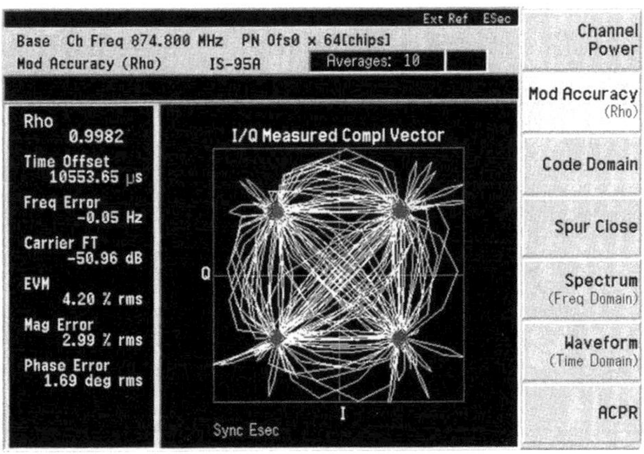

[그림 2.6 QPSK 변조된 신호의 측정 데이터]

2.6.2 QAM 변조

협대역 채널을 통해 데이터를 전송하는 방법으로 전송속도를 높일 수 있는 가장 좋은 방법은 진폭변조와 위상변조를 결합하는 것이다. 이렇게 진폭과 위상변조를 결합한 방식을 직교 진폭변조(QAM : Quadrature Amplitude Modulation)라 한다. 이 변조방식은 진폭변조와 위상변조를 결합한 QAM방식을 사용함으로써 비트오류가 일어날 확률을 줄이기 위해 위상선도 상에서 각 점들의 위치를 달리한다. 예를 들어 16-QAM방식은 2^4=16이므로 4개의 비트를 하나의 심볼로 표현할 수 있도록 진폭과 위상을 동시에 결합하였기 때문에 하나의 원주상에서 존재하지 않고, 16개의 점들이 위상선도상에서 격자구조로 분포하게 되며 각 점에 대응되는 신호는 아래의 식과 같은 형태가 된다.

$$\varphi_{QAM}(t) = A_i(t)\cos(\omega t + \theta_i),\ i = 0, 1, 2, \Lambda, 15 \qquad (2.9)$$

위의 식에서 알 수 있듯이 4개의 비트를 묶어 하나의 반송파 버스트로 전송하므로 반송파의 진폭 A_i와 위상 θ_i가 모두 변조된다. 아래의 그림 2.7은 16-QAM방식의 위상선도와 변조기의 구성을 보여 준다. (b)의 변조기에서는 입력되는 데이터 $d(t)$를 먼저 기수 비트 열 $b_o(t)$와 우수 비트 열 $b_e(t)$로 나누고 기수 비트들은 두 깨씩 묶어서 4개의 상태 중 하나로 표현하며 이들에 의해 정현파가 변조된다. 마찬가지로 우수 비트열도 두 비트씩 짝을 지어 하나의 상태가 되며 이들에 의해 정현파가 변조된다. 이렇게 변조된 정현파 두 개가 결합되어 16-QAM 신호인 를 만든다. 64-QAM방식도 동일한 방법으로 변조되나, 하나의 심볼(상태, State)에 함축될 수 있는 비트 수가 64-QAM의 경우, 2^6=64이므로, 6개가 되고 위상선도 상에는 모두 64개의 상태(State)가 존재하게 된다. 이와 같이 CDMA, WCDMA, Wibro 등과 같은 무선통신에서 사용하는 대표적인 변조방법인 직교위상변조(QPSK), 16진 직교진폭변조(16-QAM), 64진 직교진폭변조(64-QAM)에 대하여 알아보았다. 이동통신에서 큰 전송속도를 필요로 하지 않는 음성통화와 같은 경우에는 QPSK방식을 사용하고, 무선데이터 등과 같이 고속의 전송속도가 필요할 때에는 QAM방식을 사용한다.

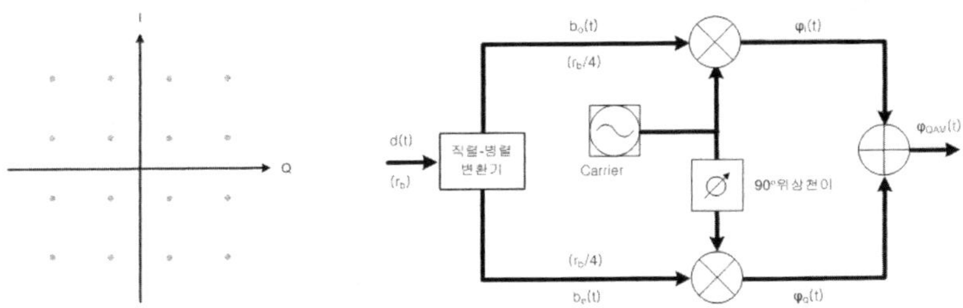

(a)16-QAM신호의 위상도 (b)16-QAM신호의 변조방법

[그림 2.7 16-QAM신호의 위상선도와 변조방법]

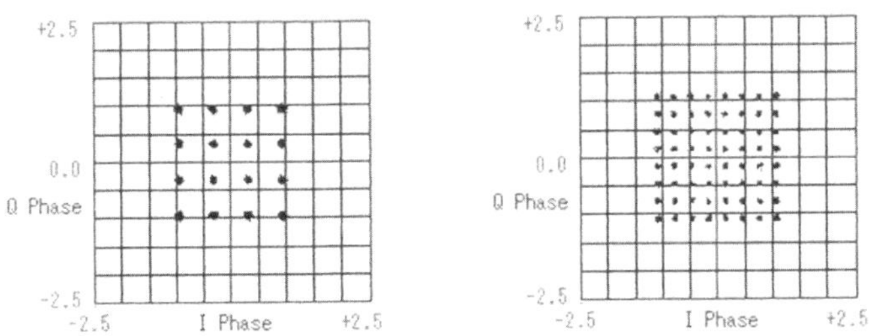

(a)16-QAM 변조신호 (b)16-QAM 변조신호

[그림 2.8 16-QAM, 64QAM 변조신호의 측정 데이터]

2.7 신호의 열화가 변조방식에 미치는 영향

2.7.1 수신감도와 위상선도의 열화 정도

앞에서 알아본 바와 같이 한 심볼을 이용하여 QPSK는 2개의 비트를, 16-QAM과 64QAM은 한 심볼에 각각 4개와 6개를 표현할 수 있어, 주어진 정보양을 전송하는데 필요한 대역폭을 줄일 수 있고, 이것은 높은 스팩트럼 효율을 갖는다는 것을 의미한다. 일반적인 디지털변조에서 입력되는 비트들은 그룹화되어서 한 심볼 점을 차지하게 된다. 이렇게 할당된 심볼은 고주파 RF신호로 주파수 상향 변환되어 방사된다. 이상적인 시스템에서 송신된 신호의 위상선도 상의 Constellation은 각 심볼위치에서 하나의 점으로 나타나게 되지만 실제의 무선환경은 불행히도 잡음, 간섭, 왜곡 등과 같은 성분들이 존재하여 위상선도상에 심볼의 위치가 이상적인 점으로 나타나지 않는다. 위상선도상의 심볼위치의 열화는 BER 성능열화와 밀접한 관계에 있으며, 열화조건은 대개 세 가지로 정리될 수 있다.

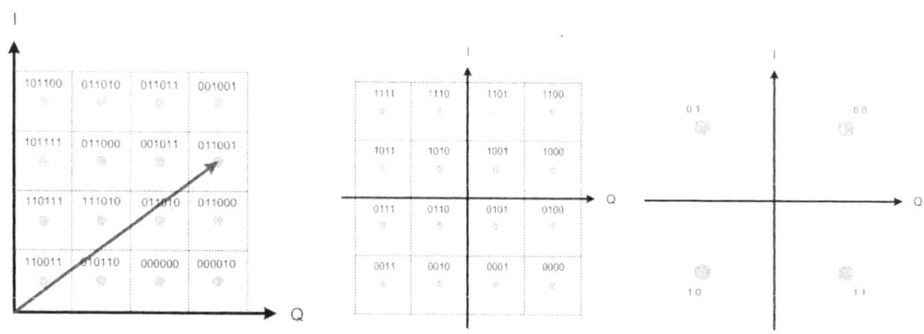

(a)64-QAM(6bits/symbol) (b)16-QAM(4bits/symbol) (c)QPSK(2bits/symbol)

[그림 2.9 변조방식의 CONSTELLATION에 대한 심볼당 비트 수]

가) 송신기의 위상잡음 및 송신시스템의 비선형 왜곡에 의해 발생되는 신호 자체의 열화(Source Degradation)

나) 수신기에 과 입력으로 인해 수신기의 비 선형 동작범위에서 생기는 신호왜곡에 의한 열화(Signal Distortion)

다) 무선상의 심한 경로손실로 인해 신호대잡음비가 악화되어 발생되는 신호성분의 열화(Noise Effect)

가)와 나)는 시스템의 성능에 관계 있는 항목이라 시스템의 설계부분에 해당하는 문제이고 다)의 신호대잡음비 열화에 의한 신호성분의 영향은 시스템의 커버리지 분석에 필요한 부분이므로 좀 더 세밀한 설명이 필요하다. 대부분의 시스템에서 수신기의 최소 입력레벨 전력 값은 시스템의 수신감도를 의미하고 이것을 계산하는 방법은 다음과 같다.

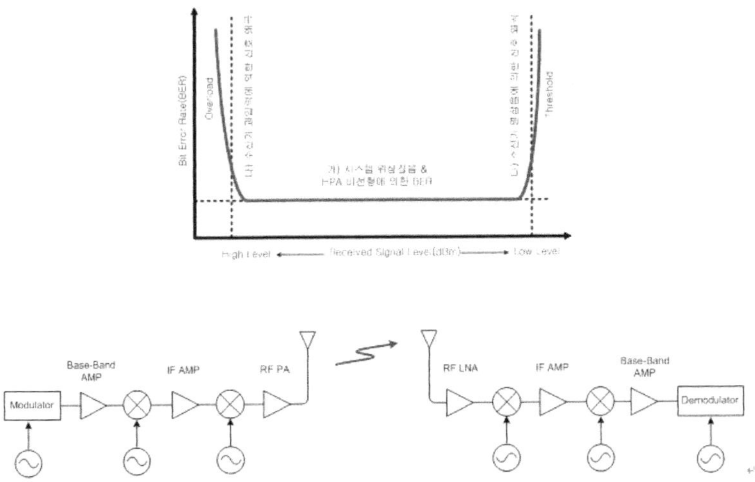

[그림 2.10 RF시스템에서의 BER 열화요인]

예를 들어 무선데이터를 전송하는 휴대인터넷 Wibro 시스템의 경우, SNR=14dB를 요구하는 16QAM-3/4의 8.44MHz의 대역폭을 가지고 있는 단말기신호가, 링크 잡음지수 10dB인 시스템의 서비스안테나에 입력되는 단말기의 최소 입력신호레벨을 계산하면, [1]

$$(Receive\ Sensitivity)_{System} = SNR + NF_{System} + 10\log BW + 10\log\left\{\frac{kT}{0.001}\right\} \tag{2.10}$$

$$= 14\,dB + 10\,dB + 69.26dB + (-174dBm/Hz)$$

$$= -80.74dBm/8.44MHz$$

즉 -80.74dBm/8.44MHz 이상의 신호가 수신기의 안테나에서 수신되어야 14dB이상의 신호대잡음비(SNR)을 유지할 수 있어 16QAM-3/4으로 변조된 고속 데이터를 수신기가 복조 할 수 있다. 이것은 뒤에 논의하게 될 시스템 수신감도라는 파라미터로 정의된다. 그러므로 링크된 중계기 또는 기지국과 같은 시스템의 링크경로 잡음지수가 클수록 중계기 및 기지국의 안테나에 입력되는 단말기 신호가 높아져야 요구되는 신호대잡음비를 유지할 수 있게 되고, 만약 기지국 및 중계기 안테나로 입력되는 신호레벨이 낮아진다면 이 입력신호레벨의 신호대잡음비로 복조 가능한 전송속도의 변조방식을 선택하게 된다. 위의 시스템에서 최소 전송속도를 갖는 QPSK1/2의 변조방식은 최소요구 신호대잡음비(SNR)가 5dB이므로 -89.74dBm/8.44MHz 이상의 신호만 시스템에 입력되면 QPSK1/2 변조 방식으로 무선네트워크에 접속되어 그에 해당하는 전송속도로 통신을 할 수 있게 된다. 이제 각 변조방식에 따라 통신 가능한 최대 열화 정도에 대하여 도식적으로 알아보면, QPSK방식은 복조 시 위상선도 상에 4

개의 상태만을 구별해 낼 수 있으면 되지만 64-QAM방식은 복조 시에 64개의 상태를 구별해 내야만 통신이 가능해 진다. 이것은 결국 위상선도상에서 그 심볼을 구분해 낼 수 있는 심볼위치의 열화정도가 어느 정도까지인가를 의미한다. 그림 2.11의 점선은 각 변조방식 중 허용 가능한 심볼 에러범위를 나타낸다. 고속의 데이터를 전송하는 변조방식일수록 심볼에 대한 간격이 좁아져서 조금의 열화에도 심볼의 복원에 대한 에러가 발생할 가능성이 커진다는 것을 도식적으로 알 수 있다. 그러므로 고속의 데이터 전송을 하기 위해서는 높은 신호대잡음비를 가진 선형적인 신호를 수신하여야 심볼의 열화가 작아진다는 것을 생각할 때, 고감도의 선형적 송수신 성능을 구현해야 하므로 고속데이터 송수신시스템의 가격이 고가인 이유를 알 수 있다. CDMA의 경우 음성데이터를 전송할 때에는 QPSK 변조방식을 사용하지만, EVDO라는 고속의 무선데이터 서비스만을 효율적으로 지원하는 방식에서는 가입자 수 및 무선환경에 따라 QPSK, 8-PSK 및 16-QAM 변조방식을 사용하고 있다. 16-QAM의 경우, QPSK에 비해 2배의 전송속도를 가질 수 있지만 앞에서 알아보았듯이 진폭(Amplitude)에 정보가 실리는 기법이므로 잡음에 매우 취약하다. 그러므로 이러한 고속의 데이터 전송을 위해서는 높은 신호대잡음비를 형성할 수 있도록 기지국이나 단말기의 송신전력을 높이게 된다. 예를들어 기지국에 최대 속도인 2.4576Mbps를 요구할 때에는 최소속도 38.4Kbps일 때보다 SNR이 약 18dB이상 우수한 상태이어야 하므로 이정도의 송신전력 증가가 필요하다.

$$SNR(C/I) = 10\log\left\{\frac{2.4576Mbps}{38.4Kbps}\right\} = 18\,dB \tag{2.11}$$

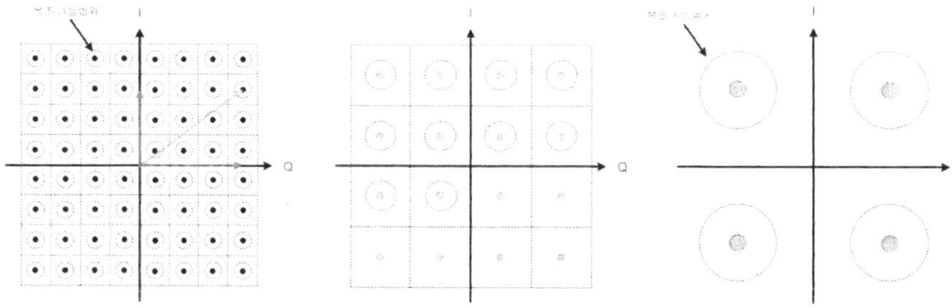

(a) 64-QAM, 16QAM, QPSK변조방식에 따른 복조 가능한 열화범위 비교

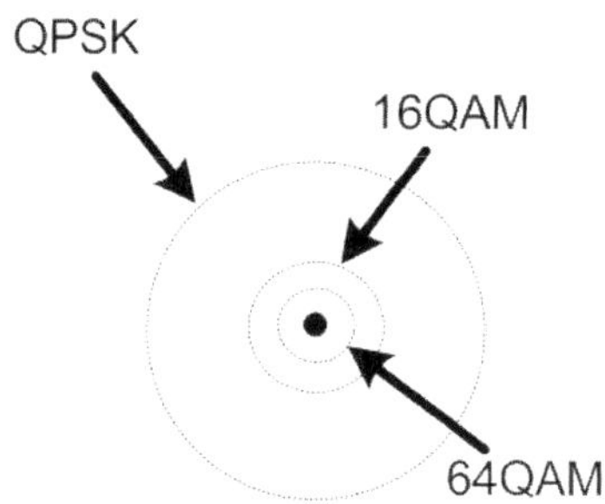

(b) 복조 가능한 열화 범위에 대한 상대적 비교

[그림 2.11 각 변조방식에 대한 복원 가능한 심볼의 열화범위 비교]

한편 휴대인터넷 서비스인 Wibro의 경우에는 다음과 같이 QPSK1/2부터 64-QAM5/6까지 다양한 전송속도의 변조방식을 무선환경의 변화에 따라 선택하여 사용하며, 그에 따른 SNR과 최소 입력레벨이 아래와 같이 규정되어 있다. 즉, 최대전송속도를 갖는 64QAM-5/6 변조방식인 신호는 1%이내의 PER을 갖기 위하여 20dB이상의 SNR을 가져야 하며, 전송속도가 낮은 변조방식일수록 요구되는 SNR이 작아짐을 알 수 있다.

Cases		QPSK		16QAM		64QAM			
		1/2	3/4	1/2	3/4	1/2	2/3	3/4	5/6
CC	Rx	-86.9	-83.9	-81.4	-77.9	-75.9	-73.9	-71.9	NA
	SNR	5	8	10.5	14	16	18	20	NA
CTC	Rx	-88.4	-85.4	-82.9	-78.9	-77.9	-74.9	-73.9	-71.9
	SNR	3.5	6.5	9	13	14	17	18	20

[표 2.2 Wibro 시스템 최소입력레벨 및 SNR[2]]

이것은 낮은 전송속도를 요구하는 변조방식은 위상선도 상에 심볼간격이 넓기 때문에 SNR이 낮아서 심볼 열화가 심해지더라도 심볼을 복원할 수 있다는 의미를 증명한다.

제 3 장

RF시스템의 수신기와 송신기

3.1 RF시스템의 수신성능

3.1.1 저잡음 수신기의 중요성

신호의 크기(AM), 주파수(FM), 또는 위상변조(PM)의 형태로 다중화된 정보를 실은 초고주파 RF신호는 한 지점에서 다른 지점으로 정보를 전달한다. 그래서 이 초고주파 RF신호를 캐리어(운반자 : Carrier)라고 부른다. 송신기를 통해 방사된 초고주파 변조신호는 대기를 통해 퍼져 나간다. 송신기의 송신출력이 아무리 높더라도 대기를 통해 진행한 전파는 많은 신호감쇄를 겪고 결국 매우 낮은 레벨의 신호로 수신기에 도달하게 된다. 그림 3.1은 이동통신 중계기를 포함한 초고주파 송수신기를 나타낸다.

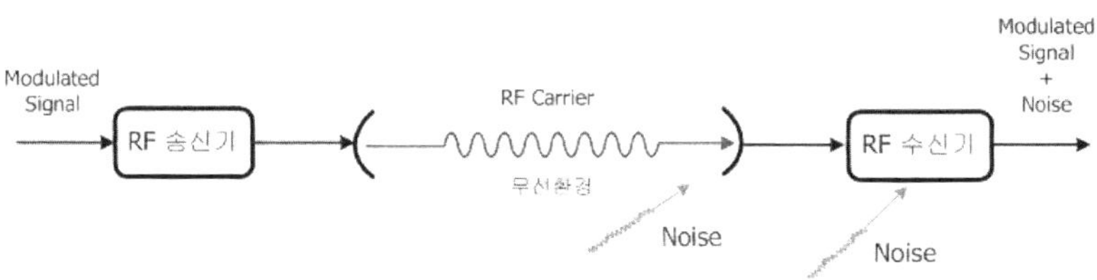

[그림 3.1 RF 송수신 시스템에서의 잡음주입]

수신신호 분석을 위해 앞 장에서 언급하였던 신호대잡음비(SNR)라는 파라미터를 사용하게 된다. 이 신호대잡음비는 정보를 포함한 신호성분이 잡음레벨과 비교하여 얼마나 높은 전력레벨을 유지하는가를 표시하는 파라미터이고, 모든 유무선 통신방식에서 분석(복조) 가능한 최소요구 신호대잡음비가 분명히 존재하게 된다.

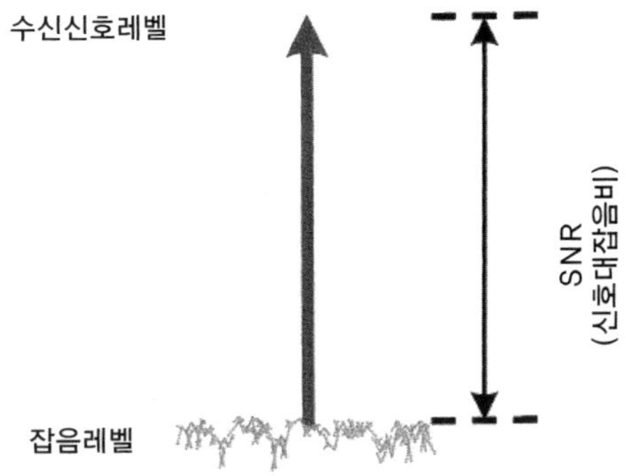

[그림 3.2 수신신호의 신호대잡음비]

송신기로부터 멀리 떨어진 수신기에 수신되는 신호는 많은 경로손실을 겪으면서 열 잡음레벨과 얼마 차이가 나지 않는 작은 신호대잡음비를 가진 낮은 수신레벨로 입력된다. 만약 수신신호의 신호대잡음비가 20dB를 가져야 모뎀에서 신호분석이 가능하다면 20dB보다 더 낮은 신호대잡음비를 가진 수신신호는 이미 열 잡음의 영향에 의해 신호캐리어에 실린 정보를 복조기(Modem)에서 복원하지 못할 정도로 왜곡이 되어 있을 것이다. 그러므로 복조 가능한 신호대잡음비로 입력되는 신호를 복조 하기 위해서는 수신기의 수신성능이 중요한 변수로 작용하게 된다. 수신기의 수신성능을 좌우하는 것은 잡음지수라는 파라미터이고 이 성능이 나쁘면 수신신호의 신호대잡음비를 나쁘게 만들어서 정보를 복원할 수 없게 되고, 결국 이 수신기는 원거리에서의 무선통신을 불가능하게 만든다.

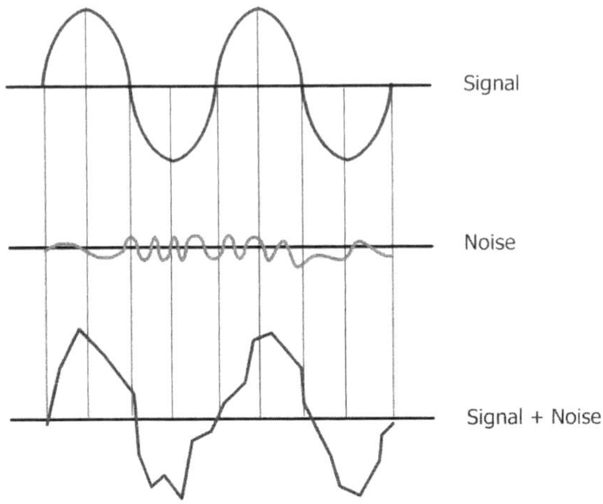

[그림 3.3 수신신호의 잡음에 의한 열화]

그림 3.3은 수신신호 캐리어가 잡음과 결합되어 만들어지는 신호의 열화과정을 나타낸다. 잡음은 안테나 입력과 수신기의 소자로 들어가는 환경에서 전자들의 불규칙한 움직임으로 인해 생성된다. 이 잡음은 전 주파수 대역에 걸쳐 발생하고 불규칙성으로 인해 지속적으로 변화한다. 이러한 잡음형태는 모든 주파수에서 근사적으로 동일한 크기를 갖기 때문에 백색잡음(White Noise)라고 부른다는 것을 앞 장에서 살펴 보았다. 위의 그림에서 잡음과 결합된 신호는 원래 신호에 비해 많이 왜곡되어 있는 것을 볼 수 있으며, 신호대잡음비는 그 신호가 원래 신호에 비해 얼마나 왜곡되었는가를 의미하는 척도라고 생각하면 된다. 예를 들어 신호대잡음비가 20dB라는 것은 신호캐리어의 전력레벨이 잡음의 전력레벨보다 20dB, 즉 100배 더 크다는 것을 의미한다. 그림 3.4에서 나타낸 초고주파 수신기의 블록도에서 보듯이 미약한 수신신호는 안테나로 입력되어 대역필터를 거쳐 통과한다. 다른 초고주파 송신기로부터 송신된 인접된 많은 주파수

신호들이 수신안테나로 수신되게 되는데, 불필요한 수신신호를 제거하기 위하여 전치단 필터를 설계하여 수신기로 들어오는 입력주파수의 대역을 제한하게 된다. 이렇게 안테나를 통해 미약하게 수신된 대역 내의 신호들은 초고주파 저잡음 증폭 트랜지스터인 FET, HEMT 등에 의해 증폭된다. 증폭기는 한 단 또는 몇 단을 준비하여 이득을 조절할 수 있는 기능 등을 구현하면 신호를 복조기(Demodulator)에서 복조 하기 알맞은 신호 레벨로 증폭시켜 줄 수 있다.

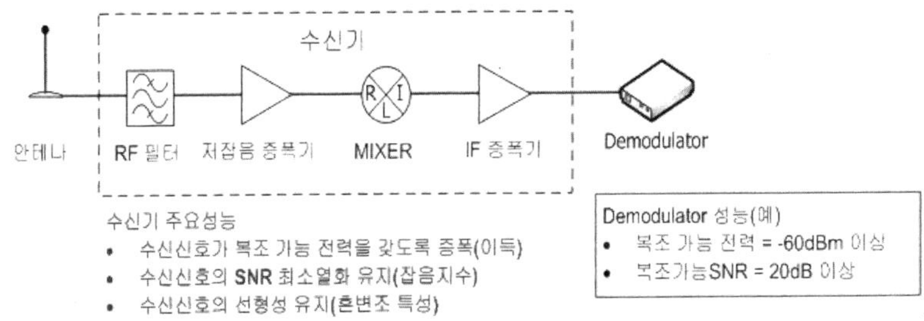

[그림 3.4 초고주파 저잡음 수신기의 블록도 및 주요성능]

저잡음 증폭기로 증폭된 신호는 주파수 하향변환을 위하여 믹서에 입력되며 이 주파수 하향변환에 의해 초고주파 대역보다 충분히 낮은 중간주파수(IF : Intermediate Frequency)로 주파수 변환되고 이 IF신호대역에서는 RF신호보다 좀 더 손쉬운 신호처리 및 증폭을 할 수 있게 된다. 중계기에서는 뛰어난 대역 외 제거성능을 얻기 위하여 선택도가 높은 SAW (Surface Acoustic Wave) Filter를 사용하여 IF 신호대역에서 대역 외 잡음레벨을 제거한 다음 다시 주파수 상향 변환하여 원래의 RF신호로 복원하여 송신하는 방법을 많이 사용한다. 그림 3.5는 무선통신 수신기에 결합되는 Noise Source에 대하여 표시한 것이며 위의 그림과 비슷한 블록도를 나타내지만 블록마다 많은 잡음원이 인가되는 것을 볼 수 있다. 초고주파 신호가 잡음과 함께 안테나로 수신되고, 수신기에서는 고체 내의 전자들의 불규칙한 움직임으로 인해 모든 환경에 있는 물체는 또 다른 잡음을 만들어 낸다. 수신되는 신호와 안테나 잡음은 전치단 필터를 통과하면서 필터의 삽입손실에 의해 감소하게 되며, 필터는 수동소자이기 때문에 잡음은 첨가되지 않지만 대역내의 삽입손실은 미약한 초고주파 수신신호를 삽입손실만큼 감소시켜서 이 손실만큼의 잡음성분을 주입하는 것과 같은 영향을 미치게 된다. 필터는 대역 외의 초고주파 신호를 감쇄시키지만 필터의 통과대역 내로 입력된 잡음은 큰 감쇄효과 없이 필터의 출력포트로 나오게 된다. 필터 대역 내의 수신된 신호캐리어와 안테나 잡음 모두는 저잡음 증폭기에 의해 증폭되며, 이 증폭기 또한 잡음을 첨가하게 된다. 이 신호는 주파수 하향 변환기와 IF증폭기를 통과하면서 이 두 블록도 마찬가지로 잡음을 첨가시킨다. 그러므로 수신기의 출력에서 전체 신호대잡음비를 결정할 때 이들 잡음원 모두를 고려해야만 한다. 그러나 가장 중요한 잡음원은 수신기 입력 안테나에 연결된 필터와 초단 증폭기이다. 초단 증폭기의 이득이 신호대잡음비를 유지하기에 충분한 이득을 가지고 있다면 뒷 단의 잡음은 상대적으로 초단 증폭기에 의해 증폭된 잡음레벨에 큰 영향을 주지 못하는데, 그 이유는 뒷 단에 연결된 소자에 의해 발생되는 잡음레벨은 초단 증폭기에 의해 증폭된 신호와 잡음레벨에 비해 상대적으로 낮아서 이 잡음이 증폭된 수신신호 및 잡음레벨과 혼합되더라도 영향을 주지 못하는 성분이 되기 때문이다. 만약 초단의 증폭기를 사용하지 않았다면 주파수변환기의 잡음성분이 수신신호의 신호대잡음비에 큰 영향을 주게 될 것이다. 안테나로부터 수신되는 신호가 복조 불가능한 신호대잡음비를 가지고 있을 때, 시스템의 수신을 원활하게 할 수 있는 방법은 송신기의 송신전력을 높이거나 수신신호를 증가시키기 위해 수신 안테나의 이득을 높이는 것이다.

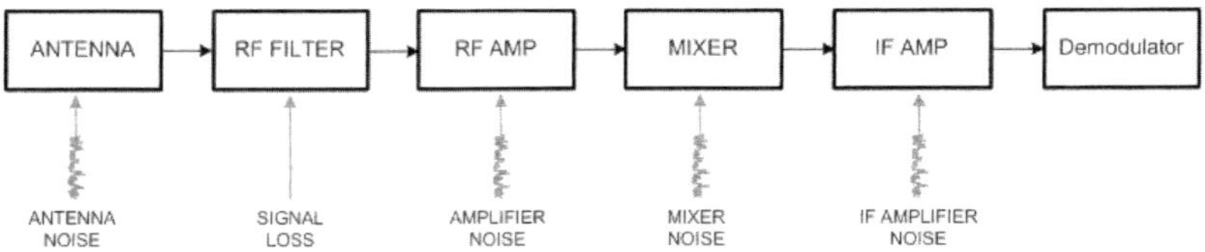

[그림 3.5 저잡음 수신기의 NOISE SOURCE]

안테나의 이득은 수신되는 초고주파 신호캐리어의 전력레벨에 비례하는 반면 열 잡음은 불규칙한 크기와 위상을 가지므로 안테나의 이득에 관계하지 않는다. 예를 들어 입력되는 임의의 주파수 대역폭이 40MHz이고 3dB의 잡음지수를 가지고 있는 수신기를 이용하여 수신할 경우에 20dB 신호대잡음비를 유지하기 위한 수신신호의 전력이 얼마나 되어야 하는지 알아보자. 우선 안테나에 입력되는 열 잡음은 1MHz 대역폭에서 0.004pW/MHz(-114dBm/MHz)의 전력밀도를 가지므로

$$\begin{aligned} Antenna\ \text{잡음} &= \text{잡음전력밀도} \times \text{대역폭} \\ &= 0.004pW/MHz \times 40MHz \\ &= 0.16pW/40MHz \end{aligned} \tag{3.1}$$

또한 수신기의 잡음전력 밀도를 구해보면 수신기의 잡음지수 3dB이므

로 열 잡음레벨을 두 배(3dB) 상승시키는 효과를 가지게 된다.

$$\begin{aligned} \text{수신기잡음} &= \text{수신기잡음전력밀도} \times \text{대역폭} \\ &= 2 \times (0.004pW/MHz) \times 40MHz \\ &= 0.32pW/40MHz \end{aligned} \tag{3.2}$$

이 수신기 잡음레벨로부터 신호대잡음비가 20dB를 가져야 시스템에서 신호를 분석할 수 있으므로 수신신호는 전체잡음레벨로부터 100배 이상 더 커야 한다.

$$P_{Carrier} = 100 \times 0.32pW/40MHz = 32pW/40MHz \tag{3.4}$$

즉 수신되는 신호캐리어의 신호전력이 32pW이상이 되어야 20dB 이상의 신호대잡음비를 얻을 수 있다.

3.1.2 잡음지수(Noise Figure, Noise Factor)

앞에서 언급한 바와 같이 신호레벨과 잡음레벨과의 차이를 나타내는 값을 "신호대잡음비"라 하여 통신시스템에서는 수신감도를 결정하는 중요한 척도로 사용되며 영문자의 약자로 SNR(Signal to Noise Ratio)라 표기한다. 만약 임의의 시스템(System)에 입력된 신호가 입력될 때와는 다른 신호대잡음비를 가지고 출력되었다면 이 시스템의 작용에 의하여 입출력신호의 신호대잡음비를 비교하여 정의해야 하는데 이 항목을 시스템의 잡음지수(Noise Figure) 또는 잡음요소(Noise Factor)라 한다. 즉 입력신호와 출력신호의 신호대잡음비(SNR)를 비교하여 그 차이를 Noise Factor로 표현하며 이것을 대수 값으로 환산한 값이 바로 잡음지수(Noise Figure)이다. 이 의미는 신호가 임의의 시스템을 거치는 동안 더해진 잡음레벨을 표현하는데 적용된다.

$$F(Noise\ Factor) = \frac{SNR_{in}}{SNR_{out}} = \frac{\frac{S_{in}}{N_{in}}}{\frac{S_{out}}{N_{out}}} \tag{3.5}$$

신호가 임의의 시스템을 거치는 동안 더해진 잡음레벨에 대한 의미를 알기 위해 이 시스템에 대한 신호분석을 할 필요가 있다. 그림 3.6과 같이 SNR_{in}의 신호가 이득 G와 잡음특성(Noise Factor) F를 가진 시스템에 입력되는 경우, 입력된 신호는 아래의 식 (3.6)과 같이 시스템의 이득 G에 의해 증폭된다. 이 시스템은 이득뿐만 아니라 잡음특성 F도 포함되어 있으므로 이 잡음특성은 출력되는 잡음레벨에 이득에 의한 잡음레벨 변화 이외에 추가되는 N_a라는 잡음레벨에 영향을 줄 것이다. 그리하여 식 (3.7)과 같이 출력 잡음레벨은 시스템 이득에 의한 잡음레벨에 N_a라는 추가 항이 더해지게 된다.

$$S_{out} = GS_{in} \tag{3.6}$$

$$N_{out} = GN_{in0} + N_a \tag{3.7}$$

그러므로 이 식을 식 (3.5)에 적용하여 풀면

$$F = \frac{SNR_{in}}{SNR_{out}} = \frac{\dfrac{S_{in}}{N_{in0}}}{\dfrac{GS_{in}}{GN_{in0}+N_a}} = 1 + \frac{N_a}{GN_{in0}} \tag{3.8}$$

하지만 우리는 아직 이 N_a의 추가 항이 어떠한 형태로 이루어져 있는지 알 수가 없으므로 N_a에 대하여 수식을 정리해 보면

$$N_a = GN_{in0}(F-1) \tag{3.9}$$

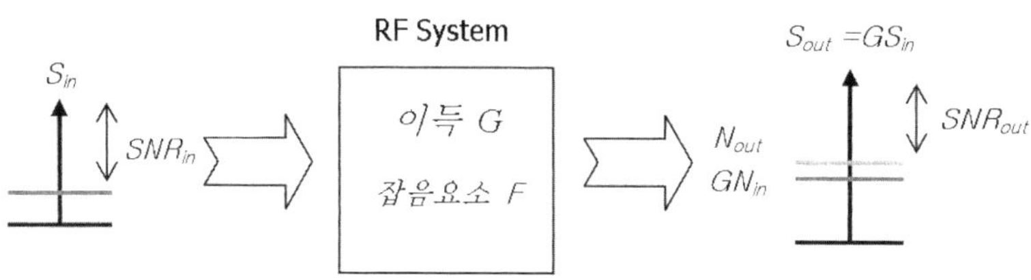

[그림 3.6 시스템에서의 신호대잡음비(SNR) 분석]

만약 이 시스템이 손실을 가진 시스템이라면 이식은 아래와 같이 정리될 수 있다.

$$N_a = \frac{1}{L} N_{in0}(L-1) = \left(1 - \frac{1}{L}\right) N_{in0} \tag{3.10}$$

$$(In\ Lossy\ System : G = \frac{1}{L},\ F = L)$$

우리는 더해진 잡음레벨 N_a와 잡음특성 F의 관계를 위의 식 (3.9)와 식 (3.10)을 통하여 얻을 수 있다. 위의 식을 이용하여, 그림 3.7에서와 같이 연결된 두 개의 시스템을 통과한 후의 신호의 잡음특성을 계산할 수 있다. 첫 번째 시스템은 이득 G_1과 잡음특성 F_1을, 두 번째 시스템에서는 이득 G_2와 잡음특성 F_2를 가지고 있다고 하면, 신호가 첫 번째 시스템을 지난 후의 신호레벨 S_1과 잡음레벨 N_1은 아래와 같다.

$$S_1 = G_1 S_{in} \tag{3.11}$$

$$N_1 = G_1 N_{in} + N_{a1} = G_1 N_{in} + G_1 N_{in}(F_1 - 1) = G_1 F_1 N_{in} \tag{3.12}$$

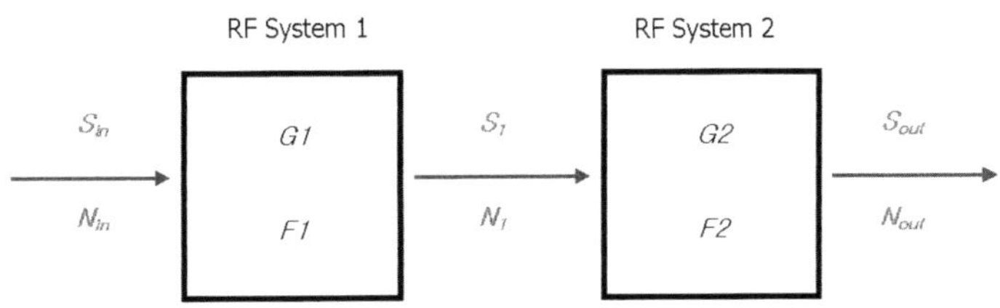

[그림 3.7 CASCADED RF 시스템에서의 잡음분석]

이 식을 이용하여 두 번째 시스템을 통과한 신호의 신호레벨과 잡음레벨을 아래와 같은 식으로 나타낼 수 있다.

$$S_{out} = G_2 S_1 = G_1 G_2 S_{in} \tag{3.13}$$

$$\begin{aligned} N_{out} &= G_2 N_1 + N_{a2} \\ &= G_1 G_2 F_1 N_{in} + G_2 N_{in}(F_2 - 1) = G_1 G_2 \left(F_1 + \frac{F_2 - 1}{G_1} \right) N_{in} \end{aligned} \tag{3.14}$$

이 식을 식 (3.5)에 적용하면 식 (3.15)를 얻을 수 있는데, 이식을 Noise Equation이라 한다.[3]

$$F=\frac{\frac{S_{in}}{N_{in}}}{\frac{S_{out}}{N_{out}}}=F_1+\frac{F_2-1}{G_1}+\frac{F_3-1}{G_1G_2}+\frac{F_4-1}{G_1G_2G_3}+\Lambda\Lambda \qquad (3.15)$$

이 식을 이용하면 전체시스템의 잡음특성을 계산할 수 있다. 이 식을 살펴보면 알 수 있듯이, 중계기와 기지국을 포함한 무선통신 시스템의 수신기의 잡음특성을 결정하는 요소는 수신부 앞 단(Front Part) 소자의 잡음지수 및 이득에 의해 좌우됨을 알 수 있다. 대부분의 무선 수신시스템은 그림 3.8과 같이 구성된다.

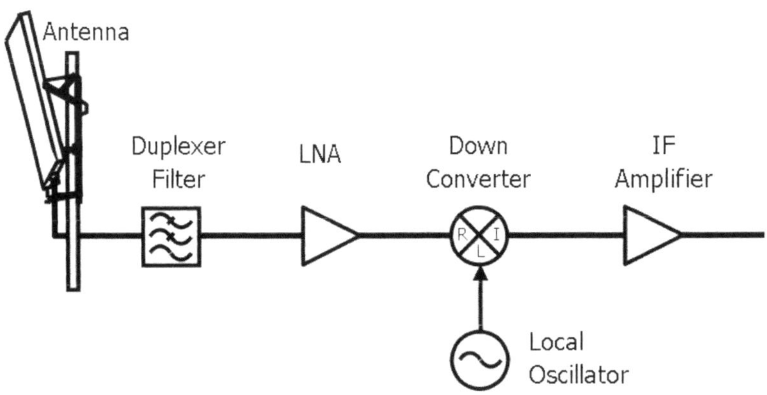

[그림 3.8 RF 시스템 수신부 전치단 구조]

안테나에서 수신된 신호는 필요한 대역만을 수신하기 위하여 대역여과 필터(band pass filter)를 거쳐야 하고, 저잡음 증폭기(Low Noise Amplifier : LNA)를 이용하여 대역필터로 여과된 신호를 저잡음 고이득으로 증폭 해 준다. 식 (3.15)에 나타난 바와 같이 초단에 장착된 대역여과 필터의 삽입손실과 저잡음 증폭기의 잡음지수가 시스템 전체의 잡음지수에 큰 영향을 주어 수신신호의 신호대잡음비(SNR)를 열화 시킨다. 그러므로 대역여과 필터(BPF)의 대역 외 신호제거 성능도 중요하지만 대역 외 신호 억압효과를 너무 높이다 보면 삽입손실이 높아져서 시스템의 잡음지수를 높일 우려가 있으므로 대역 외 억압특성과 삽입손실에 큰 영향을 주지 않는 범위에서 대역 외 억압효과를 극대화 할 수 있는 필터의 설계방법을 고려해야 한다. 수신시스템에서의 대역필터 삽입손실과 저잡음 증폭기의 잡음지수의 합은 대략 2~3dB정도이며 이 의미는 시스템에 입력된 입력신호 대비 출력신호의 신호대잡음비(SNR)가 잡음지수(2~3dB) 만큼 나빠진다는 것을 의미한다. 그러면 중계기와 같은 RF 송수신시스템에서의 수신신호 신호대잡음비에 대하여 자세히 알아보자. 수신신호가 특정한 이득을 가지고 증폭 되었다면 이 증폭된 신호는 증폭된 만큼 손실이 발생해도 신호대잡음비를 동일하게 유지할 수 있다. 물론 신호나 잡음레벨이 열 잡음레벨 가까이 다가갈수록 열 잡음과의 상호작용 때문에 감쇄가 선형적으로 일어나지 않지만 이러한 작용들을 무시한다면 증폭된 신호는 증폭된 만큼의 경로손실을 가지더라도 신호대잡음비를 유지할 수 있기 때문에 신호를 멀리 보낼 수 있다. 이렇게 송신된 신호를 수신하는 수신기는 아무리 잘 설계한다 하더라도 잡음요소가 포함되게 된다. 이와 같이 잡음특성을 가진 수신기에서는 그림 3.9처럼 신호는 이득만큼 증폭되지만 열 잡음 레벨은 수신기의 이득이상의 잡음특성만큼 더 증폭되므로 신호의 신호대잡음비(SNR)는 잡음특성만큼 나빠지게 된다. 즉, 잡음지수를 가진 세상의 모든 RF 수신시스템은 신호레벨의 이득만큼 동일한 잡음레벨의 상승을 가져오지 않고, 잡음요소(Noise Factor)만큼 더 상승된 잡음레벨이 발생된다.

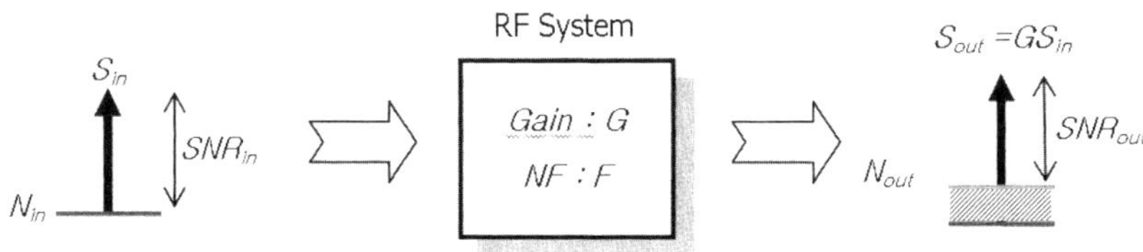

$$S_{out} = GS_{in}$$

$$N_{out} = GN_{in} + F$$

RF 수신시스템 Noise Factor

[그림 3.9 잡음지수를 가진 RF시스템의 입출력 신호 SNR 비교]

그러므로 RF 수신기의 잡음지수가 낮아야 하는 이유는 이 수신기에 입력되는 신호의 신호대잡음비를 해치지 않고 얻기 위함이다. 어느 환경에서 든지 잡음지수가 0인 이상적인 시스템은 존재하지 않으며, 잡음요소가 항상 존재하는 것이 자연의 법칙이기 때문에 수신기에서는 이 잡음지수를 시스템 내에서 최소화 할 수 있는 방식으로 시스템을 설계하지 않으면 안 된다. 식 (3.15)에서 보듯이 잡음지수는 수신시스템의 처음 단(Front Unit)에서 대부분이 결정 된다는 것을 알 수 있고, 시스템 잡음지수를 최소화 하기 위해서는 처음 단의 필터의 삽입손실을 최소화 하고 첫 증폭기가 저잡음 고이득의 특성을 가지고 있어야 식 (3.15)의 잡음지수 값을 최소화 할 수 있다. 그러므로 대부분 RF 수신시스템에서는 최소 삽입손실을 가진 필터로 대역 필터링 한 후에 저잡음 고이득의 증폭기(LNA)로 수신신호를 증폭하도록 설계되어 있어 높은 수신감도를 얻을 수 있다. 근래에는 많은 저잡음 증폭 트랜지스터들이 개발 및 생산되어 RF회로 설계 시에 이 증폭 트랜지스터의 바이어스 안정화와 약간의 입출력 매칭만 구현하면 낮은 잡음지수를 가진 저잡음 증폭기(LNA)를 제작할 수 있다. 하지만 이 저잡음 증폭기를 이용하여 충분한 이득으로 신호를 증폭했다고 해서 시스템의 잡음지수를 안전하게 설계했다고 할 수 없다. 저잡음 증폭기(LNA) 뒤에 설계되는 RF 부품들이 상당한 신호레벨 손실을 발생시켰다면 이 손실을 보상할 수 있도록 신호증폭 기능을 추가해 주어야 하며, 또한 시스템의 이득 조절 범위를 고려하여 시스템의 최저이득에서도 시스템의 잡음지수가 높아지지 않도록 설계가 되어야 한다. 또한 잡음지수 특성만을 고려하여 수신기 초단의 이득을 높게 증폭시켜 주면 시스템의 잡음지수를 낮게 설계할 수 있지만, 시스템의 혼변조 억제 및 대역 외 억압도 등의 다른 성능을 해칠 수 있으므로 전체적인 파라미터들을 고려하여 저잡음 증폭기(LNA)의 이득을 결정해야 한다. 저잡음 증폭기의 뒷 단에 설계되는 소자 중에서 SAW(Surface Acoustic Wave) Filter 등 삽입손실이 많은 부품들을 이용하여 중계기 시스템을 설계할 경우, 신호가 이러한 소자를 통과한 후 이득이 낮아져서 신호대잡음비가 나빠지지 않도록 이러한 수동소자 앞과 뒷부분에 적당한 증폭도를 갖도록 설계해서 이러한 수동소자에 의해 전체 시스템이 잡음지수의 영향을 받지 않도록 주의하여야 한다. 앞에서 논의한 신호대잡음비(SNR)와 잡음지수에 대한 내용을 대수 식으로 좀 더 간단히 설명하면 아래의 식과 같다. 잡음지수는 얼마나 많은 잡음이 증폭기에 의해 추가되는가 하는 척도이다.

$$SNR_{in}(dB) = Input\ Signal(dBm) - Input\ Noise(dBm) \tag{3.16}$$

$$SNR_{out}(dB) = Output\ Signal(dBm) - Output\ Noise(dBm) \tag{3.17}$$

$$NF(dB) = SNR_{in}(dB) - SNR_{out}(dB) \tag{3.18}$$

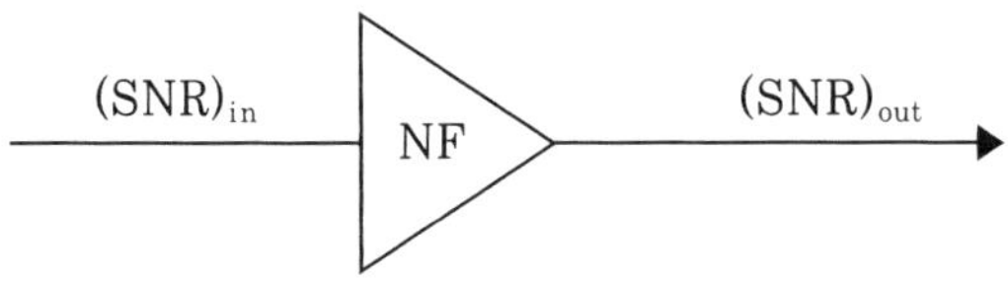

3.2 송신기의 혼변조 특성 및 선형화

3.2.1 송신기의 혼변조 특성

중계기 시스템은 양방향 증폭기의 일종이므로 무선신호를 증폭하여 송신할 때, 중계기 시스템의 비선형 특성에 대한 분석을 해야 증폭된 중계기 출력신호의 혼변조 특성을 예측할 수 있고, 이 분석을 통해 중계기 송신신호의 혼변조 신호를 최소화하여 고품질의 송신신호를 얻을 수 있다. 기지국, 중계기등과 같은 RF 시스템에서 고출력 증폭특성을 갖기 위해서는 증폭기의 선형성이 좋아야 한다는 말을 자주 듣게 된다. 실제로 최근 이동통신 사업자에서는 가입자 증가로 인해 할당 받은 무선 주파수대역 전체에 신호를 할당하여 송출하고 있으므로 이러한 다수채널의 무선신호를 동시에 증폭하기 위해서는 기지국과 중계기의 송신 증폭기 선형성이 매우 뛰어나야 한다. 그러면 선형성이란 무엇을 의미하고 선형성이 뛰어나다는 것이 어떠한 의미를 가지는지에 대하여 살펴보자.

먼저 RF 입력신호 $S_{in}(t)$이 이상적인 선형시스템을 통과한다면, 아래의 식과 같이 출력신호는 G라는 이득상수만을 곱해 준 값을 가지게 된다.

$$S_{out}(t) = G * S_{in}(t) \tag{3.19}$$

'선형적이다' 라는 말에서 유추할 수 있듯이, 선형적이란 것은 어떤 성질이 변하는데 그 변수가 1차 함수형태로 입력 값에 대해 출력 값이 결정된다는 것을 의미한다. 이렇게 직선적인 변화의 양상을 가진다는 것은, 입력 값만으로 출력 값이 어떻게 변화하는지에 대해 쉽게 예측이 가능하다는 것을 의미하기도 한다. 그러나 실제적으로 시스템 내부의 모든 소자들이 비선형 특성을 가지면 입력신호의 고차 항 신호들과 이들의 조합이 생성되어 원하지 않는 출력신호들을 만든다. 비선형 특성을 고려하기 위하여 우리는 흔히 테일러 급수(Taylor Series)를 사용하여 비선형 시스템의 현상들을 설명한다. 테일러 급수를 이용하여 비선형 식으로 나타내면

$$S_{out}(t) = G_1 S_{in}(t) + G_2 S_{in}^2(t) + G_3 S_{in}^3(t) + \cdots \; G_n S_{in}^n(t) \tag{3.20}$$

여기서 $G_{2\cdots n}$은 입출력 특성의 비선형 곡선의 특성을 결정하는 상수이다. 아래그림에서 볼 수 있듯이 대부분의 무선통신 시스템은 낮은 출력레벨에

서는 입출력 신호레벨 사이에 높은 선형성을 유지하지만, 높은 출력레벨에서는 입력신호레벨의 증가에 따라 출력신호레벨이 선형적으로 증가하지 못하고 억압되어 찌그러지는 현상을 볼 수 있다. 이러한 비선형 현상은 많은 형태의 고조파(高調波 : harmonics) 신호들을 만들어 내고, 이들 고조파 신호들간의 혼변조로 인하여 무수히 많은 왜곡된 혼변조 신호들이 발생하여 타 대역 및 자기대역의 신호들에 나쁜 영향을 주어서 신호캐리어에 포함된 디지털 정보를 잃어 버릴 수 있다.

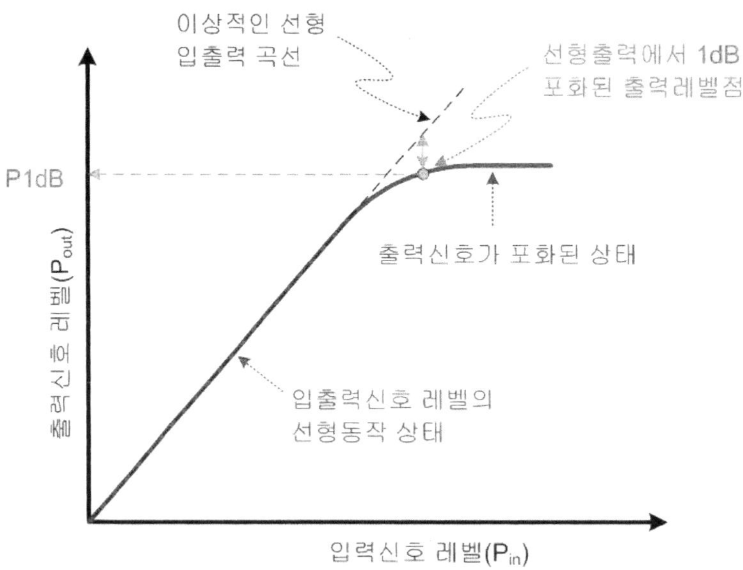

[그림 3.10 입력 신호레벨 증가로 인한 출력 신호의 포화 현상]

이러한 혼변조 신호에 대한 고려 없이 시스템을 설계한다면 시스템 내부에서 많은 종류의 혼변조 스펙트럼이 만들어져 출력신호 대역에 포함될 수 있다. 여러 개의 다른 주파수 신호가 작용되어도 서로에게 영향을 미치지 않고 독립적으로 구분되는 시스템은 선형시스템의 가장 중요한 특징이라 할 수 있다. 하지만 비선형 시스템은 각각의 주파수 신호에 대한 고차 항 스팩트럼 (Harmonics)들을 만들어내고 원신호(Fundamental Signal)와 이 고조파 신호와의 상호작용으로 원치 않는 무수히 많은 상호 혼변조 신호들을 만들어 낸다. 이러한 상호 혼변조 현상이 발생하는 원인은 결국 수학적으로 분석할 수 밖에 없다. 하지만 입력 주파수 신호가 많아 질수록 상호 혼변조 특성은 더욱 복잡해 지므로 혼변조의 특성만을 알 수 있도록 한 개의 주파수신호에 대한 비선형 분석과 두 개의 주파수 신호에 대한 상호 혼변조 분석으로 다수의 주파수신호에 대한 상호 혼변조 분석을 예측할 수 있다. 이러한 무선통신 시스템의 혼변조 특성을 분석하여 시스템 설계에 반영하는 것은 시스템을 통해 송신되는 무선신호의 파형의 질을 극대화 할 수 있도록 하여 고품질의 무선 커버리지를 확보할 수 있도록 해 주므로 시스템 설계에 있어서 가장 중요하게 고려해야 할 것 중 하나가 혼변조 신호에 대한 분석이다.

3.2.2 한 개의 주파수 신호에 대한 비선형 분석

여러 신호의 고조파(高調波)에 의한 혼변조 신호분석에 앞서, 먼저 한 신호 스펙트럼이 비선형성에 의해 만들어 지는 고조파에 대하여 분석해 볼 필요가 있다. 한 주파수를 가진 신호는 다음과 같은 식으로 나타낼 수 있다.

$$S_{in}(t) = a \cdot \cos(2\pi f_1 t + \phi) \tag{3.21}$$

즉, 주파수 f_1을 가진 신호가 진폭 a와 위상 ϕ를 가지고 진행하는 파를 표현하는 식이다. 이 신호가 이상적인 선형시스템을 거쳐서 출력된다면 식 (3.19)에서처럼 이득 G가 곱해진 진폭을 가진 주파수 f_1인 신호가 출력될 것이다. 하지만 이 시스템이 비선형성을 갖는 시스템이라면 출력신호에 그림 3.11과 같이 주파수 f_1의 고차 항 고조파(高調波)가 발생되는 것을 볼 수 있다.

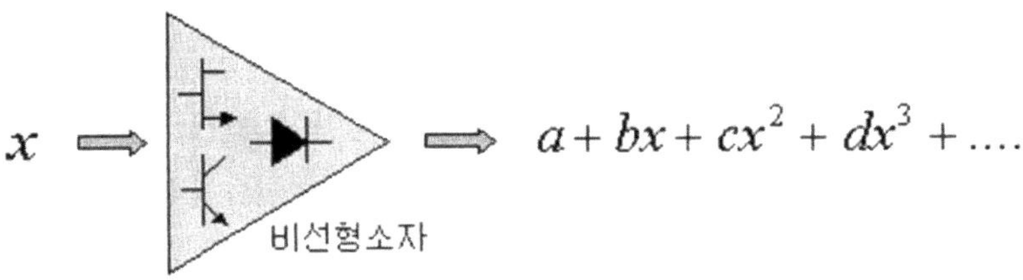

[그림 3.11 비선형 소자에 의한 고차 항 발생]

위의 식 (3.21)의 위상ϕ를 제외한 $S_{in}(t)$를 식 (3.20)에 대입하여 전개하면 아래와 같은 항의 식을 구할 수 있다.

$$S_{out} = \frac{G_2 \cdot a^2}{2} + G_1\left(1 + \frac{3 \cdot G_2 \cdot a^2}{4 \cdot G_1}\right) \cdot a \cdot \cos(2\pi f_1 t) + \frac{G_2 \cdot a^2}{2} \cdot \cos 2(2\pi f_1 t)$$
$$+ \frac{G_3 \cdot a^3}{4} \cdot \cos 3(2\pi f_1 t) + \cdots \tag{3.22}$$

위의 식 (3.22)에서 알 수 있듯이 출력신호는 비선형특성에 의해 아래와 같은 성분의 신호들이 생성된다. 첫 항은 DC성분을 가리키며 둘째 항은 입력주파수 f_1의 항을, 셋째 및 넷째 항은 f_1의 2차, 3차 고조파를 나타내는 항임을 알 수 있다. 이와 같이 비선형 시스템에 한 신호가 출력될 때, 각 고차항의 주파수는 f_1의 정수 배 스펙트럼을 가지며 이 고조파 성분들은 타사의 서비스대역에 심각한 영향을 줄 수 있다. 그림 3.12과 같이 비선형성에 의해 고차항의 불요방사 파 (Harmonics)들은 당연히 제거되어야 한다. 이 Harmonics들은 대역 외에서 발생하므로 송신시스템 최종 단의 대역여파기(Band Pass Filter)를 사용하면 최종 송신신호의 고차 항 고조파 신호들은 모두 제거될 수 있다.

$$
\begin{aligned}
&\frac{G_1\cdot a^2}{2}\ (\text{첫째항}) : DC\text{신호 성분}\\
&G_1\left(1+\frac{3\cdot G_1\cdot a^2}{4\cdot G_1}\right)\cdot a\cdot\cos(2\pi f_1 t) : \text{원래신호}(Fundamental\ Signal)\ \text{성분}\\
&\frac{G_2\cdot a^2}{2}\cdot\cos 2(2\pi f_1 t) : \text{원래신호에 대한 2차 고조파 성분}\\
&\frac{G_3\cdot a^3}{4}\cdot\cos 3(2\pi f_1 t) : \text{원래신호에 대한 3차 고조파 성분}
\end{aligned}
\tag{3.23}
$$

고출력 중계기등과 같은 송신시스템에서 전치단 (Front-End Part)에 대역여파기(필터)를 쓰는 이유는 Harmonics등과 같은 서비스 대역 외 불요방사파를 억제하여 필요한 대역의 주파수만을 송신하는 기능을 구현하기 위해서이다. 이 대역여파기는 전치부에 위치하므로 송신신호의 출력레벨 및 수신신호 수신감도 특성에 영향을 줄 수 있으므로 대역 외 억압도, 고출력 송신기능 및 여파시의 삽입손실 특성 등이 뛰어난 대역여파기를 사용하여야 한다.

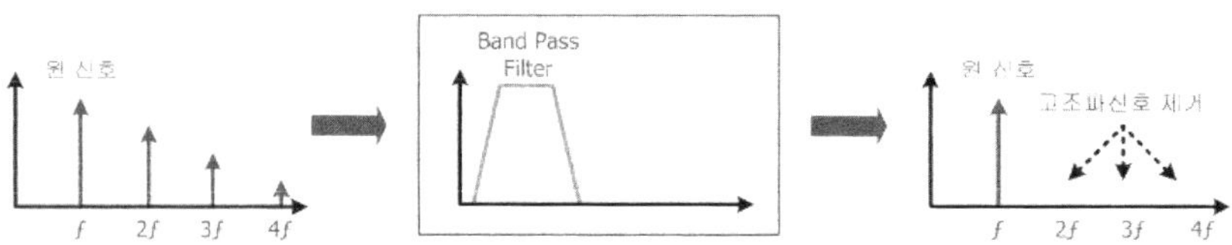

[그림 3.12 대역 여파기(필터)를 사용한 대역 외 고조파 성분 제거]

3.2.3 두 신호성분에 대한 고차 고조파 및 상호 혼변조 분석

이번에는 두 개의 신호가 비선형 시스템에 입력되었을 때, 출력되는 신호의 고차 고조파 신호와 이들 신호간의 상호 혼변조에 의해 발생되는 현상에 대하여 구체적으로 분석해 볼 필요가 있다. 일반적으로 이동통신의 서비스대역에는 한 개 이상의 주파수성분이 존재하기 때문에 두 신호성분에 의한 상호 혼변조 분석을 살펴 볼 의미가 있다. 그림 3.13에서 볼 수 있듯이 원 신호와 각 고차 항들의 상호 혼변조의 결과로 나타나는 원치 않는 혼변조 신호들은 넓은 대역에 걸쳐서 위치하게 되고, 이 신호 중 대역 외의 고차 항이나 혼변조 신호들은 대역 여파기(Band Pass Filter)를 사용하여 제거할 수 있으나 서비스대역 내에서 발생되는 혼변조 신호들은 제거가 불가능하다. 특히 홀수차수에 의해 발생되는 혼변조 신호는 대역 내에 위치하여 결국 이 혼변조 신호들이 차지하고 있는 동일한 주파수의 서비스

신호에 영향을 주어 정보를 잃어버리도록 통신을 방해하기 때문에 주요 제거 대상이 된다. 대역 여파기(필터)로 각 신호의 고조파신호를 제거한다고 해도 이미 증폭기 안에서 발생된 고조파 신호는 내부에서 서로간에 혼변조 신호를 구성하게 되어, 시스템의 고조파를 발생시키지 않도록 선형화를 높여주지 않는 이상 대역 내에 위치하는 혼변조 신호들은 제거되지 않을 것이다.

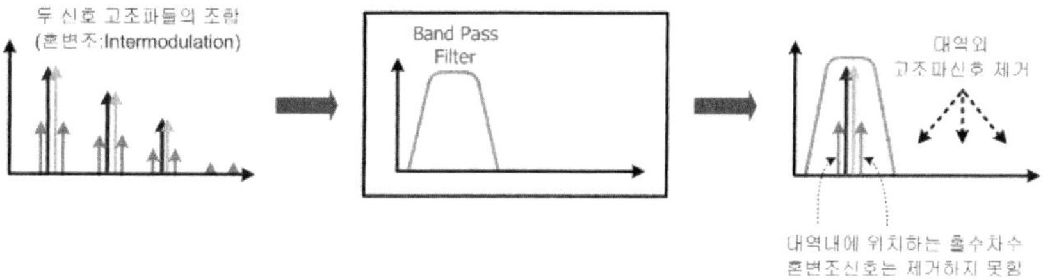

[그림 3.13 고조파의 홀수차수에 의해 발생되는 혼변조 신호]

이런 상호 혼변조(Intermodulation Distortion)가 발생하는 원인과 선형 및 비선형시스템을 비교함으로써 두 신호에 대한 상호 혼변조 신호분석에 대해 살펴보자. 두 신호가 스팩트럼 상에서 같이 존재한다면 다음과 같은 식이 된다.

$$x = A\cos\omega_1 t + B\cos\omega_2 t \qquad at\ \ \omega\ = 2\pi f \tag{3.24}$$

이것이 입력이라 생각하고 출력 식을 계산해보면

$$y = a + bx + cx^2 + dx^3 + \Lambda \tag{3.25}$$

$$= a + b(A\cos\omega_1 t + B\cos\omega_2 t) + c(A\cos\omega_1 t + B\cos\omega_2 t)^2 + d(A\cos\omega_1 t + B\cos\omega_2 t)^3 + \Lambda$$

비선형 시스템의 출력신호는 이 두 신호의 기본성분을 포함하여 두 신호의 고조파 성분 및 각 신호들과의 상호 혼변조(intermodulation distortion : IMD) 신호 등 매우 많은 원치 않는 신호들이 생겨난다. 두 주파수 입력신호에 대해 비선형시스템의 경우에는 두 신호에 대한 고조파 성분과 이 고조파끼리의 상호 혼변조에 의한 신호들이 발생되고 있음을 볼 수 있다. 위의 식 (3.25)를 2승, 3승 등의 각 항에 대하여 풀어보면 아래와 같은 수식을 얻을 수 있다. 먼저 2승 항에 대하여 풀어보면

2차 항(Second Order), 2승 항 :

$$c(A\cos\omega_1 t + B\cos\omega_2 t)^2$$

$$= c(A^2\cos^2\omega_1 t + 2AB\cos\omega_1 t\cos\omega_2 t + B^2\cos^2\omega_2 t) \tag{3.26}$$

$$= c\left(A^2\frac{1+\cos 2\omega_1 t}{2} + AB\cos(\omega_1+\omega_2)t + AB\cos(\omega_1-\omega_2)t + B^2\frac{1+\cos 2\omega_2 t}{2}\right)$$

$$= \frac{c}{2}(A^2+B^2) + \frac{cA^2}{2}\cos 2\omega_1 t + \frac{cB^2}{2}\cos 2\omega_2 t + cAB\cos(\omega_1+\omega_2)t + cAB\cos(\omega_1-\omega_2)t$$

3차 항(Third Order), 3승 항 :

$d(A\cos\omega_1 t + B\cos\omega_2 t)^3$

= 3승의 삼각함수는 계산량이 많으므로 중간계산하면

$$= \left(\frac{3dA^3}{4} + \frac{3dAB^2}{2}\right)\cos\omega_1 t + \left(\frac{3dA^2B}{2} + \frac{3dB^3}{2}\right)\cos\omega_2 t \tag{3.27}$$

$$+ \frac{dA^3}{4}\cos 3\omega_1 t + \frac{dB^3}{2}\cos 3\omega_2 t + \frac{3dA^2B}{4}\cos(2\omega_1 + \omega_2)t + \frac{3dAB^2}{2}\cos(\omega_1 + 2\omega_2)t$$

$$+ \frac{3dA^2B}{4}\cos(2\omega_1 - \omega_2)t + \frac{3dAB^2}{2}\cos(2\omega_2 - \omega_1)t$$

이 된다. 위의 식에서 나타나듯이 입력신호에는 없었던 주파수들이 출력신호에서 새로 생긴 항들이다. 이 신호들은 알다시피 입력된 두 신호들의 고조파 성분들과 이 신호들의 상호 혼변조에 의해서 발생된 주파수 항들이므로 유심히 살펴볼 필요가 있다. 3승 이후의 항들은 값들이 작아서 무시한다 하더라도, 3승까지의 비선형 출력 값에서 생성되는 주파수는 아래와 같은 각 신호성분들로 구성된다.

- DC성분 : $a + \frac{c}{2}(A^2 + B^2)$
- 원 신호들(fundamental signals) f_1, f_2 : $\cos\omega_1 t$, $\cos\omega_2 t$ 항들
- 각 신호들의 고차 고조파(higher order harmonics) $2f_1, 2f_2, 3f_1, 3f_2 \cdots$: $\cos 2\omega_1 t, \cos 2\omega_2 t, \cos 3\omega_1 t, \cos 3\omega_2 t$ 항들
- 2승 항에서 발생한 상호 혼변조 주파수 $f_1 + f_2$, $f_1 - f_2$: $\cos(\omega_1 + \omega_2)t$, $\cos(\omega_1 - \omega_2)t$, 항들
- 3승 항에서 발생한 상호 혼변조 주파수 $2f_1 + f_2$, $f_1 + 2f_2$, $2f_1 - f_2$, $2f_2 - f_1$: $\cos(2\omega_1 + \omega_2)t$, $\cos(\omega_1 + 2\omega_2)t$, $\cos(2\omega_1 - \omega_2)t$, $\cos(2\omega_2 - \omega_1)t$

이와 같이 비선형 소자 및 시스템을 동시에 통과한 두 주파수 성분은, 고조파 성분(Harmonics)끼리의 합과 차에 의해 2승 항을 포함한 짝수 항에서는 새로운 상호 혼변조 주파수를 만들어낸다는 것을 수식으로 확인할 수 있고, 3차 항을 포함한 홀수 항에서는 고조파 성분과 원 신호(Fundamental Signal) 성분과의 상호작용에 의해 새로운 혼변조 주파수를 만들어내는 것을 확인할 수 있다. 그런데 이와 같은 홀수 차 혼변조 주파수 중에 $(2f_1-f_2)$, $(2f_2-f_1)$ 과 같은 출력 항은 대역 내에 위치하여 이 주파수대역의 서비스신호에 영향을 준다. 이처럼 비선형 시스템의 출력 단에서 발생하는 대역 내 상호 혼변조 신호는 시스템의 선형성을 논하기 위한 파라미터가 되므로 혼변조 현상을 이해하는 것이 선형적인 중계기 시스템 설계에 필요하다.

3.2.4 홀수 차(3차) 상호 혼변조 신호의 이해

비선형 시스템의 출력신호에서 고조파(高調波) 주파수들의 조합이 생겨나는 상호 혼변조도를 분석하여 시스템의 비선형 특성의 정도를 나타낸다. 위의 식에서 볼 수 있듯이 혼변조 항의 차수가 높아질수록 혼변조 성분은 각 차수항의 두 배만큼 많아져서 2차 항인 경우 $2\omega_1$, $2\omega_2$, $\omega_1 \pm \omega_2$ 의 4개 성분이, 3차 항인 경우 $3\omega_1$, $3\omega_2$, $2\omega_1 \pm \omega_2$, $\omega_1 \pm 2\omega_2$ 등 6개의 혼변조 성분이 만들어지게 된다. 이렇게 시스템의 비선형성으로 인해 발생된 모든 혼변조 신호들은 결국 많은 주파수대역의 무선 신호들에 나쁜 영향을 주게 된다. 보통 비선형 시스템에서 일어나는 상호 혼변조 현상 중 대역 내에 위치하여 가장 큰 영향을 주는 것이 바로 3차 항 상호 혼변조 왜곡(3rd order

IMD) 성분이다. 여기서 3차 혼변조 왜곡성분이란 $(2f_1+f_2)$, (f_1+2f_2), $(2f_1-f_2)$, $(2f_2-f_1)$의 주파수 성분인데, 이 중에서 세 번째와 네 번째 성분인 $(2f_1-f_2)$, $(2f_2-f_1)$의 3차 혼변조 성분들은 대역 내에 위치하고 있어서 대역여파기로는 필터링 할 수 없다. 그러므로 3차 혼변조 신호에 대한 분석이 중요하고 이 혼변조 신호에 대한 이해를 통하여 비선형 시스템의 혼변조도를 알아보면 그림 3.14와 같이 원 신호(Fundamental Signal)와 혼변조 신호와의 차이를 비교하여 나타내는데, 혼변조 신호 중 가장 큰 혼변조 신호(대부분 3차 혼변조 신호임)와의 차이를 비교하여 나타낸다. 혼변조도는 절대적인 크기보다는 원 신호(fundamental signal)에 비해 얼마나 차이가 있느냐가 중요하기 때문에 두 신호의 차이 값을 dBc 단위로 표현한다.[4]

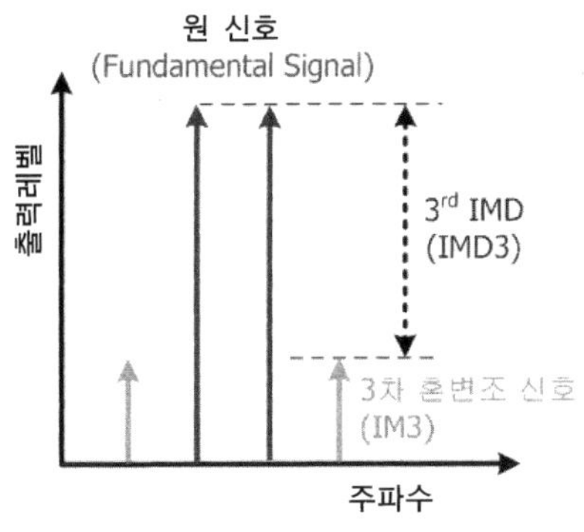

[그림 3.14 3차 혼변조도를 나타낸 그림]

위의 그림에서 보듯이 3차 혼변조 신호를 *IM3*로 표현하고 원 신호와 3차 혼변조 신호와의 혼변조도를 3rd order *IMD*(*IMD3*)로 표시하였다. 예를 들어 fundamental신호가 0dBm이고, 그 전력에서의 *IM3*(3차 혼변조) 성분이 −40dBm이라면, *IMD*의 크기는 40dBc라고 말할 수 있고 이 의미는 원신호(Fundamental Signal)에 비해 *IM3* 성분이 40dB 낮다는 의미가 됨으로써 결국 3차 혼변조(*IMD*) 신호성분의 상대적 크기를 말해 주는 것이다. 일반적으로 상호 혼변조 왜곡(*IMD*)이라는 것은 위의 그림과 같이 3차 혼변조 성분(*IMD3*)을 의미하는 용어로 많이 사용되어 왔다. 이처럼 혼변조 신호 중 3차 혼변조 신호가 가장 큰 영향을 주기 때문에 암시적으로 혼변조 신호라고 하면 아무런 의심 없이 3차 혼변조 신호를 생각하게 되는 것이다. 실제로 우리가 선형성을 가늠하는 지표로 주로 사용하는 것은 바로 3rd Order Intercept Point(*IP3*)이며, 이 *IP3*는 원 신호 출력 전력과 3차 혼변조(*IM3*) 성분이 포화되지 않고 계속 증가한다는 가정하에 아래 그림과 같이 두 전력 점이 같아지는 지점을 말한다. 출력전력이 점점 증가하면 그 3차 혼변조(*IM3*) 성분의 전력도 같이 증가하며 아래의 식에서 볼 수 있듯이 원 신호(fundamental signal)항은 1차 함수 항이고,

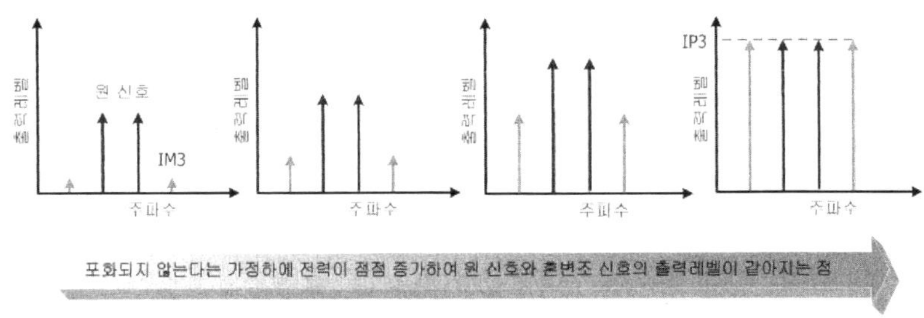

[그림 3.15 IP3(3RD ORDER INTERCEPT POINT)의 개념도]

3차 혼변조 항은 3차 함수이기 때문에 대수함수 차원(log scale)에서 3차 혼변조 항은 원신호 크기에 대해 3배의 기울기를 갖고 증가한다. 그러

므로 변화의 크기차이는 출력전력이 1dB 증가함에 따라 3차 혼변조(*IM3*) 신호는 3dB가 증가하므로 그 차이는 2dB씩 좁혀짐을 알 수 있다. 그러므로 *IM3* 성분의 증가율이 원 신호(fundamental signal)의 전력증가율보다 높아 원 신호 전력과 3차 혼변조 신호의 전력이 같아지는 순간이 발생하는데 이 점을 3rd Order Intercept Point라고 말한다. 하지만 *IP3* 점은 실제로 발생하지 않는데 그 이유는 *IP3*점에 도달하기 전이 이미 원 신호와 혼변조 신호는 둘 다 각자 포화점에 도달하여 더 이상은 증가하지 않기 때문이다. 그러므로 *IP3*점은 가상의 전력 점이라 할 수 있다. 이것을 입출력 전력에 대한 그래프로 보면 그림 3.16과 같다. 이 그림은 입력전력이 증가할 때 출력전력과 *IM3*가 증가하는 형상을 나타낸 것으로 매우 유명한 *IP3* diagram이다. 혼변조도(IMD)는 원신호(fundamental Signal)와 3차 혼변조(*IM3*) 신호와의 전력차이를 의미하고, 출력신호가 포화되지 않는다는 가정하에 원 신호와 3차 혼변조 신호(*IM3*)가 만나는 점, 그 점이 결국 *IP3*가 되므로 *IP3*가 높을수록 *IM3* 성분이 원신호에 비해 더욱 작아서 선형성이 좋다는 것을 의미한다. 그림 3.17의 그래프에서 볼 수 있듯이 *IP3*점은 원신호의 출력전력에 *IMD/2*를 더하면 구해 질 수 있다는 것을 확인할 수 있다. 그 이유는 fundamental 신호는 기울기가 1이고, *IM3* 신호는 기울기가 3이기 때문에 이 기울기의 차이는 2가 되어, *IP3*와 원신호와의 간격은 혼변조도(*IMD*)의 반이 된다. 이 값은 무선 시스템에서 *IP3*를 측정하는 수식이 되므로 잘 기억해둘 필요가 있다.

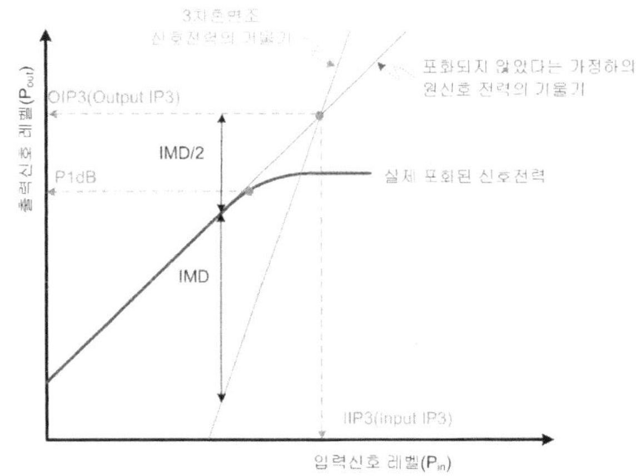

[그림 3.16 그래프로 본 P1DB, 혼변조도와 IP3]

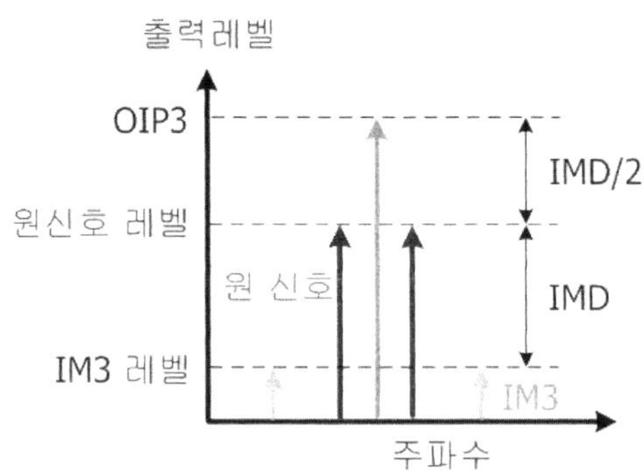

[그림 3.17 혼변조도와 IP3와의 관계]

혼변조도(*IMD*)와 *OIP3*(출력 *IP3*)에 대한 관계를 위의 그래프에 나타내었다. 위의 그림과 같이 원신호(fundamental signal)와 3차 혼변조(*IM3*) 신호의 기울기가 각각 1과 3이므로 2의 기울기 차이를 가지고 있어 두 개의 일차함수는 원 신호 출력레벨보다 *IMD/2* 큰 지점에서 서로 만난다(동일한 레벨을 갖는다)고 말할 수 있다. 그러므로 *IP3*는 원 신호 출력레벨에 *IMD/2*를 더하면 얻어질 수 있다.

$$OIP3 = Output\ Power + \frac{IMD}{2} \tag{3.28}$$

또한 *IP3*는 입출력 전력 중 무엇을 기준으로 읽느냐에 따라 구분되며 *IP3*점의 입력전력을 읽으면 *IIP3* (Input *IP3*), 출력전력을 읽으면 *OIP3* (Output *IP3*)라고 부른다. 그래프에서 보여지듯이 *IIP3*와 *OIP3*는 아래와 같은 단순한 관계를 이루고 있다.

$$OIP3 = IIP3 + Gain \tag{3.29}$$

즉 *IIP3*는 임의의 입력레벨에서 시스템 출력 단의 *IM3* 성분을 예측하는 파라미터로 사용될 수 있고, *OIP3*는 반대로 시스템 출력레벨에서의 *IM3* 성분의 정도를 의미하는 값으로 사용된다. 이렇게 입력출력 *IP3*를 구분하는 이유는 선형성을 가늠하는 회로의 특성에 따라 적용하기 위함이다. 만약 출력 쪽의 특성이 중요한 송신부의 Drive Amplifier, Up Converter Mixer, Power Amplifier인 경우는 출력 쪽의 *OIP3*를 보는 것이 일반적이고, 반대로 수신부의 LNA, Down Converter Mixer이면 입력 쪽의 *IIP3*가 더 중요한 선형지표가 된다. 이렇듯 회로의 관점에 따라서 입력, 출력 중 어느 쪽에 중점을 두느냐에 따라 어떤 *IP3*를 사용하느냐가 달라진다. 또한 출력레벨 값에 따라 *IMD*값은 달라지지만, 출력레벨이 낮은 데서 측정하면 *IMD*값은 커지고, 출력레벨이 높은 데서 측정하면 *IMD* 값이 작아져서 어떠한 출력레벨 상태에서도 출력레벨 값과 *IMD/2* 값이 반대로 변하기 때문에 결국 *IP3*값은 어떤 출력레벨에서도 동일한 값을 갖게 된다.

이러한 의미의 3차 혼변조 신호를 이용한 혼변조 신호분석은 소수 신호캐리어를 사용하는 협대역의 낮은 출력레벨에서는 실험결과와 일치한다. 하지만 다수 신호캐리어를 사용하는 광대역 신호출력으로 갈수록, 그리고 높은 출력레벨 상황에서는 실험결과와 불일치함을 확인할 수 있다. 그 이유는 광대역의 다수채널을 사용할수록 다양한 조합의 3차 혼변조 신호가 작용하게 되고, 5차 혼변조 신호도 무시할 수 없는 영향을 주게 되므로 3차 혼변조 신호분석만으로는 정확한 혼변조 분석이 어렵다. 뿐만 아니라 고출력 레벨에서는 증폭기의 효율을 높이기 위해 신호의 전체위상을 증폭(A급 증폭)하기 보다는 신호의 일부 위상만을 증폭(AB, B, C급 증폭)하도록 증폭기를 동작시키는 송신기에서도 3차 혼변조 분석 값이 정확하지 않다. 또한 갈수록 선형화기(Linearlizer)의 개발이 증가되어 이 기능을 장착한 송신 시스템에서는 선형화기의 특성 때문에 3차 혼변조 분석만으로는 증폭기의 혼변조 성능을 가늠할 수 없다. 그러므로 3차 혼변조 신호분석(*IP3*) 방법으로 분석할 수 있는 분야는 *OIP3*점이 P1dB점보다 10dB 이상 높고 선형화기가 장착되지 않은 20dBm이하의 A급 협대역 증폭기에 대하여만 적용될 수 있다. 하지만 이러한 범위는 RF시스템의 고출력 증폭기(*HPA*)를 제외한 시스템 대부분의 RF 수동 및 능동 시스템에 적용할 수 있으므로 매우 유용한 혼변조 분석방법 중 하나이다.

3.2.5 다수 신호캐리어에서의 혼변조 신호

이렇게 원 신호(Fundamental Signal) 주파수에 가까이에 위치한 3차 혼변조 신호는 특히 CDMA, WCDMA, Wibro 등과 같은 광대역 디지털 변조방식에서 나쁜 영향을 가져다 준다. 이러한 이동통신의 광대역 채널 안에서, 수많은 주파수 신호캐리어들을 한꺼번에 처리하다 보면 내부적으로 수많은 3차 혼변조 신호들이 하나의 대역잡음을 이루면서 넓은 잡음군을 만들게 된다. 신호대잡음비가 시스템의 용량 및 성능을 결정하는 현대의 디지털 이동통신에서는 이러한 혼변조 신호들로 인한 잡음전력들이 결국 시스템 전송용량과 전송품질을 크게 떨어뜨리는 요소가 되어 버린다.

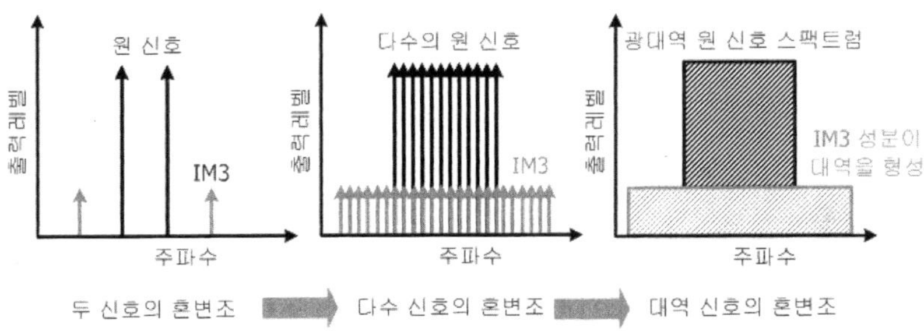

[그림 3.18 광대역 스팩트럼에서의 혼변조 현상]

시스템을 설계할 때에도 많은 혼변조 신호의 대역 외 방사를 막기 위해 시스템의 최종 단에 대역 외 억제특성이 뛰어난 필터를 장착하여 시스템의 출력신호에 포함되어 있는 대역 외의 혼변조 신호가 안테나를 통하여 방사되지 않도록 억제한다. 하지만 혼변조 신호는 대역 외뿐만 아니라 시스템의 서비스 대역 내에도 발생되어 시스템의 원신호를 오염시키는 문제를 발생시킨다. 대역 내에서 발생되는 혼변조 신호의 차수 항은 3차, 5차, 7차 등과 같은 홀수 차 항의 혼변조 신호들 중 일부이다. 이 신호들은 대역 내에 발생하여 서비스 대역 내 신호 캐리어의 품질을 나쁘게 하여 그 신호 속에 포함된 정보를 손실시키는 역할을 한다. 또한 CDMA 신호와 같이 일정 대역(1.23MHz 대역폭)의 스펙트럼을 갖는 확산신호의 혼변조 신호는 원신호에 영향을 줄 뿐만 아니라 대역 내에서 이웃하는 채널의 잡음레벨을 높이는 결과를 가져와 인접채널의 파형의 품질에도 영향을 끼치므로 시스템 설계 시에 대역 내외의 혼변조 신호를 억제하거나 최소화하는 설계기술이 필요하다.

3.2.6 증폭기의 선형성을 높이는 선형화기

현대의 이동통신은 디지털 변조방식을 사용하여 넓은 대역에 많은 신호캐리어를 할당하여 통화용량을 높이고 높은 전송용량을 가질 수 있도록 하고 있다. 전송용량을 높이고 전송품질을 개선하려는 것은 곧 이동통신 서비스의 최대 과제이자 목표이므로 서비스 사업자마다 이것이 서비스의 승패를 좌우하는 중요한 요소가 된다. 이에 따라 송신기도 광대역의 신호캐리어를 증폭할 수 있는 증폭성능을 가져야 하므로 증폭되는 높은 출력레벨에서 선형성을 유지할 수 있도록 증폭기 내부에 선형화기를 설계한다. 선형화기는 선형화 방법에 따라 몇 가지 방식으로 나뉜다.

3.2.6.1 전치왜곡(Pre-Distortion) 방식 선형화기

전치왜곡(Pre-Distortion)방식 선형화기는 주 증폭기에서 발생하는 혼변조 신호를 제거하기 위하여 전치왜곡기를 사용하여 입력되는 신호성분에 왜곡된 신호를 미리 추가하여 주 증폭기(Main Amplifier)에 입력시켜 줌으로써 주 증폭기에서 발생하는 혼변조 신호를 제거하는 방식이다. 이 방식은 주 증폭기의 비선형 신호성분을 입력신호에 포함하여 입력시키는 방법으로 그림 3.19와 같이 간단하게 구현할 수 있는 선형화기법 중 하나이다. 전치왜곡기(Pre-Distorter)는 그림 3.20의 블록도와 같이 구성되며 원 신호에 인위적으로 생성시킨 전치왜곡 신호를 발생시키기 위하여 비선형 소자를 이용한다. 이 소자에서 발생한 전치왜곡 신호는 진폭 및 위상을 조절할 수 있는 진폭위상 변조기(Vector Modulator)를 거치면서 주 증폭기의 혼변조 신호와 크기가 같고 위상이 반대인 신호로 조정된다.

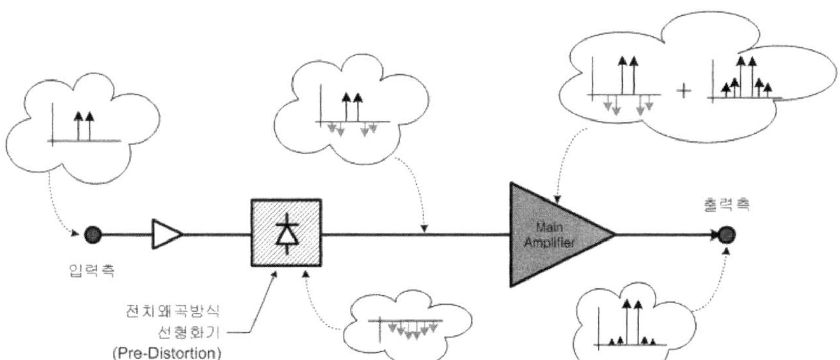

[그림 3.19 전치왜곡(PRE-DISTORTION) 선형화기를 이용한 고출력 증폭기]

그림 3.19에서 볼 수 있듯이 이렇게 조정된 전치왜곡 신호는 원 입력신호와 결합되어 주 증폭기(Main Amplifier)로 입력되게 되면 주 증폭기는 증폭하는 동안 증폭기의 비선형성에 의해 혼변조 신호가 발생되지만 이 혼변조 신호를 상쇄시킬 수 있는 전치왜곡 신호를 같이 증폭하게 되어 혼변조 신호의 상쇄효과를 얻을 수 있도록 설계할 수 있어 고출력 증폭 시의 혼변조 신호를 다소 제거할 수 있도록 해 준다.

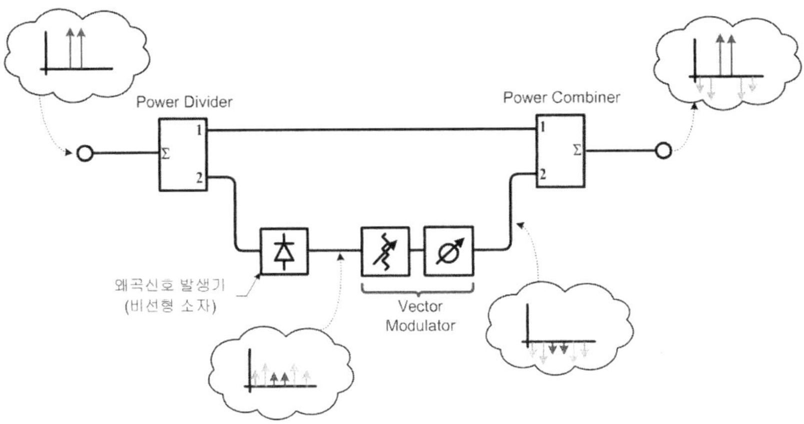

[그림 3.20 전치왜곡(PRE-DISTORTION) 선형화기에 대한 상세 구성도]

하지만 이 전치왜곡 방식의 선형화기는 주 증폭기에서 발생하는 혼변조 신호를 예측하여 미리 이에 해당하는 혼변조 신호를 만들어서 상쇄시키는 방식이기 때문에 주 증폭기의 혼변조 신호와 동일한 성질의 전치왜곡 신호를 발생시키는 데 한계가 있다. 그리하여 좁은 대역의 혼변조 신호 제거에는 가능하지만 광대역신호 증폭에서 나타나는 혼변조 신호는 다양한 상태를 가지고 있으므로 이 혼변조 신호를 제거하기에는 한계가 있는 선형화 방식이다. 또한 온도에 따라 주 증폭기의 혼변조 신호의 진폭과 위상이 변하기 때문에 전치보상기에서도 주 증폭기의 성능변화에 따라 능동적으로 대처해야 하는 어려움을 가지고 있다. 이러한 어려움을 극복하기 위하여 주 증폭기의 출력신호의 상태를 감시하여 전치왜곡 신호의 진폭과 위상을 적응적으로 조정하여 혼변조 신호를 제거하는 적응(Adaptive)방식의 전치왜곡 선형화기가 개발되었다. 하지만 전치왜곡을 이용한 선형화기의 단점인 광대역 혼변조 신호 제거기능에는 한계가 있어 넓은 대역에 분포한 다중채널 증폭(Multi-Carrier Amplification)을 위한 선형증폭기에 적용하기에는 힘든 기술이다.[5]

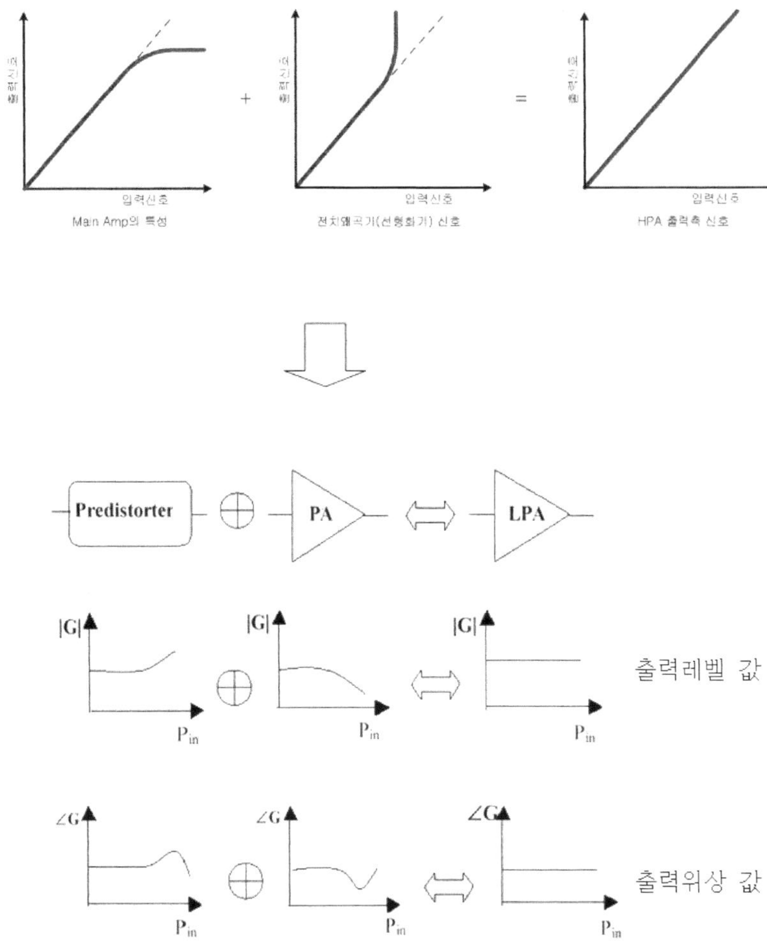

[그림 3.21 전치왜곡 선형화기를 이용한 주 증폭기의 선형화]

3.2.6.2 Feed-Forward 방식 선형화기

이 선형화 방식은 주 증폭기의 출력신호에 포함된 혼변조 신호를 분리해 내서 같은 크기의 반대위상을 만든 다음 다시 출력신호에 결합해 주어서 출력신호의 혼변조 신호성분을 제거하는 방식이다. 이 방식은 출력신호의 혼변조 성분을 제거하기 위해 동일한 혼변조 성분을 사용하기 때문에 비선형 증폭기에 적용하여 뛰어난 선형성을 구현할 수 있고 혼변조 상쇄특성도 뛰어나 광대역의 혼변조 신호제거에 많이 사용되는 방법이다. 이 방식은 2개의 상쇄루프를 사용하여 이루어진다. 하나는 출력신호에 포함된 혼변조 신호만을 골라내기 위하여 1번 루프에서 행해지며 출력신호의 일부를 커플링한 후, 혼변조 신호가 없는 입력신호를 커플링된 출력신호에 시간지연을 맞추어 결합시키고 Vector Modulator 1을 이용하여 동일한 크기와 반대의 위상을 갖도록 조정해 주면 "점A"에서 원 신호성분은 상쇄되고 혼변조 신호만 남게 된다. 물론 Loop 1에서 두 신호를 상쇄시키기 위하여 시간지연 차이가 나지 않도록 입력 측의 Delay Line을 맞추는 것이 중요하다. 다시 말하면 "점A"에서의 상쇄는 원 신호(Fundamental Signal)를 상쇄하여 혼변조 신호만을 얻는 과정이고 이 Loop를 다른 말로 Signal Cancellation Loop라고 말한다.

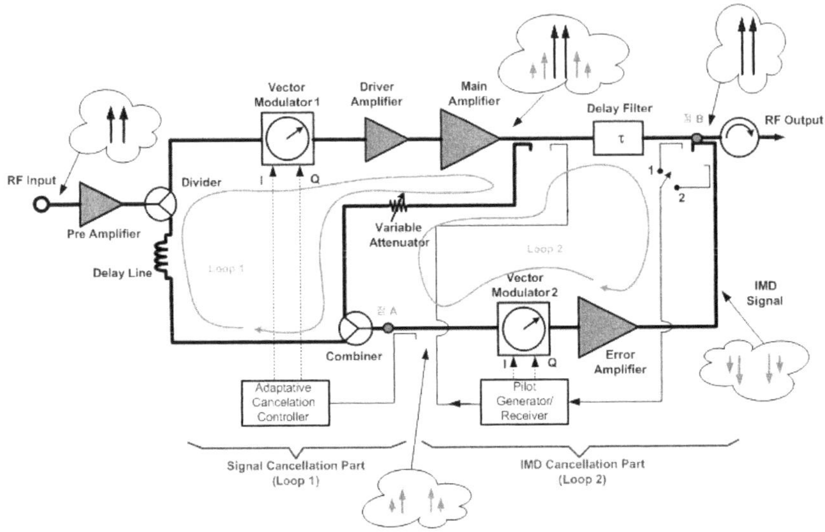

[그림 3.22 FEED FORWARD 방식 선형화기가 포함된 선형증폭기 블록도]

물론 "점A"에서 상쇄 정도를 감시하여 최대의 상쇄효과를 얻을 수 있도록 Vector Modulator 1을 계속 조정하는 적응방식의 조정기능을 갖추어야 한다. 이렇게 신호가 상쇄되어 혼변조 성분으로만 구성된 신호는 Vector Modulator 2를 거쳐서 Error Amplifier에 의해 적정레벨로 증폭되고 커플러를 통해 실제 출력신호와 결합되게 되는데 이때의 혼변조 상쇄가 일어나도록 Vector Modulator 2를 조절하여 Main Amplifier에서 출력되는 신호의 혼변조 성분과 Error Amplifier에서 출력되는 혼변조 신호의 크기가 같고 위상이 반대가 되도록 유지하여 출력신호에 포함된 혼변조 신호를 제거한다.

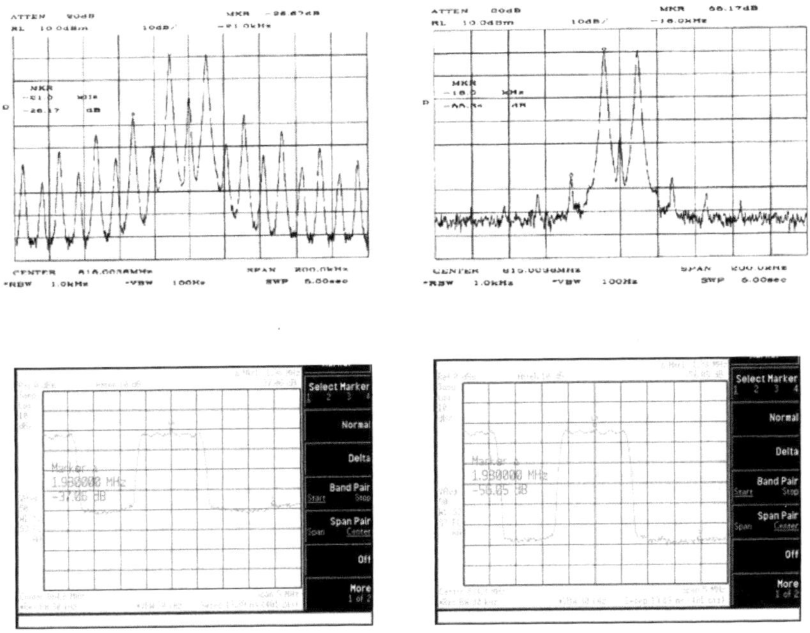

(a) 선형화기 OFF시의 출력신호
(혼변조 신호가 포함되어 있음)

(b) 선형화기 ON시의 출력신호
(혼변조 신호가 제거됨)

[그림 3.23 FEED FORWARD 방식 선형화기에 의한 혼변조 신호 제거]

또한 Main Amplifier 뒷 단의 Delay Filter를 사용하여 Loop2의 "점B"에서 결합되는 두 신호의 경로 차에 의한 시간지연을 동일하게 하여 상쇄 정도를 극대화 시킨다. Loop2의 혼변조 신호 상쇄 정도를 확인하기 위하여 대역 외 주파수의 파일럿 신호를 Loop2에 실어서 이 파일럿 신호의 상태를 감시하여 Loop2의 Vector Modulator 2를 적응적으로 조절하는 적응방식을 구현한다. "점B"에서는 혼변조 신호가 결합되어 상쇄되어 선형증폭기의 출력 측에서는 입력신호의 파형의 품질과 유사한 고출력 신호를 송신하게 된다.[6]

3.2.6.3 선형 송신시스템의 중요성

현대 무선통신은 한정된 주파수 자원을 이용하여 보다 많은 정보를 보다 높은 품질로 전송하기를 요구한다. 그러므로 한정된 주파수를 나누어 사용하는 과정에서 자기대역뿐만 아니라 다른 대역 주파수 신호를 방해해서는 안되며 다른 주파수 대역에 의해 자기대역도 영향을 받아서는 안 된다. 위에서 논의한 바와 같이 여러 주파수성분들이 공존하는 비선형 RF 시스템에서, 시스템의 선형성은 결국 통화 및 전송용량과 전송품질, 그리고 통신성능에 지대한 영향을 미치게 된다. 이것이 바로 기지국 및 중계기 시스템을 포함한 비선형 RF 시스템을 선형화하려고 노력하는 이유이다. CDMA, WCDMA, Wibro와 같은 디지털 이동통신 시스템에서 선형성은 굉장히 중요한 요소가 된다. 넓은 주파수대역에 신호들이 동시에 Code화 되어 같은 주파수대역에 공존하기 때문에 시스템 비선형특성에 의한 혼변조 신호의 발생은 이웃하는 채널에 간섭으로 작용하여 통화 및 전송품질을 떨어뜨릴 뿐만 아니라 기지국의 사용용량을 줄이는 치명적인 영향을 가져다 준다.

제 4 장

이동통신 중계기의 필요성 및 그 종류

4.1 이동통신의 개요

급속도로 발전하는 정보화 사회 속에서 이동통신의 등장은 정보전달을 담당하는 정보통신 서비스를 기존의 고정된 유선통신망을 이용하는 개념에서 "언제, 어디서나, 누구와도" 정보를 교환할 수 있는 뛰어난 정보전달의 새로운 장으로 바꾸어 놓았다. 또한 이동통신 서비스가 대중화되고 무선통신기술이 발전함에 따라 누구나 필요할 때, 필요한 곳에서 상대와 정보를 주고받을 수 있는 정보통신의 개인화로 변화하고 있다. 이러한 정보통신 개인화를 위해서는 가변 속도의 정보를 전송하거나 처리할 수 있는 디지털 신호처리기술 및 전송기술, 언제 어디서나 통화할 수 있게 하는 디지털 무선통신기술, 그리고 통신기기의 경량화 및 고성능화를 구현하기 위한 마이크로 일렉트로닉스 기술, 개인화를 이루기 위한 인증 및 비화기술, 안테나 및 무선접속을 위한 무선 RF기술 등의 종합적인 시스템 기술이 융합되어야 하는 중요한 분야이다. 이동통신 서비스는 통신기술, 서비스 기술, 기반기술이 결합되어 하나의 서비스 형태로 구현되며, 이러한 기술의 결합에 의해 다양한 통신서비스가 도출되어 시스템 기술로 발전하여 컴퓨터와 통신, 그리고 방송분야의 경쟁을 유발하여 발전을 꾀할 뿐만 아니라 이 분야의 통합현상을 이루도록 유도하여 정보통신 및 방송이 정보전달 기술을 위해 새로운 모습으로 탈바꿈하고 있다. 즉 모든 통신수단이 디지털화되어 종합정보통신망이 구현되고 디지털 정보를 처리하는 컴퓨터는 디지털화된 음성, 영상, 데이터 등을 효과적으로 신속하게 처리함으로써 다양한 정보서비스를 제공하게 될 것으로 전망된다.

디지털 이동통신 시스템은 아래의 그림과 같이 발전을 거듭하게 되어 1세대의 음성위주의 서비스로부터 2세대의 음성 및 무선데이터 서비스를 거쳐 3세대의 높은 전송속도로 고품질의 음성 및 데이터 전송을 할 수 있는 서비스로 발전하게 되었다.

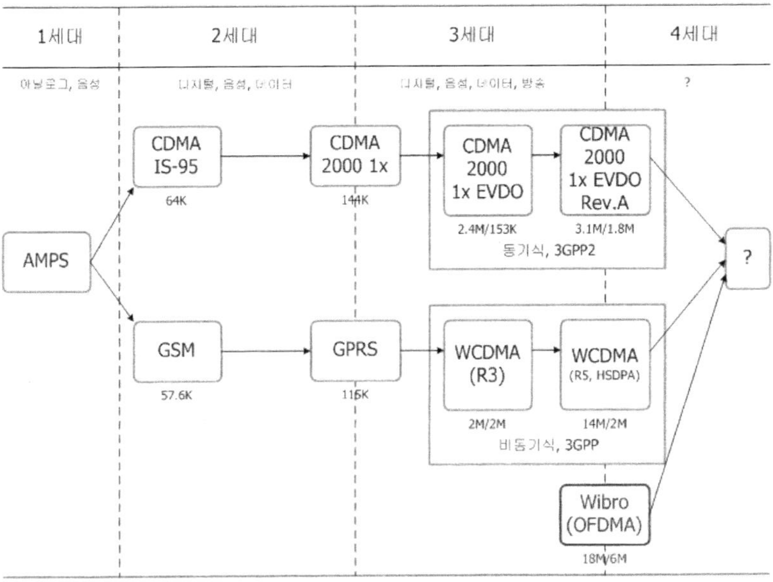

[그림 4.1 이동통신 발전동향[7]]

이러한 이동통신 발전에 의해 개인 휴대통신의 범위가 통화위주의 서비스에서 음성 및 데이터 전송으로 바뀌게 되고 전송속도가 높아짐에 따라 데이터 전송뿐만 아니라 동영상 등의 방송신호까지 실시간 전송이 가능한 서비스로 발전하고 있다. 그림 4.1에서 볼 수 있듯이 이동통신의 발전은 결국 전송속도의 고속화를 가져왔고 이로 인해 유선을 이용해 접속하던 인터넷 서비스도 언제 어디서든지 무선으로 접속할 수 있는 기반을 이루게 되었다. 이 의미는 모든 정보는 우리의 피부에 와 닿아 있다는 의미를 부여하게 되었고, 언제 어디서나 접속만 하면 정보의 바다에서 다양한 정보를 얻거나 전달할 수 있는 정보통신의 발전을 가져왔다. 이미 이동통신 서비스는 정보통신의 중요한 위치를 차지하여 기존의 유선 망을 대체하거나 보완재의 역할을 하기 시작하였다. 이러한 높은 품질의 이동통신 서비스를 위해 갖추어야 할 기본적이고 공통적인 기능이 있는데 이것은 아래와 같다.

4.1.1 셀룰라방식의 서비스

어떠한 무선통신이든지 넓은 커버리지를 얻기 위하여 라디오 송신방식과 같이 대형의 송수신 장치 및 안테나를 사용하여 전파를 발사해야 한다. 하지만 기지국 송신기의 성능이 뛰어나다 하더라도 양방향 통신을 위해서는 단말기의 송신기도 커져야 하는 어려움이 있어서 개인 휴대통신의 기본인 단말기의 경량화 및 소형화에 큰 걸림돌이 되어 왔다. 또한 커버리지 안에서 다중접속의 용량한계 때문에 아무리 넓은 커버리지를 확보하더라도 접속자 수가 제한되게 된다. 그러므로 이러한 문제들의 한계를 극복하기 위해서는 커버리지를 축소하여 전파의 전달범위를 작게 하여 그림 4.2와 같이 전체지역을 셀(Cell)이라는 여러 개의 작은 서비스구역으로 나누고 그 중앙에 안테나를 가진 송수신 기지국을 설치하여 각 셀 내에 위치한 단말기를 이 기지국과 통신하게 하면 단말기의 송신출력이 낮아지게 되어 단말기의 소형화를 가져올 수 있고, 기지국이 셀마다 존재하여 사용자들이 셀 내에 위치한 각 기지국과 접속하게 되어 접속용량이 분산되므로 많은 사용자들이 각 기지국을 통하여 접속이 가능해 진다. 이러한 "셀룰라" 방식의 이동통신 시스템은 서비스 초기에는 가입자 수가 적으므로 소수의 기지국을 이용한 커다란 셀 방식으로 시작하지만 가입자 수가 늘어나게 되면 셀들은 더 작은 규모의 셀로 분할되게 된다.[39] 물론 이 분할방식은 셀의 육각형에 대칭으로 분할하게 되는데 이러한 과정을 셀 분할이라 하고 우리나라에 설치되어 있는 셀 크기는 사용자 밀도에 따라 반경이 수백 미터에서부터 5km까지 다양하게 설계되어 있다.

4.1.2 핸드오프(핸드오버) 기능

이 기능은 하나의 셀에서 이웃한 셀로 이동할 때 현재의 기지국 셀로부터 "호"를 이웃한 기지국 셀로 통화의 끊김 없이 넘겨주는 기능을 하며, 이 기능은 이동통신 서비스에 가장 특색 있는 중요한 기능이라 할 수 있다. 이동통신방식에 따라 핸드오프방식은 조금씩 차이가 있고 각 셀의 무선 수신 신호의 강도 등을 감지하여 보고하면 이 결과를 토대로 교환국에서 핸드오프 시점과 기능을 지휘한다.

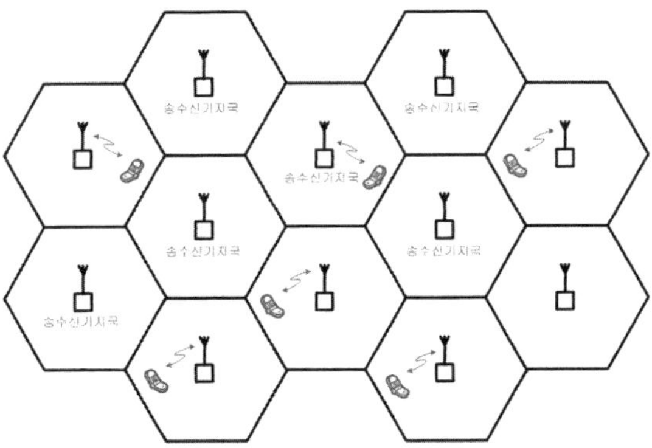

[그림 4.2 셀룰라 시스템에서의 분할된 셀 커버리지]

이동통신에 있어서 핸드오프 기능은 생명과 같은 부분이므로 이동통신 방식에 따라 가장 효과적인 방법으로 이 기능을 구현하려고 노력하고 있다.

4.1.3 페이딩 극복 기술

무선을 이용한 이동통신에서의 통신매체(Media)는 대기(자유공간)를 이용하므로 무선환경에 따라 통신환경이 불안정해 질 수 있다. 특히 이동통신 환경에서 도심지의 많은 빌딩과 장애물로 인한 다중경로 페이딩 현상은 통신을 불안정하게 만드는 요인이다.[8] 그러므로 어떠한 방식의 이동통신 시스템이든 이러한 페이딩 현상을 극복하기 위한 기능들이 적용되어야 이동통신 서비스에 큰 효과를 얻을 수 있다. 아래의 몇 가지 방법들은 다양한 이동통신 방식에서도 공통적으로 적용되는 페이딩 극복을 위한 기능들이므로 이 기능의 효과를 고려하여야 좋은 성능의 중계기 시스템을 이동통신 네트워크에 적용할 수 있을 것이다. 다이버시티 기능, 전력제어 등은 다중경로 페이딩 현상을 극복하기 위한 대표적인 이동통신 기능이라 할 수 있다.

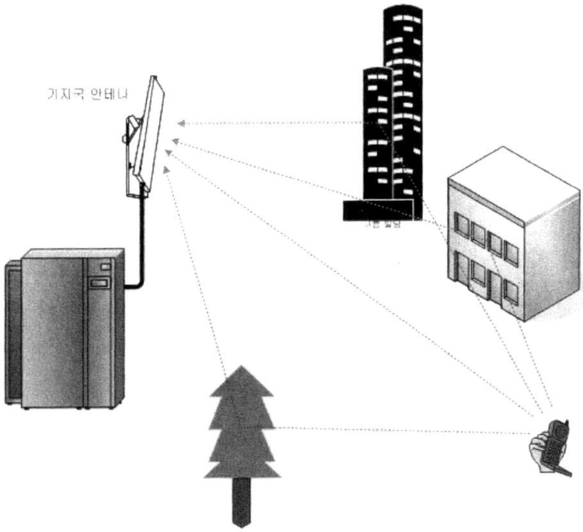

[그림 4.3 무선환경에서 송수신기 사이의 페이딩 현상]

4.1.3.1 다이버시티 기술

무선통신에서는 전파의 페이딩 현상에 의한 신호품질 열화가 이동통신 시스템에 가장 큰 문제를 일으키고 있다. 이 영향을 줄이기 위하여 서로 상관관계가 적은 여러 전송경로를 통하여 전파를 송수신함으로써 통신품질의 열화를 경감시키는 방법이 다이버시티 기술이다. 다이버시티 기술에는 공간 다이버시티, 시간 다이버시티, 주파수 다이버시티와 같은 방식이 사용되지만 주파수 다이버시티의 경우는 다른 주파수를 사용하여야 하므로 주파수 효율이 떨어지므로 이동통신에서는 그다지 적합하지 않다. 공간 다이버시티는 현재의 기지국 안테나의 수신방식에서 쉽게 찾을 수 있으며 송수신안테나를 공간 이격하여 송수신경로를 하나 더 만들어 주어서 두 개의 전송경로로 분산하여 페이딩에 대한 영향을 줄이는 방식이다. 또한 시간 다이버시티는 CDMA방식에서 이미 채택하여 사용하고 있는 단말기 및 기지국에 적용된 레이크 수신기능과 같이 다중경로에 의해 시간차를 두고 입력된 신호를 각 경로 별로 분리하여 수신해서 이 신호들을 합치거나 선택하여 수신기능을 높인 방식이다. 일반적으로 다이버시티 기술은 그 전송경로의 수가 많을수록 좋지만 단말기 측에서 다이버시티의 구현은 단말기의 소형화를 제한하는 요소이므로 대부분의 송수신 다이버시티 기능은 기지국 측에서 구현하게 되어 있다.

4.1.3.2 전력제어 기술

이 기술은 기지국에 가까운 단말기 신호와 멀리 있는 단말기 신호가 기지국 안테나에 동일한 전력으로 수신되게 하기 위하여 서로 다른 송신전력을 내도록 하는 것을 말한다. 즉 무선 경로손실이 심한 곳에 위치한 단말기는 더 높은 송신출력으로 기지국에 접속해야 하는 반면 무선환경이 좋은 곳에 위치한 단말기는 작은 송신출력으로 접속할 수 있도록 단말기가 전력제어를 수행하도록 한다. 특히 Open Loop 전력제어는 단말기가 독자적으로 기지국으로부터의 수신신호 전력을 측정하여 추정된 경로손실 값으로부터 역으로 송신전력을 추출하는 방법이다. 단말기의 전력제어는 80dB의 작동범위를 지원하여 매우 큰 값의 경로손실 변화를 보정하여 주어서 기지국에 도달하는 모든 단말기의 신호레벨이 미리 결정된 일정한 레벨이 될 수 있도록 해 준다. 그림 4.4의 A곡선은 단말기와 기지국 사이의 거리 및 지형적 모양에 의해 결정되는 평균 경로 손실을 나타내며 Log-Normal 분포를 갖는 느린 페이딩(Long term fading, Log normal fading)이다. 단말기의 전력제어의 목적은 경로손실 및 지형변화에 따른

A곡선에 대한 전력제어를 수행하는데 있다. 이 기능은 불안정한 무선환경에 능동적으로 대처할 수 있는 중요한 기능이 될 뿐만 아니라 단말기의 소모전력을 최소화 하고 단말기 상호간의 간섭을 줄일 수 있는 장점을 가지고 있다.

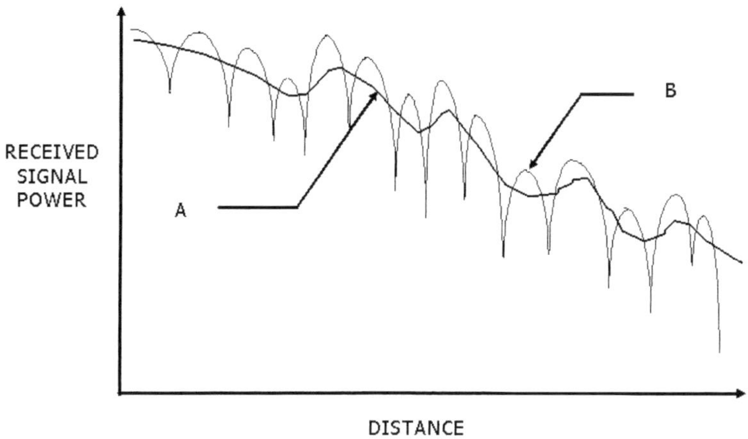

[그림 4.4 무선환경에서의 느린 페이딩(A)와 빠른 페이딩(B)]

4.2 이동통신의 다중접속 방식

이동통신의 시스템을 급속하게 발전시킨 데에는 무선환경 및 이동환경에 알맞은 다중접속 방식의 디지털 이동통신 시스템의 개발이 이루어졌기 때문이다. 한 커버리지 안에 위치한 모든 사용자가 이동통신 네트워크에 접속할 수 있도록 다중접속(Multiple Access) 방식은 이동통신의 접속용량이 결정되는 중요한 방식이다. 이 다중접속 방식은 FDMA, TDMA, CDMA, OFDMA 등 크게 4가지 종류로 나눌 수 있는데 자세한 내용은 이동통신 전문서적을 참조하기 바란다. 이 중 CDMA기술은 우리나라에서 상용화 된 중요한 이동통신 기술이기 때문에 본 논문의 중계기 시스템에 대한 설명이나 중계기 동작점 및 커버리지 분석에 대한 내용도 이 방식을 예를 들어 다루기도 하였다.

4.3 이동통신 듀플렉싱 방식

통신시스템에서 기지국과 단말기 사이의 양방향 접속을 위한 송수신 링크에 적용되는 기술방식으로, 통신경로를 주파수로 구분하는 주파수 분할 방식(FDD : Frequency Division Multiplexing)과 시간적으로 구분하는 시분할방식(TDD : Time Division Duplexing)으로 구분된다.

우선 TDD방식은 송수신 경로를 시간적으로 구분하기 위하여 동일한 시간간격 동안 하향신호를 전송해야 하고 또 그 다음의 동일한 시간간격 동안 상향신호를 전송해야 한다. 송신과 수신을 시간적으로 구분하기 위하여 그림 4.5와 같이 송수신기 전단에 RF스위치를 장착하여 송수신 경로를 선택하도록 해 주어야 한다. 반면 FDD방식은 송수신 주파수대역이 다르기 때문에 스위치 대신 두 개의 필터로 구성된 Duplexer를 장착하여 송수신 경로를 구분한다. 이와 같이 FDD방식은 송수신 주파수 대역폭이 항상 고정되어 있어 음성과 같은 대칭적인 트래픽 전송에 용이한 반면 데이터의 용량에 따라 대역폭을 능동적으로 조절할 수 없어 주파수 효율이 떨어진다. 반면 TDD방식은 상하향 전송시간 비율을 2 : 1, 3 : 1 등과 같이 적당히 비대칭적으로 할당하기 때문에 인터넷과 같은 비대칭 서비스에 적합하다. FDD방식은 주파수 분할방식이므로 간섭현상을 방지하기 위하여 주파수 축에 보호대역(Guard Band)이 필요하므로 주파수가 낭비되는 반면, TDD방식인 경우는 송수신 시간 사이에 보호시간(Guard Time) 구간을 삽입하게 되어 시간적인 낭비를 가져오게 된다. 또한 TDD방식은 인접주파수 채널 및 인접 사업자로부터 간섭을 최소화 하기 위하여 채널간 사업자간 송수신 시간동기를 맞추어야 한다.

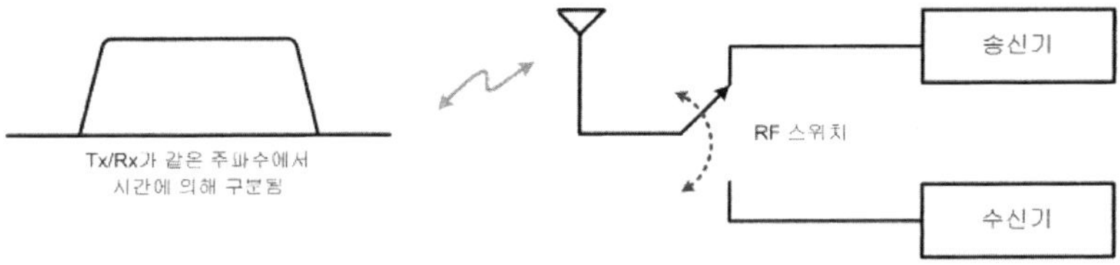

(a) TDD 방식의 주파수대역과 시스템 구성

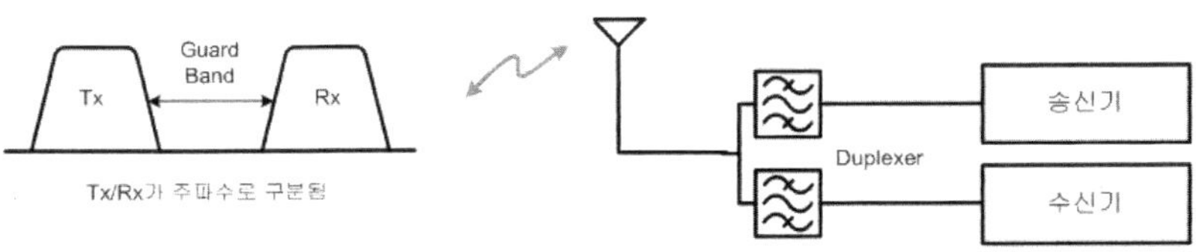

(b) FDD 방식의 주파수대역과 시스템 구성

[그림 4.5 TDD 방식과 FDD 방식의 차이점[9]]

FDD 방식	TDD 방식
◆ 상향과 하향링크가 서로 다른 주파수 대역을 사용 ◆ 간섭제거를 위한 Guard Band가 필요 ◆ 음성통화와 같은 대칭적인 데이터 전송에 용이 ◆ 2G, 3G 등의 대부분의 음성위주의 이동통신에 사용 ◆ CDMA, GSM, PCS, WCDMA 등	◆ 상향과 하향링크가 동일한 주파수 대역을 시간을 나누어 사용 ◆ 간섭제거를 위한 Guard Time이 필요 ◆ 주파수 사용효율이 높음 ◆ 인터넷과 같은 비대칭 데이터전송에 용이 ◆ 데이터 전송서비스에 많이 채택 ◆ Wi-Fi, WiMax, Wibro 등

[표 3.1 Duplexing 방식의 특징]

항 목	변수 값
1 frame 길이	5msec
1 심볼 길이	115.2μsec (유효심볼 길이 + CP)
유효심볼 길이	102.4μsec
CP 시간(유효심볼길이/8)	12.8μsec
하향링크 길이	3.1104msec (27심볼 × 115.2μsec)
상향리크 길이	1.728msec (15심볼 × 115.2μsec)
TTG(T_x Transition Gap) 길이	87.2μsec
RTG(R_x Transition Gap) 길이	74.4μsec

[표 3.2 우리나라 Wibro TDD방식의 Frame 기본 변수]

4.4 이동통신 중계기의 필요성

이동통신 서비스를 구축하기 위해, 무선 네트워크의 접속용량을 고려하여 기지국과 같은 송수신시스템을 중심으로 한 셀 커버리지를 설계한다. 하지만 무선환경은 주위 물리적 혹은 전자기적 환경에 의해 큰 영향을 받기 때문에 기지국 커버리지의 변화를 가져오고, 수신감도의 한계와 전파의 직진특성으로 건물내부, 고층빌딩 밀집지역의 저층환경, 그리고 기지국이 드문 외곽지역에서는 전파가 도달하지 못하거나 전파환경이 나쁜 음영지역이 발생한다. 이동통신 사업자들은 가입자들의 통화욕구를 만족시켜 주기 위하여 이러한 전파 음영지역들을 경제적인 방법으로 해소하길 원한다. 그런 의미에서 기지국의 신호를 손쉽고 경제적인 방법으로 음영지역에 제공해 주는 "이동통신 중계기" 시스템이 도입되게 되었다.

중계기란 말 그대로 기지국과 링크를 이루어 기지국의 무선환경을 전파 음영지역에 제공해 주는 역할을 한다. 신호에 대한 호 처리는 기지국에서 이루어지는 것이기 때문에 중계기는 기지국의 전파환경을 크게 해치지 않도록 기지국과 유무선링크로 연결되어 전파 음영지역에 위치한 가입자 단말기에 기지국 신호를 전달하고 단말기의 송신신호를 기지국에 전달하는 것이 중계기의 주요 역할이다. 그러므로 중계기의 최대 과제는 기지국에 영향을 최소화 하면서 유무선 링크를 통하여 중계기의 커버리지를 극대화 하는 것이라 할 수 있다. 중계기의 적용이 필요한 지역은 아래와 같이 크게 3가지 부류로 구분된다.

1) 전파 음영지역

이 지역은 기지국이 없어서 휴대폰이 수신할 신호가 없는 지역이다. 산간지역이나 시골 등의 마을의 일부 지역들이 이러한 전파 음영지역에 속하며 이 지역에 원활한 서비스를 위해서는 기지국을 설치하여야 하나 등산로, 작은 마을등과 같은 특정한 지역의 커버리지 확보를 위해서는 근처 기지국으로부터 링크된 중계기를 설치하여 기지국 전파환경을 이 지역에 제공하여 음영지역을 해소 할 수 있다.

2) 전파 그늘지역(Shadowing Region)

근처에 기지국은 존재하는데 기지국 신호가 지역적인 특성이나 장애물이 존재하여 일부 지역에서는 통화가 안 되거나 통화품질이 저하되는 현상이 발생하게 되는데 이러한 지역은 도심지에서 흔히 발생할 수 있고 이러한 지역도 기지국에 링크된 중계기의 사용으로 큰 효과를 얻을 수 있다.

3) 신호 혼재지역

이 지역은 주변의 기지국 신호들이 혼재하여 단말기가 어느 신호를 이용하여 무선네트워크에 접속해야 할지 판단할 수 없는 지역을 말한다. 아주 작은 크기의 셀들이 많이 밀집해 있는 도심지역에서 발생하는 현상이고, 이 지역은 어느 기지국 파일럿 신호도 접속이 불가능할 정도로 서로의 신호들이 간섭을 주고 있어 통화품질이 나쁘다. 아래의 빗금 친 지역은 뚜렷하게 강한 파일럿 신호가 없어 혼재된 신호레벨들보다 더욱 우세한 기지국 신호를 공급해 주어야 그 곳의 단말기가 접속할 수 있으므로 이 기지국들 중 한 기지국 신호를 중계기로 링크하여 고출력 신호를 이 지역에 공급해 줌으로써 이 지역을 통화 장애요소를 해소할 수 있다. 이러한 지역을 보완하기 위해서는 깨끗한 기지국 신호를 공급해 주어야 하므로 RF 중계기보다는 간섭신호를 발생시키지 않는 광 중계기가 더욱 효과적이다.

지면(Ground)은 전파를 포함한 모든 RF신호의 기준레벨로 적용될 뿐만 아니라 전파의 전달에 대한 높은 장애물 역할을 하므로 지면보다 아래에 있는 건물이나 지하 쇼핑상가 또는 지하철 같은 지역은 외부에 위치한 기지국으로부터 송신된 전파가 도달할 수 없는 높은 경로손실을 만든다.

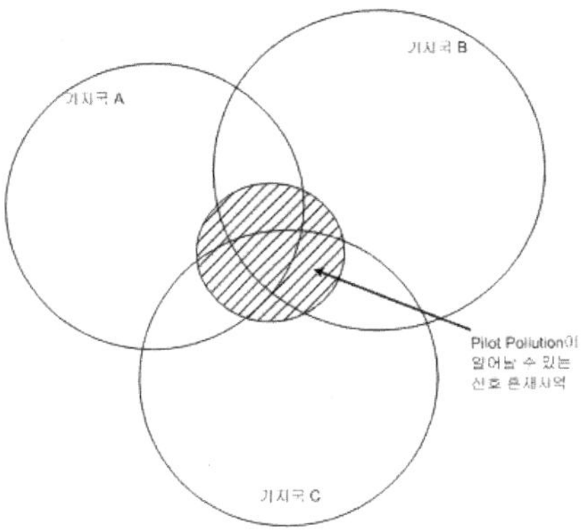

[그림 4.6 인접 기지국에 의해 둘러싸인 신호 혼재지역]

또한 도심지의 무수히 많은 빌딩 저층에서는 주변 건물 등의 장애물로 인한 반사파의 영향으로 전파환경이 매우 불안정하여 때때로 통화불능의 전파환경이 발생된다. 시간이 지남에 따라 서비스 사업자는 기지국과 같은 통신장비의 증설로 보다 넓은 지역과 보다 많은 가입자에게 질 높은 서비스를 하기 위해 노력하지만 아무리 노력을 하더라도 완전한 서비스 커버리지를 확보하는 것은 불가능하며 기지국 서비스 커버리지 안에서도 많은 전파 음영지역이나 전파 불안정 지역 등이 나타나게 된다. 이러한 음영지역들을 얼마나 경제적으로 품질 좋은 서비스를 할 수 있느냐에 따라 이동통신 서비스에 대한 승패가 결정된다고 해도 과언이 아니다. 그러므로 중계기가 어떠한 링크 방법으로 이동통신 네트워크에 접속하여 음영지역에 높은 품질의 무선환경을 제공해 줄 수 있느냐 하는 것이 중요한 사항이 되었고, 이것은 기지국과의 중계기의 링크방법 및 링크분석에 대한 필요성을 느끼게 해 준다.

4.4.1 중계기 링크로 인한 기지국 커버리지의 변화

많은 사람들이 중계기를 이용하면 기지국 커버리지를 충분히 확장할 수 있다고 생각하지만 이것은 올바른 생각이 아니다. 정확히 말하면 링크된 기지국의 커버리지 중 일부를 중계기 커버리지로 옮겨놓았다고 봐야 더 정확한 표현이 될 것이다.

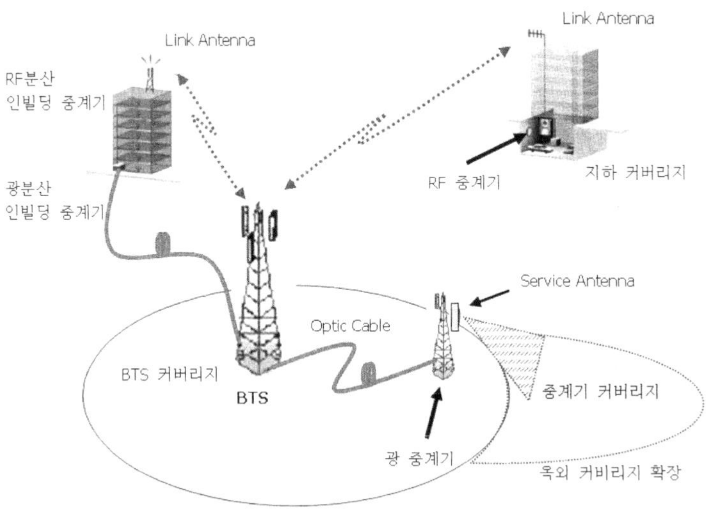

[그림 4.7 기지국과 중계기의 링크 구성도]

단순히 순방향(Down Link) 커버리지만을 생각한다면 중계기의 송신 출력이 높을수록 순방향 전파 도달거리가 멀어져 커버리지는 크게 확장된다. 하지만 중계기 커버리지 내의 단말기 신호를 기지국에 전달하기 위하여 중계기의 이득에 의해 증폭된 역방향(Up Link) 신호 및 대역 내 잡음레벨은 기지국 링크 접속부에서 기지국 수신신호와 합쳐지게 되는데, 이 중계기의 역방향 잡음레벨은 기지국 수신감도를 열화 시켜 기지국 역방향 커버리지를 줄이는 효과를 가져온다. 그러므로 중계기가 기지국에 링크될 때 기지국은 링크된 중계기의 역방향 잡음레벨에 의해 수신성능이 떨어져 역방향 커버리지가 줄어들게 되고, 줄어든 이 기지국 커버리지는 중계기에 의해 얻어진 새로운 커버리지로 이동하게 되었다고 생각할 수 있다.

이동통신 방식에 따라 차이가 있지만 CDMA방식의 경우, 기지국으로부터 단말기까지의 무선구간 경로손실이 130~140dB 이상 발생하면 단말기는 기지국신호를 수신할 수 없거나 수신하더라도 잡음레벨에 의해 수신신호가 심하게 열화 되어 통화품질이 떨어진다. 기지국으로부터 송신된 무선신호는 불완전한 무선환경을 극복하면서 방사된 지역으로 전파되어 나간다. 이러한 신호들은 빌딩과 같은 물리적인 장애물과 고압의 송신탑과 같은 전기적인 장애물에 의해 자유공간에서 많은 경로손실을 겪는다. 경로손실을 겪으면서 단말기에 도달된 기지국(Down Link) 신호가 복조 가능한 신호대잡음비를 가지지 못하면 단말기는 이 수신신호로부터 정보를 복원할 수 없게 된다. 순방향과 역방향 경로손실의 균형을 이룬 이동통신 시스템에서는 기지국 신호를 수신할 수 없는 상태는 곧 단말기가 최대의 송신전력으로 신호를 기지국에 송신하더라도 기지국에서도 수신할 수 없는 상태라는 것을 의미한다. 기지국은 단말기에 비해 고출력의 송신기능을 가지고 있을 뿐만 아니라 뛰어난 수신감도를 가지고 있어 우수한 송수신

성능을 낼 수 있는 반면, 단말기는 최대 송신전력이 제한되어 있고 수신감도 또한 기지국에 비해 나쁜 성능을 가진다.

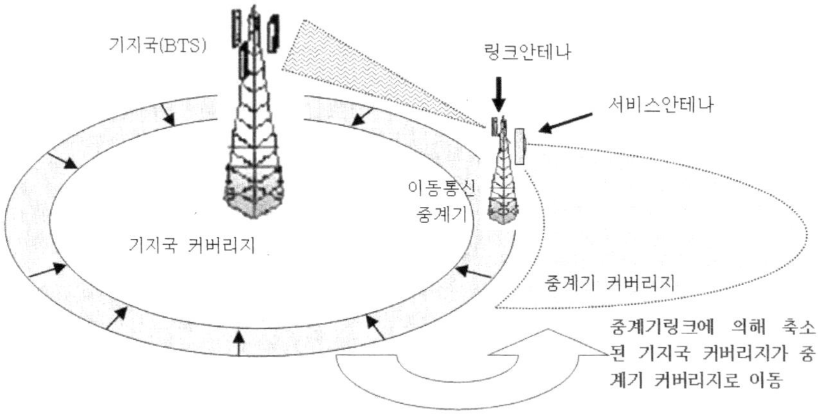

[그림 4.8 중계기의 링크에 의한 기지국 커버리지 이동]

기지국의 우수한 송수신 성능은 이러한 단말기의 제한된 성능을 많은 부분 보상하여 이동통신 신호의 순방향과 역방향 경로손실 균형을 이루도록 한다. 하지만 성능의 한계로 인해 전파 음영지역이 발생하게 되고 이 지역에 위치한 단말기가 기지국에 접속할 수 있도록 돕는 중계역할이 필요하게 되었다. 중계기는 무선구간 경로손실이 커서 단말기가 기지국에 접속될 수 없는 지역에 기지국 무선환경을 제공하여 주어 기지국과의 접속이 가능하도록 해 준다.

기지국으로부터 전파 음영지역까지의 경로손실을 어떠한 방법으로든 보상하여 준다면 기지국 근처에서와 유사한 전파환경을 이 음영지역에도 제공할 수 있다. 이동통신 중계기는 기지국으로부터 여러 가지 링크방식을 통하여 신호를 받아 이 신호를 음영지역에 전달하는 역할을 수행한다. 예를 들어 RF중계기는 기지국 신호를 수신할 수 있는 지점에 높은 이득의 지향성 안테나를 설치하여 링크할 기지국 신호를 수신한 다음, 중계기의 송수신 성능을 이용하여 수신신호를 대역 필터링, 저잡음 고이득 증폭하여 음영지역에 설치된 안테나로 방사하면 기지국 근처와 유사한 전파환경을 음영지역에 제공할 수 있다.

4.4.2 자유공간의 경로손실

송신안테나에서 방사된 전파가 겪는 자유공간에서의 경로손실(Path Loss)에 대하여 알아보고 이 경로손실에서 신호의 SNR(신호대잡음비)에 대하여 좀 더 자세하게 알아보면, 안테나 이론에 의한 자유공간에서의 수신전력과 송신전력의 비를 이용하여 전파의 경로손실을 구할 수 있다.

$$\frac{P_{received}}{P_{transmitted}} = \frac{\lambda^2}{(4\pi L^2)} = \frac{c^2}{4\pi f^2 L^2} \tag{4.1}$$

λ : 사용 주파수 파장(m)
L : 송신기와 수신기 사이의 거리(Km)

아래의 그림 4.9와 같이 자유공간으로 방사된 RF신호는 송수신기 사이의 거리 L에 대하여 $\frac{1}{L^2}$ 로, 주파수에 대해서는 $\frac{1}{f^2}$ 감소하면서 전파된다.

이 식을 대수(Log scale)적으로 다시 정리하면

$$PathLoss(dB) = 20\log f\,(MHz) + 20\log\,L\,(Km) + 32.45dB \qquad (4.2)$$

아래의 그림에서 보듯이 기지국의 안테나로부터 방사된 주파수의 무선 신호는 거리에 따라 $\frac{1}{r^2}$로 감소하게 된다. L_o~L_c 지점 사이에서는 기지국 시스템의 높은 이득으로 신호레벨과 잡음레벨이 같은 비율의 경로손실을 가지므로 무선신호의 신호대잡음비(SNR)가 경로손실로 인해 나빠지지 않는다. L_c지점은 기지국 신호의 잡음레벨이 열 잡음과 같아지는 지점이므로 이 지점에서 멀어질수록 기지국 무선신호의 신호레벨은 감소하지만 잡음레벨은 더 이상 감소하지 않아서 이 무선신호의 SNR은 점점 나빠지기 시작한다. 결국 단말기가 수신할 수 없는 SNR에 이르게 되는 지점이 생기게 되고, 복조 할 수 있는 최소 SNR을 얻을 수 있는 지점을 기지국 송신(순방향) 신호로 가질 수 있는 최대 커버리지 라고 생각할 수 있다. 그림 4.9의 송신신호 경로손실 그림에 중계기를 적용하여 그림을 수정하면 그림 4.10 같이 나타낼 수 있다.

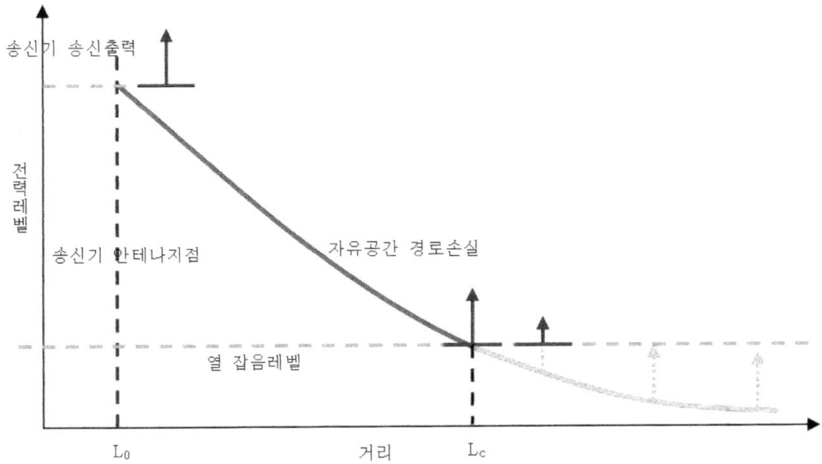

[그림 4.9 송신기에서 방사된 전파의 경로손실]

여기서 중요한 것은 중계기의 위치가 $L_o \sim L_c$사이에 위치하면 중계기의 이득에 의해 증폭되어 재 송신되는 중계기의 출력신호는 신호대잡음비의 큰 열화 없이 송신할 수 있다. 그 이유는 $L_o \sim L_c$ 사이에서 수신되는 신호는 신호레벨과 잡음레벨이 같은 경로손실 비로 감소하므로 좋은 신호대잡음비를 가진 신호를 얻을 수 있어 중계기의 송신성능이 높은 선형성을 가지고 있다면 입력신호만큼이나 좋은 신호대잡음비를 가진 출력신호를 재 송신할 수 있게 된다.

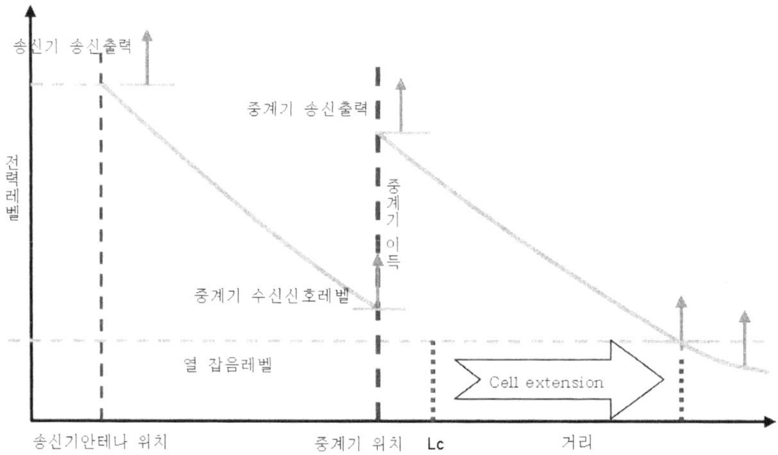

[그림 4.10 중계기 개념이 적용된 송신기 전파의 경로손실]

4.4.3 중계기의 링크방식 및 종류

중계기의 역할은 전파 음영지역까지의 경로손실을 보상하여 중계기 커버리지 안에 기지국 신호를 전달하는 기능을 수행한다. 그러므로 중계기의 이득(Gain)은 기지국으로부터 중계기까지의 전파 경로손실에 관계하게 되어 무선신호의 전파 경로손실이 많으면 많을수록 중계기는 높은 이득을 필요로 한다. 중계기는 중계기 커버리지 안의 단말기에게 기지국 커버리지와 동등한 전파환경을 제공해 주는 것을 목표로 한다. 이것은 중계기의 이득은 기지국으로부터의 전파 경로손실만큼 보상하는 것을 의미한다. 중계기의 이득은 이와 같이 기지국 전파의 경로손실 만큼을 보상하는 것을 원칙으로 하지만, 주 장비인 기지국이 중계기와의 링크로 인해 성능이 저하되어 기지국 커버리지에 상당한 영향을 준다면 이 중계기는 올바르게 사용되지 못한 경우이다. 이러한 관점에서 기지국과 링크된 중계기의 전체 경로분석을 통해 중계기의 이득을 포함한 전체 링크이득을 분석해 보는 것이 필요하며 이 부분에 대한 자세한 논의는 뒷장의 링크된 중계기의 동작점 분석에서 자세하게 논의하겠다. 그림 4.11은 한 기지국에 여러방식으로 링크되어 기지국의 신호를 전달받아 중계기로 증폭한 후, 이 신호를 서비스 안테나를 통해 전파 음영지역으로 방사하는 중계기 링크의 전체 구성도를 나타낸다. 기지국과 중계기 사이에는 유무선을 이용하여 다양한 형태의 링크방식을 사용하며 이 링크방식에 따라 아래와 같은 종류의 중계기로 분류된다.

- RF중계기 : 흔히 무선중계기라고도 하며 RF신호를 이용하여 기지국과 중계기를 링크하는 방식으로 그 종류는 RF중계기, 주파수변환 중계기, RF분산 중계기 등이 있다.
- 광 중계기 : 광 선로를 이용하여 기지국과 중계기를 링크하는 방식으로 그 종류는 아날로그 광 중계기, 디지털 광 중계기, 광분산 중계기 등이 있다.
- 마이크로웨이브 중계기 : 링크신호를 RF신호보다 더 높은 주파수인 마이크로웨이브를 이용하여 링크하는 방식이며 RF중계기의 주파수변환 중계기와 유사한 방식이다.
- 레이저 중계기 : 광 선로 없이 무선 레이저를 이용하여 기지국과 중계기의 링크 방식이며 주로 단거리 링크방식으로 사용된다.

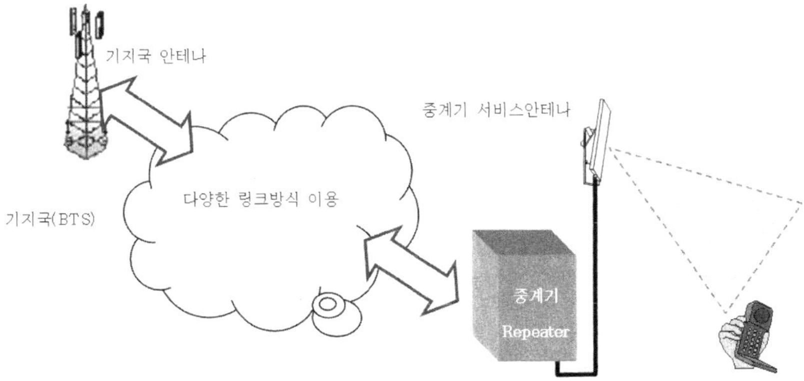

[그림 4.11 기지국과 중계기와의 링크 구성]

4.5 RF링크 중계방식

RF링크 중계방식은 무선링크 중계방식이라고도 불리며, 말 그대로 기지국과 무선으로 링크를 이루어 기지국의 서비스 신호를 전파 음영지역에 전달해 주는 역할을 한다. 보편적으로 RF링크 중계방식은 기지국의 신호를 링크 안테나로 수신하여 이 신호를 증폭 및 대역 필터링 한 후, 음영지역에 재송신 해 주는 역할을 하며, 이 방식이 이동통신 중계기 시스템 중 가장 먼저 이동통신 서비스에 적용된 중계방식이라 하겠다. 이 중계방식은 기지국과의 링크가 무선으로 이루어지므로 링크되는 무선구간의 경로손실이 중계기의 이득 및 성능을 결정하게 된다. RF링크 중계기는 입출력 주파수대역이 동일한 일반 RF중계기를 비롯하여 입출력 주파수가 다른 주파수변환 중계기 등이 RF링크 중계방식에 포함된다.

RF링크 중계방식은 기지국과 무선으로 링크하여 기지국(순방향) 신호를 증폭하여 중계기 커버리지 안에 위치한 단말기에게 제공하여 주고, 역방향의 단말기(역방향) 신호를 증폭하여 기지국으로 송신하여 기지국의 안테나까지 전달하면 RF중계기는 제 역할을 다 한 것이라 볼 수 있다. 중계기 설치는 결국 기존의 기지국 커버리지를 확장해 주는 것이므로 중계기 커버리지에서 신호를 무리 없이 처리할 수 있도록 기지국의 파라미터도 일부 조정이 필요할 수 있다. 중계기 최대 목적은 중계기 커버리지의 전파환경을 기지국의 전파환경과 유사하게 구현해 주는 것이라 할 수 있다.

CDMA의 경우에는 기지국 송신레벨로부터 단말기 수신레벨까지 약 140dB 이상(단말기 수신신호 레벨 −100dBm이하)의 경로손실이 발생한면 이 지역에서는 단말기 통화상태가 불안정하거나 통화불능의 상태가 된다. 이러한 전파전파의 경로손실은 건물, 장애물 및 지형 등의 영향으로 생겨날 수 있으며, 큰 경로 손실로 인하여 전파가 도달되지 못하여 통화할 수 없는 지역은 전파 음영지역이 된다. 예를 들어 지면(Ground)은 모든 전파의 기준전위로 간주될 뿐만 아니라 전파가 투과하기 어려운 높은 장애물 역할을 하므로 지면보다 아래에 있는 건물이나 지하 쇼핑상가 또는 지하철 같은 지역은 지면 위에 위치한 기지국이 아무리 가까이 있더라도 기지국 신호가 도달하기 어려운 높은 경로손실을 발생시킨다. 또한 도심지의 많은 고층빌딩이 밀집한 지역의 저층에서는 주변 건물 등의 장애물로 인한 반사파의 영향으로 전파환경이 매우 불안정하여 때때로 통화불능의 전파환경이 발생된다. 기지국보다 더 높은 빌딩의 고층에서도 전파가 도달되지 않기는 마찬가지이며, 이 외에도 도심 외곽지역이나 산간지역에서는 주변기지국이 없어 전파가 도달하지 못하는 지역이 생겨나게 된다. 이와 같이 기지국의 셀 안에서도 많은 지역이 통화불능 지역이 될 가능성이 있기 때문에 서비스 사업자들은 이러한 지역에 통화 가능한 무선환경을 제공해 줄 해결책을 찾기를 원하고, 이러한 음영지역들을 얼마나 경제적으로 서비스를 할 수 있느냐에 따라 이동통신 서비스에 대한 경쟁력이 확보될 수 있다.

기지국으로부터 전파 음영지역까지의 경로손실을 어떠한 방법으로든 보상하여 준다면 기지국 근처와 유사한 전파환경을 음영지역에도 구현할 수 있다. 입력신호를 링크안테나로 수신하기 때문에 기지국과 링크되는 안테나의 위치는 언제나 기지국의 커버리지 안에 있어야 한다. RF중계기에서는 링크안테나로부터 입력되는 수신신호의 세기와 파형의 질이 중계기의 커버리지 및 서비스 질을 결정한다는 것을 명심하여야 한다. 좋은 신호를 수신하기 위하여 설치 시에 몇 가지 고려해야 할 사항들을 뒤에서 좀 더 자세하게 설명하기로 하겠다. 또한 기지국과의 역방향 링크를 위한 설명 및 RF중계기 링크원리에 대하여 설명하겠다.

4.5.1 기지국으로부터의 링크경로 상태

RF중계방식은 기지국과 무선으로 링크되므로 기지국과 중계기사이의 무선환경의 변화에 따라 중계 성능이 영향을 받을 수 있다. 비, 안개 등과 같은 날씨환경과 자동차, 전철, 나무 등과 같은 외부환경에 따라 중계기의 링크안테나로부터 입력되는 수신신호 레벨이 조금씩 변하게 된다. 입력의 변화는 곧 중계기 출력의 변화를 의미하므로 RF중계기는 안정된 커버리지를 확보할 수 없다. 이렇게 불안정한 링크환경을 개선하여 기지국으로부터 안정된 신호를 수신하기 위하여 중계기 링크안테나는 기지국 안테나와 가시선상(可視線上 : line of sight)에 있어야 한다. 다른 말로 말하면 기지국 안테나와 중계기 링크안테나 사이의 링크경로에는 전파환경에 영향을 줄만한 어떠한 장애물도 없어야 한다는 의미이다. 물론 기지국과 중계기 링크 근처에 송전탑과 같이 전파환경에 큰 영향을 주는 요인이 있으면 비록 이 링크경로가 가시선상에 있더라도 전파환경이 불안정할 수 있으므로 링크환경을 개선하던지 다른 방향의 기지국과 링크해야 한다. 전파는 송신안테나에서 수신안테나까지 가장 단거리의 직선으로 전파된다. 그러나 송신안테나의 전파는 수신안테나 방향뿐만 아니라 다른 방향으로도 방사되므로 방사된 전파가 어디엔가에 부딪히는 경우, 그 전파는 수신안테나 방향으로 직진한 파와 다른 진폭과 위상을 갖게 되고 이 신호들이 안테나에 같이 수신되면 위상 차에 의한 보강 또는 상쇄효과를 가져올 것이다. 이 보강, 상쇄효과의 크기는 두 신호의 크기 차와 위상 차의 정도에 의해 관계할 것이다. 이러한 신호들의 다중경로에 의한 영향은 Fresnel Zone을 도입하여 분석할 수 있다. Fresnel Zone의 정의에 의하여 1st Fresnel Zone안에서 장애물에 의해 회절 된 전파들은 $0 \sim 90^\circ$ 사이의 위상 차를 일으키고, 2nd Zone에서 회절 된 신호는 $90 \sim 270^\circ$, 그리고 3rd Zone에서 발생되는 회절신호는 $270 \sim 450^\circ$의 위상 차를 일으킨다. 그러므로 더 높은 차수의 Fresnel Zone으로 갈수록 회절 되는 전파는 넓은 위상범위로 흩어져서 직진하는 전파(0th Fresnel Zone)에 주는 영향은 평균적으로 0에 가까워진다. 게다가 높은 차수의 Fresnel Zone으로 갈수록 회절파는 먼 거리를 여행하여 수신안테나에 도달하므로 직진한 전파보다 상대적으로 많은 경로손실을 가지게 되어 직진 파에 거의 영향을 주지 않게 된다.

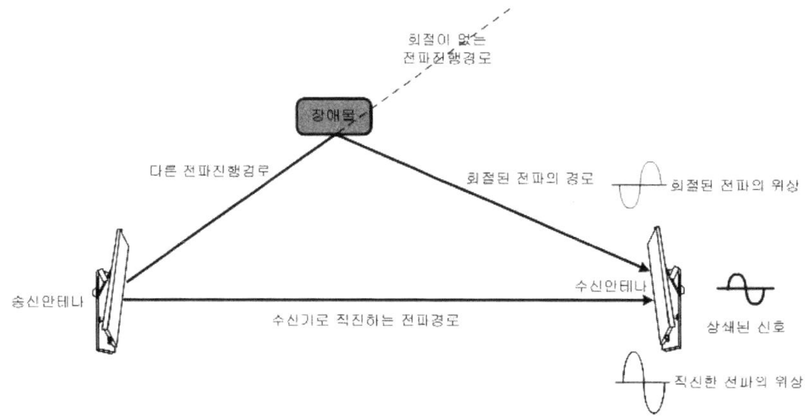

[그림 4.12 회절 된 전파로 인한 위상 차 상쇄효과]

예를 들어 송신기로부터 d_1의 거리에 있고, 수신기로부터 d_2의 거리에 있는 한 점의 Fresnel 반경을 r_1이라고 하면, 아래의 식과 같이 Fresnel zone 반경은 주파수(또는 파장)와 안테나 간의 거리의 함수이다.

제1 Fresnel 반경 : $R_1 = \lambda \sqrt{\dfrac{d_1 d_2}{d_1 + d_2}}$ (4.3)

제n Fresnel 반경 : $R_n = n\lambda \sqrt{\dfrac{d_1 d_2}{d_1 + d_2}}$ (4.4)

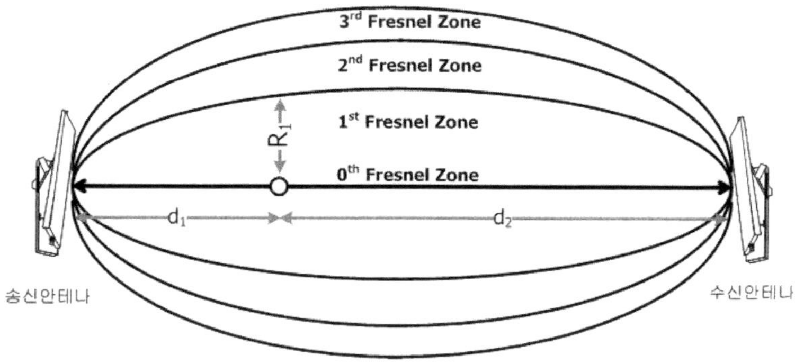

[그림 4.13 송수신 안테나 사이의 무선링크 FRESNEL ZONE]

Fresnel Zone은 위의 식과 그림에서 알 수 있듯이 주파수가 높아지면 Fresnel 반경이 줄어들어 쉽게 가시거리를 확보할 수 있게 되는데 이 의미는 주파수가 높아질수록 직진성이 강해져 근처의 장애물에 의한 회절의 영향을 적게 받으며 전파될 수 있음을 의미한다. 그러므로 높은 주파수에서는 낮은 주파수에서보다 비교적 가시거리 확보에 유리하다는 것도 이러한 이유에서이다. 수신안테나에 입력되는 수신전력을 더욱 높이기 위하여 회절 파에 의한 위상 차 상쇄효과를 줄여야 한다. 그렇게 하기 위해 가장 강한 신호들이 어떠한 장애물에도 부딪히지 않아야 한다. 송수신안테나 사이의 가장 강한 신호는 직선으로 전달되는 신호로서 경로가 가장 가깝고 항상 첫 번째 Fresnel zone안에 놓여있다. 첫 번째 Fresnel zone의 60% 이내의 전파의 세기는 수신안테나에 입력되는 대부분의 전력으로 분포된다. 그러므로 첫 번째 Fresnel Zone의 60% 이내에 장애물이 없어야 전파적인 의미에서 가시선상에 있다고 말할 수 있다.

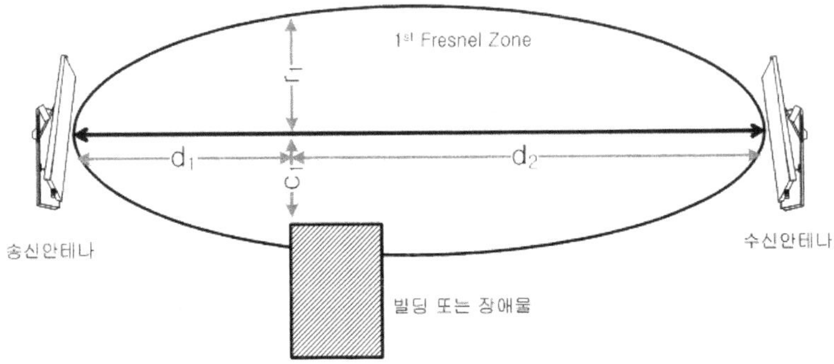

[그림 4.14 전자기파적인 가시선상을 유지하기 위한 장애물 위치]

만약 첫 번째 Fresnel zone안에 빌딩이 위치해 있다면 송신기 안테나로부터 d_1의 거리에, 수신기의 안테나로부터 d_2의 거리에 있는 이 빌딩은 전자기파적인 가시선상을 유지하기 위하여 직선 중심선으로부터 측정되는 Fresnel 반경인 r_1의 60%이내에 위치하지 말아야 한다. 이렇게 첫 번째 Fresnel Zone의 60% 이내의 지역에 장애물이 없도록 하기 위해서 안테나의 위치를 신중히 결정할 필요가 있다. 전파의 가시선상에 있기 위한 조건은 다음과 같다.

$$c_1 \geq r_1 \times 0.6 \tag{4.5}$$

송수신안테나가 3km이상의 먼 거리 링크경로를 가지려면 지면의 곡률을 고려해야 한다. 아무런 장애물이 없는 편평한 지면에 위치한 송신안테나에서 신호를 송신하더라도 먼 거리에서는 60% Clearance Zone안에 지면이 장애물로 포함되게 될 것이다. 그러므로 먼 거리 링크를 구현하려면 안테나 설치높이를 높여야 할 것이다.

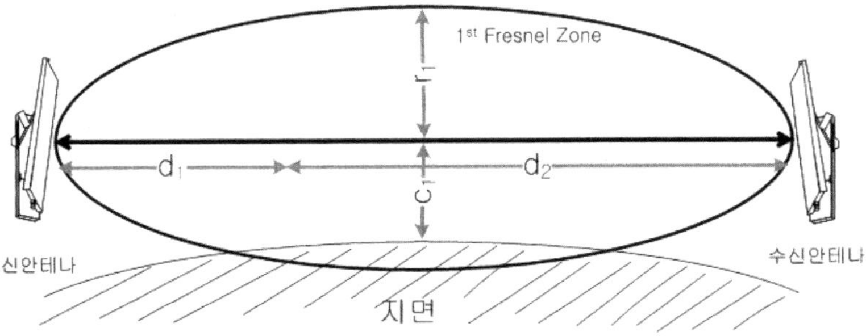

[그림 4.15 원거리 링크 시의 FRESNEL ZONE과 지면곡률]

위의 그림처럼 d_1과 d_2가 같은 중간지점에서의 Fresnel zone의 반경이 가장 크게 되므로 가시선상의 직선에서 지면까지의 거리 c_1이 r_1의 60%보다 더 멀어져야 한다. 전파에서의 가시선상이라 함은 두 안테나가 서로 눈으로 볼 수 있는 위치에 있다는 뜻 보다는 더욱 깊은 의미를 내포하여 첫 번째 Fresnel Zone 내의 60%영역에 전파 장애물이 없다는 것을 의미한다. 표 4.1은 두 가지 주파수의 거리에 따른 Fresnel Zone 직경을 나타낸 표이다.

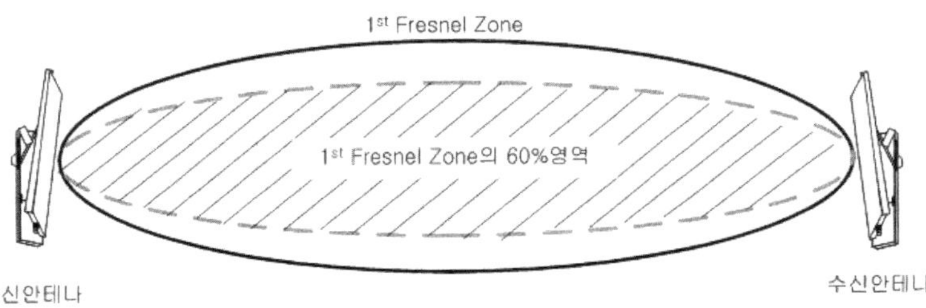

[그림 4.16 전파의 가시거리인 첫 번째 FRESNEL ZONE의 60% 영역]

위와 같이 Fresnel Zone이란 가시거리 영역 링크경로 근처에 장애물이 놓여 있는 경우, 그 영향을 분석하기 위한 영역으로써 전파 경로 상의 장애물에 의해 Fresnel 영역이 어느 정도 가려지는지를 분석하면 장애물이 경로손실에 미치는 정도를 분석할 수 있어 수신 안테나에서의 수신전력을 정량적으로 계산해 낼 수 있다. Fresnel Zone은 두 안테나 사이의 가운데 지점에서 가장 큰 직경을 가지며 양끝에서 최소가 된다. 이 영역은 안테나 사이의 거리가 크면 클수록 중심에서의 Fresnel zone의 직경은 더욱 커진다.

이와 같이 빌딩, 나뭇가지, 산 등 어떠한 장애물이더라도 이 Fresnel zone안에 있으면 무선링크에 영향을 주어 링크간 통신환경이 나빠진다. 안테나들의 간격이 더 멀리 떨어짐에 따라 Fresnel zone의 직경은 증가하고, 지면이 Fresnel zone의 장애물이 되기 시작하므로 장애물이 없는 Fresnel zone을 유지하기 위하여 안테나들을 높게 설치할 필요가 있다.

송수신 안테나 거리	900 MHz		2.4 GHz	
	Fresnel Zone 직경(Diameter)	자유공간 손실	Fresnel Zone 직경(Diameter)	자유공간 손실
300 m	7 m	81dB	5.4 m	90dB
1.6 km	12 m	96dB	8.4 m	104dB
8 km	23 m	110dB	15.2 m	118dB
16 km	31 m	116dB	20 m	124dB
32 km	42 m	122dB	27 m	130dB
64 km	59 m	128dB	36 m	136dB

[표 4.1 링크거리에 따른 Fresnel Zone 직경]

앞에서 논의한 바와 같이 전파의 가시선상에 장애물이 없는 경우에는 아래와 같이 800MHz 대역 신호는 거리에 따른 자유공간 경로손실 식에 의해 전파의 감쇄가 일어난다. 실제로 링크경로가 가시경로를 확보하였다면 식 (4.6)의 자유공간 전파손실에 대한 식을 사용하여 링크경로의 전파손실을 계산할 수 있고, 그림 4-17은 850MHz에서의 링크거리에 대한 전파손실을 나타낸 것이다.

$$Path\ Loss = 32.45 + 20\log(f\ MHz) + 20\log(d\ Km) \tag{4.6}$$

Distance (Km)	Path Loss (dB)
1	-91.038
2	-97.059
3	-100.581
4	-103.080
5	-105.018
6	-106.601
7	-107.940
8	-109.100
9	-110.123
10	-111.038
11	-111.866
12	-112.622
13	-113.317
14	-113.961
15	-114.560
16	-115.121
17	-115.647

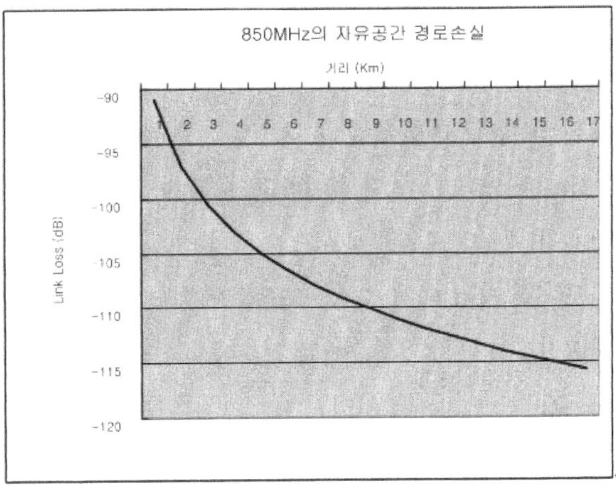

[그림 4.17 가시선상에서의 자유공간 경로손실]

링크경로의 상태에 따른 역방향 신호의 기지국 접속에 대하여 알아보자. CDMA방식인 경우에 중계기를 지나온 단말기 역방향 신호는 링크경로를 따라 기지국 안테나에 입력된다. 그런데 CDMA 시스템에서는 신호를 복조 해 내기 전에 수신된 CDMA신호는 역 확산 과정을 거치게 된다. 역 확산 과정동안 낮은 전력밀도로 1.23MHz 대역으로 확산되었던 신호는 다시 원래의 신호로 복원되어 높은 전력밀도를 갖는 신호가 된다. 이 때 신호의 전력밀도는 확산이득(Processing Gain)만큼 증가되게 되고 이 전력밀도는 신호를 복조 하기 위한 신호대잡음비(SNR)를 높게 만드는 역할을 한다. 8 kbps 보코더인 경우의 확산이득은

$$G_p = 10\log\frac{1228.8Kbps}{9.6Kbps} = 10\log(128) = 21dB \qquad (4.7)$$

그러므로 1.23MHz 대역으로 확산되었던 낮은 전력밀도의 확산신호는 역 확산을 통해 21dB 더 높은 전력밀도의 신호로 복원된다. CDMA방식에서 역방향 통화채널의 디지털신호 신호대잡음비(SNR)는 Code Domain상의 E_b/N_o를 의미하고, 보통 9600bps의 음성신호에 대한 역방향 통화채널의 E_b/N_o는 7dB 이상이어야 음성복조가 가능하다. 그러므로 확산이득 21dB에서 E_b/N_o 7dB를 뺀 14dB만큼 열 잡음레벨보다 더 낮은 전력밀도를 가져도 확산이득 덕분에 데이터를 복조 해 낼 수 있다는 의미이다. 이러한 내용에 의해 CDMA 네트워크에서 이론적으로 계산할 수 있는 최소 수신감도는 -113dBm-14dB = -127dBm 이 된다.[10]

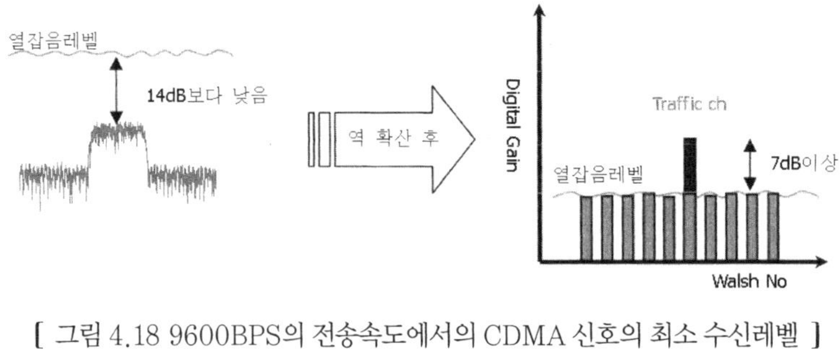

[그림 4.18 9600BPS의 전송속도에서의 CDMA 신호의 최소 수신레벨]

그림 4.19(a)는 링크경로의 가시거리를 확보한 상태에서의 역방향 경로 손실 분석에 대한 그림이다. 이 그림에서 보듯이 단말기로부터 송신된 신호가 중계기를 통하여 기지국 안테나에 도달되는 경우, 최대 전력레벨로 송신된 단말기 신호가 기지국 잡음레벨 (열 잡음레벨+기지국 잡음지수)보다 14dB 낮은 전력으로 입력될 때까지 기지국은 단말기의 신호를 복조 해낼 수 있고, 이 때의 단말기 위치가 그 방향에서의 중계기 최대 커버리지가 될 것이다. 하지만 그림 4.19(b)처럼 중계기와 기지국의 링크경로 사이에 나무 또는 빌딩과 같은 장애물이 첫 번째 Fresnel Zone 내에 있을 때, 링크경로의 손실은 자유공간 손실 이외에도 장애물에 의한 회절손실이 발생한다. 이 손실은 시간에 따라 연속적으로 변하여 안정된 링크경로를 얻을 수 없다. 그림에서 보듯이 기지국 안테나에 도달한 단말기 신호는 불안정한 링크경로 상태에 의해 많게는 ±10dB 정도 링크경로의 손실이 변한다. 그러므로 중계기 커버리지 가장자리에서 최대출력으로 송신하는 단말기를 생각해 볼 때, 초기 호 접속에 성공했다 할지라도 불안정한 링크경로의 손실 때문에 call drop현상이 나타난다.

RF중계기는 링크(도너)안테나와 서비스(커버리지)안테나, 두 안테나를 이용하여 중계기 커버리지 무선환경을 기지국 안테나로 전달한다. 링크안테나는 기지국과 중계기간의 신호 송수신 링크를 위한 안테나이고, 서비스(커버리지) 안테나는 중계기 커버리지의 단말기와 신호를 주고받는 안테나를 의미한다.

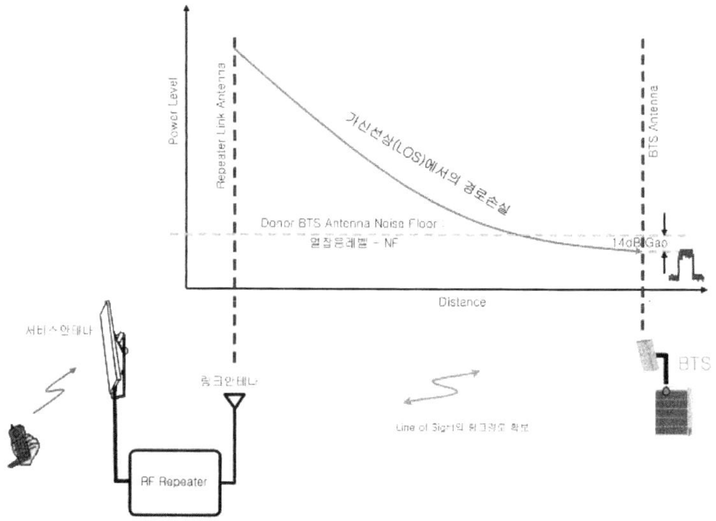

(a) 링크경로가 가시선상에 있을 때

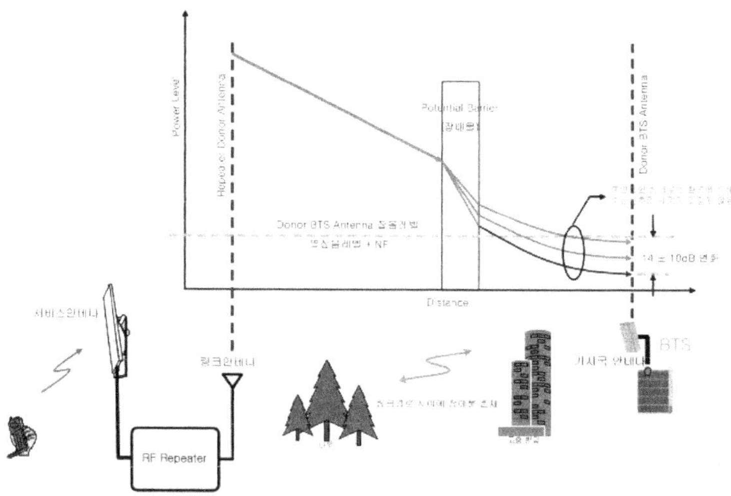

(b) 링크경로에 장애물이 있을 때

[그림 4.19 링크경로의 상태에 따른 역방향 링크 분석]

모든 기지국 안테나는 섹터당 120도의 커버리지를 갖도록 설계되어 있어 넓은 빔 폭을 가지고 있다. 반면 그림 4.20과 같이 중계기의 링크안테나는 모(母)기지국과의 집중된 링크를 형성해야 하므로 링크할 모기지국의 신호만을 수신하기 위하여 좁은 빔 폭을 갖는 지향성 안테나를 사용해야 한다. 만일 링크안테나가 넓은 빔 폭을 갖거나 전 방향(Omni-Directional) 안테나를 사용한다면 링크할 기지국의 신호뿐만 아니라 주변기지국의 신호들까지 모두 수신되어 입력신호의 파형의 질은 매우 나빠진다. 이러한 신호를 중계기로 증폭하여 음영지역에 전달하면 음영지역에서도 통화품질이 나쁜 신호를 사용할 수 밖에 없다. 그러므로 높은 지향성을 갖는 링크안테나 형태가 모기지국의 전파를 집중적으로 수신할 수 있는 중요한 역할을 한다. 링크 안테나로 사용되는 안테나 형태는 야기(Yagi), 파라볼릭(Parabolic), 판넬(Panel) 안테나 등과 같은 높은 지향성 안테나이다. 위에서 언급한 바와 같이 링크안테나에 입력되는 신호의 파형의 질은 음영지역에 제공될 신호의 통화품질을 결정한다고 해도 과언이 아니다. 이러한 이유 때문에 링크안테나가 주변의 어떤 기지국과 링크를 이루어야 보다 좋은 신호를 송수신 할 수 있는가를 결정하는 모기지국의 선택 또한 중요한 일이다.

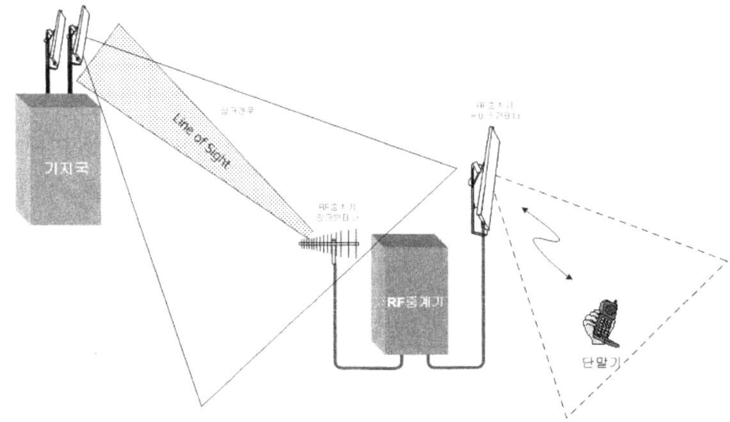

[그림 4.20 모기지국과 링크된 RF중계기]

(앞으로 언급하게 될 모기지국, 링크기지국, 도너 기지국 등은 모두 중계기와 링크된 기지국을 의미한다.) 모기지국의 선택은 아래와 같은 파라미터를 확인하여 결정하여야 한다.

· 링크안테나의 위치에서 수신할 수 있는 기지국 신호
· 링크안테나로 수신할 수 있는 기지국 링크신호 세기
· 링크할 기지국과의 거리
· 링크경로의 링크 상태 : 가시선상에 있는지 여부
· 링크경로 사이에 전파환경을 해칠 전자기적 요인 유무관계
· 링크할 기지국섹터 주변의 타 기지국 섹터 방향 및 신호세기

대부분 링크안테나의 위치를 커버리지로 갖는 PN Offset 값을 측정하여 이 지역을 서비스하는 모기지국 및 섹터를 확인하고 이 기지국이 모기지국으로 사용 가능한지를 먼저 판단하여 가능하면 동일한 기지국 신호를

이용하여 음영지역을 서비스 할 수 있도록 한다.

4.5.2 중계기 링크안테나로부터의 수신신호 세기

링크안테나로부터 수신되는 모기지국 신호의 세기도 중계기를 통하여 음영지역에 제공되는 신호의 품질에 큰 영향을 준다. 모기지국까지 가시선상으로 링크안테나를 설치하고 방향을 일치시켰는데도 수신되는 신호의 세기가 약하다면 기지국 안테나로부터 중계기 링크안테나까지의 경로손실이 크다는 것을 의미한다. 물론 기지국 시스템의 안테나에서 전체 이득이 120dB가 넘을 정도로 높은 전력레벨의 송신신호를 방사하지만 링크경로의 경로손실이 120dB이상이 된다면 중계기 링크안테나에서 수신되는 기지국신호의 신호대잡음비(Signal to Noise Ratio : SNR)는 열화되기 시작한다. 구체적인 예를 들어보면 CDMA의 경우, 1.23MHz 대역에서의 열 잡음레벨은 -113dBm/1.23MHz이다. 만약 -70dBm/1.23MHz의 CDMA신호가 링크 안테나를 통하여 수신되었다면 이 신호의 신호대잡음비(SNR)는 43dBc 정도라는 것을 추측할 수 있다. 하지만 IS-95A에서 규정한 CDMA신호의 불요방사특성은 FA 중심주파수로부터 ±750KHz 떨어진 지점에서 최소 45dBc이상의 신호대비 잡음레벨을 가져야 하므로 -70dBm의 CDMA 신호가 수신되는 곳에서의 신호대잡음비는 규정된 레벨보다 2dB이상 나빠졌음을 알 수 있다. 실제로 기지국에서 방사된 CDMA신호는 ±750KHz에서 50dBc이상의 좋은 CDMA 불요방사특성을 가진 신호가 송신되므로 수신신호가 -70dBm/1.23MHz인 지점에서는 기지국 안테나의 방사신호보다 약 7dB이상의 신호대잡음비가 열화 되었다는 것을 추측할 수 있다.

링크안테나를 통하여 -70dBm/1.23MHz을 수신할 수 있는 곳에서, 이 신호를 RF중계기로 증폭하여 음영지역에 재송신하더라도 중계기 시스템의 잡음지수가 CDMA 신호의 신호대잡음비를 더욱 악화시켜 링크안테나 입력신호보다 잡음지수만큼 신호대잡음비가 더 나빠지게 되고 중계기의 고출력 증폭 시에 증폭기의 혼변조 특성의 영향에 의해 더 열화 되어 기지국 안테나에서 송신되는 신호와 비교하여 RF중계기의 송신신호는 신호대잡음비가 크게 열화 되어 음영지역으로 송신된다. 모기지국으로부터 수신되는 신호레벨이 높다는 것은 링크되는 무선구간의 경로손실이 작다는 것을 의미하므로 신호대잡음비가 좋은 입력신호를 얻기 위해서는 높은 레벨의 입력신호를 얻을 수 있도록 링크안테나를 설치하여야 한다. 그러기 위해서는 높은 이득의 링크안테나를 사용하여야 하고 모기지국과의 링크를 유지하기 위해서는 그림 4.22와 같이 좁은 빔 폭의 지향성 안테나를 선택하여야 깨끗한 링크를 구현할 수 있다.

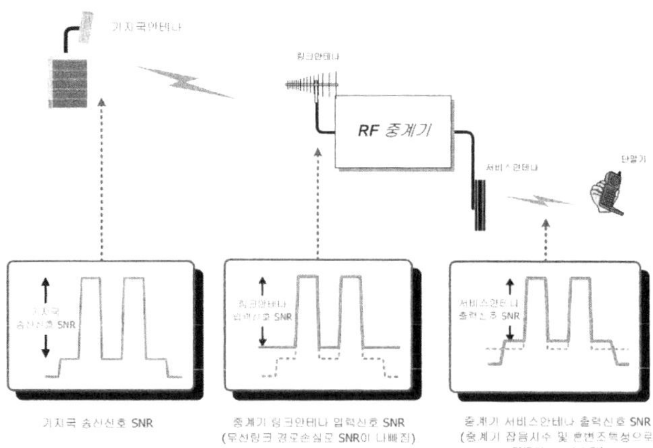

[그림 4.21 기지국에 링크된 중계기에서의 신호 SNR 열화]

앞에서 논의하였듯이 전파는 무선환경에서 거리제곱의 역수로 감소하면서 전파되므로 수신되는 신호의 감쇄 정도는 수신되는 잡음레벨의 감쇄 정도와 차이가 있음을 알아야 한다. 모든 전파는 열 잡음과의 상호작용을 하면서 진행된다. 상호작용이라 함은 전파의 신호성분과 잡음성분과의 벡터 합으로 구해진다는 것을 의미한다.

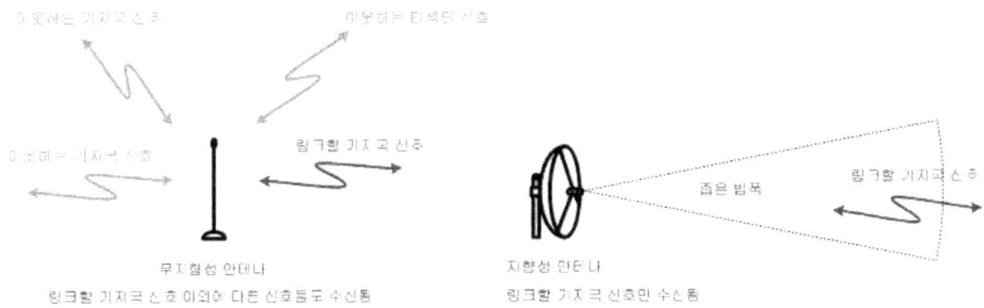

[그림 4.22 링크안테나를 지향성 안테나로 사용하는 이유]

물론 높은 이득으로 증폭된 신호캐리어와 잡음레벨은 어느 거리까지는 비례적으로 감쇄하는 것 같지만 잡음레벨이 열 잡음레벨과 가까워지면서 열 잡음과의 결합에 의해 그 감쇄 정도가 느려지는 반면, 신호캐리어는 아직도 감쇄 폭이 선형적이어서 그림 4.9의 점 L_c와 같이 신호대잡음비가 나빠지기 시작하는 지점이 생기게 된다. 즉 수신되는 신호레벨이 낮을수록 신호대잡음비(SNR)가 낮은 신호가 되고, 신호대잡음비가 낮다는 것은 수신된 신호캐리어 레벨이 잡음레벨로부터 큰 차이가 나지 않아 잡음레벨이 신호캐리어에 영향을 주기 시작하여 신호캐리어에 포함되어 있는 정보가 열화 되기 시작하고 이 정보의 열화가 커지면 당연히 전송 에러 율이 높아지게 되는 것이다.

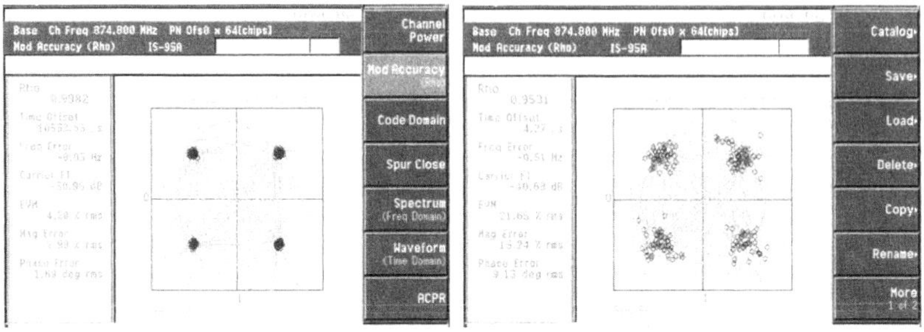

(a) 수신신호 -70dBm에서의 파형의 질　　(b) 수신신호 -90dBm에서의 파형의 질

[그림 4.23 수신신호 레벨에 대한 파형의 질(RHO) 비교]

그림 4.23 (a)와 같이 신호캐리어가 열 잡음레벨보다 상대적으로 높은 전력레벨을 가지고 있는 경우에는 신호대잡음비가 높아서 신호캐리어와 잡음레벨 사이에 두 성분의 벡터 합은 신호캐리어의 위상선도상의 심볼 위치에 거의 영향을 주지 않을 것이다. 하지만 (b)와 같이 수신되는 신호캐리어가 작은 경우에는 잡음레벨은 상대적으로 신호캐리어와 견줄만한 전력레벨을 가지고 있어 두 성분간의 벡터 합은 원래의 신호캐리어의 위상선도 위치를 불명확하게 만들어 놓는다. 이 차이는 결국 데이터 불확정성을 유도하므로 이 차이가 특정 값 이상으로 커졌을 때에는 데이터의 전송이 불가능한 상태가 될 것이다. 이 파라 미터는 EVM(Error Vector Magnitude), Rho(Waveform Quality)등과 같은 값으로 측정할 수 있다.

CDMA신호인 경우에는 확산이득이라는 장점을 가지고 있어 잡음레벨에 의해 열화 된 신호로부터 다시 데이터를 복원하는 기술이 다른 전송방식에 비해 뛰어나지만 이것은 정도의 차이일 뿐 자연의 법칙을 피해가지는 못한다. 만약 수신레벨이 낮아서 신호대잡음비가 낮은 신호를 중계기로 증폭하더라도 중계기의 잡음지수 및 비선형성에 의해 더욱 열화 된 출력신호를 음영지역으로 송신하게 된다. 열화 되어 수신된 신호는 아무리 송신전력을 높여서 재송신 하더라도 파형의 질이 나빠서 넓은 커버리지를 확보할 수 없을 뿐 더러, 중계기 커버리지는 물론 이웃하는 다른 커버리지의 통화 품질을 해칠 수 있다.

위에서 논의한 내용들을 토대로 생각해 보면 링크안테나로부터 수신되는 신호레벨을 높여야 하는 이유를 충분히 이해할 수 있다. 링크안테나로부터의 수신되는 신호레벨이 높다는 것은 RF중계기의 이득을 줄일 수 있는 이점을 가질 수 있어 뒤에 언급될 RF중계기의 발진현상을 방지할 수 있는 일석이조의 효과를 볼 수 있다.

4.5.3 순방향 링크신호의 오염

앞장에서는 링크안테나로부터 높은 레벨의 신호를 수신해야 하는 이유에 대하여 알아 보았다. 그렇다면 높은 레벨의 신호를 수신한다고 RF중계기 입력신호의 품질이 항상 좋아지는가에 대해 알아보자. 현대의 이동통신 서비스는 주파수효율을 높이기 위하여 기지국들이 동일한 주파수를 재사용하는 방식으로 설계되어 있다. 그러므로 모든 기지국들이 동일한 주파수를 할당 받아 송신하므로 모기지국의 신호를 링크안테나로 수신한다 하더라도 모기지국 신호만을 수신할 수는 없고 수신된 신호 안에는 모기지국 섹터신호 이외에 이웃한 섹터나 다른 기지국 신호도 일부 포함되어 있다고 할 수 있다. 이와 같이 모기지국 섹터 신호에 포함되어 있는 다른 기지국 섹터신호들은 결국 모기지국의 링크신호를 오염시키는 문제를 일으킨다. 그림 4.24(a)와 같이 링크를 원하는 모기지국 한 섹터의 신호만을 수신하여 중계하는 경우, 링크안테나의 수신신호 상태를 Code Domain에서 분석해 보면 트래픽 채널과 그 채널 안에 포함된 잡음레벨 사이에 큰 차이가 있음을 볼 수 있다. 이 차이를 E_b/N_o라 하는데 이것은 Code Domain에서의 신호대잡음비를 뜻하기도 한다. 이 경우의 트래픽 채널 잡음레벨도 전체적으로 매우 낮아 어느 채널을 트래픽 채널로 사용하든지 좋은 신호대잡음비(E_b/N_o)를 가질 수 있음을 알 수 있다. 하지만 그림(b)에서는 링크안테나에 모기지국의 링크신호뿐만 아니라 이웃하는 섹터의 신호, 근처 기지국의 신호들이 함께 입력되어 모기지국의 링크신호가 다른 기지국의 신호들에 의해 오염되는 현상을 볼 수 있다. 링크안테나로 입력되는 신호를 Code Domain에서 분석해 보면 사용되는 트래픽 채널과 그 안에 포함된 잡음레벨 차이가 현저하게 작아져 있는 것을 확인할 수 있다. 또한 여러 신호들이 혼합되어서 Code Domain의 전반적인 잡음레벨이 그림(a)의 잡음레벨에 비하여 상당히 높아진 것을 확인할 수 있다. 이와 같이 원치 않는 외부신호들의 입력은 링크신호를 오염시켜, 이 신호를 받아 중계하는 중계기의 송신신호도 역시 오염되므로 중계기 커버리지를 극대화 할 수 없을 뿐만 아니라, 커버리지 안에서의 통화품질도 나빠져서 뛰어난 성능의 중계시스템을 이용하더라도 이 성능을 충분히 발휘할 수 없다.[11] RF중계기의 링크안테나로부터 수신되는 신호에 포함된 타 기지국 신호레벨에 따라 링크신호가 어느 정도의 영향을 받는지에 대하여 그림 4.25에 나타내었다.

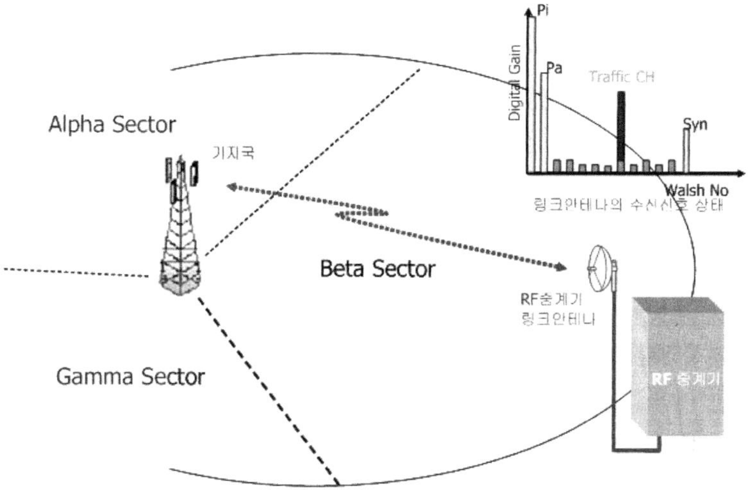

(a) 하나의 모기지국 섹터와 링크된 RF중계기의 수신신호 상태

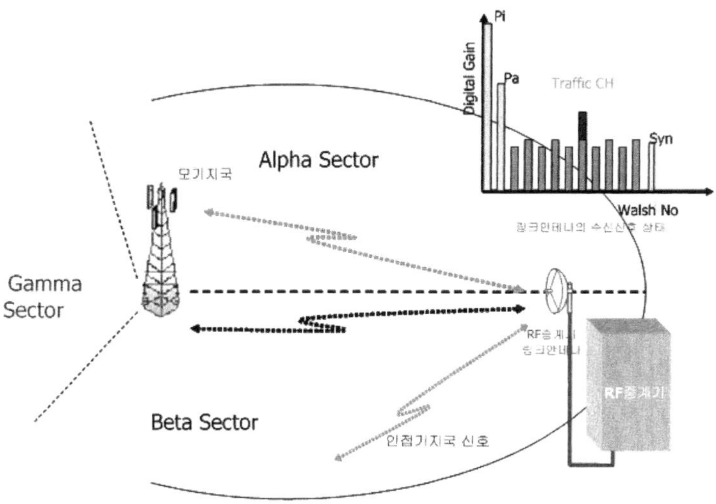

(b) 링크신호 이외에 다른 신호가 입력되는 RF중계기의 수신신호 상태

[그림 4.24 중계기 링크안테나의 수신신호의 상태분석]

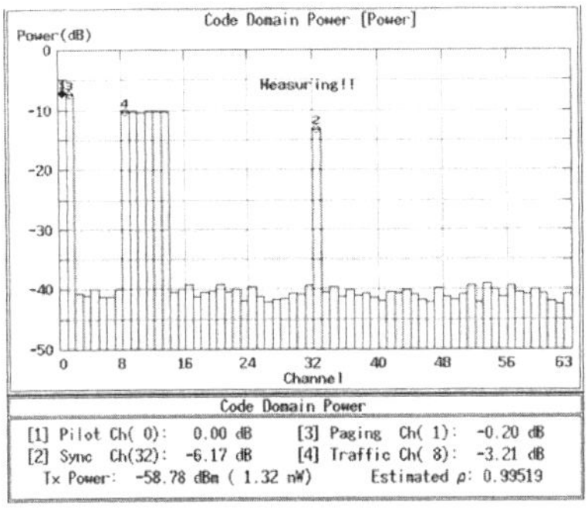

(a)모기지국 링크신호만의
Code Domain Power

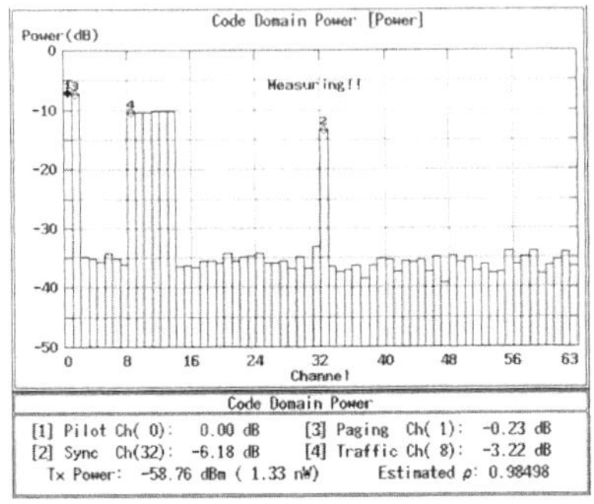

(b)모기지국 신호에 비해 30dB 낮은
타 신호가 함께 입력될 때의
Code Domain Power

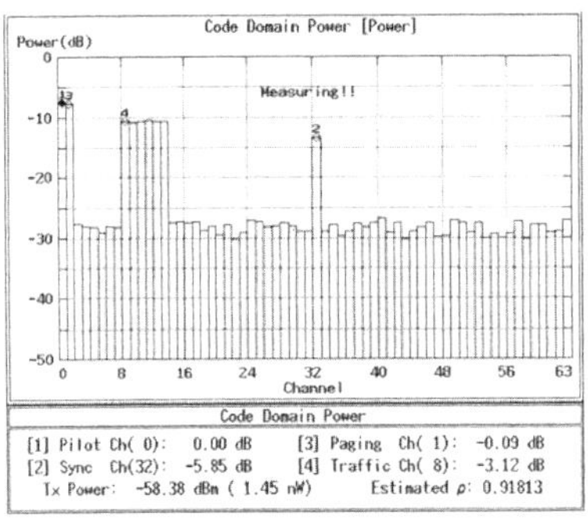

(c)모기지국 신호에 비해 15dB 낮은 타
신호가 함께 입력될 때의
Code Domain Power

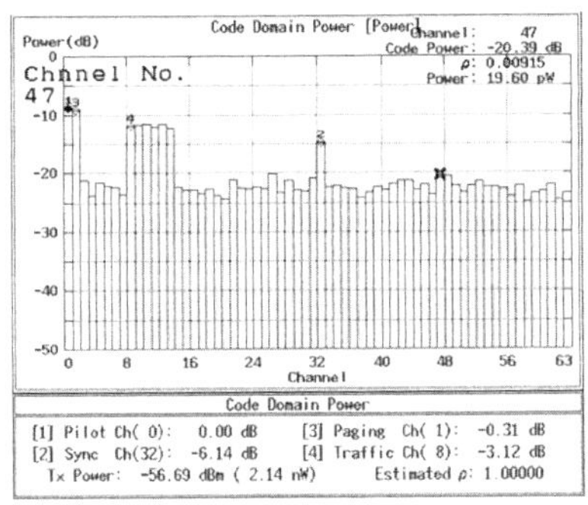

(d)모기지국 신호에 비해 5dB 낮은
타 신호가 함께 입력될 때의
Code Domain Power

[그림 4.25 링크안테나에 수신되는 혼재된 링크신호의 오염상태]

위와 같이 링크안테나로 수신되는 모기지국 링크신호의 신호세기와 타 신호에 의한 오염 정도는 중계기의 커버리지와 통화품질에 영향을 미칠 수 있는 부분이므로 고품질의 모기지국 신호를 수신하기 위해 다음과 같은 사항들을 고려해야 한다.

1) RF중계기의 위치는 모기지국 섹터방향과 동일방향에 위치하는 것이 가장 이상적이다. 이 위치에서는 기지국안테나와 중계기 링크안테나가 서로 마주보고 있으므로 경로손실도 작아질 뿐 아니라 모기지국 신호레벨 대비 이웃하는 기지국 신호레벨 차이가 커서 품질이 좋은 모기지국 링크신호를 수신할 수 있다. 만약 모기지국의 두 섹터 사이에 RF중계기 링크안테나 방향이 지향된다면 앞의 설명에서와 같이 중계기 서비스지역의 신호품질이 나빠져서 중계기 커버리지에 위치한 단말기가 두 섹터 신호 사이에서 잦은 핸드오프를 일으키게 되고 결국 호 단절이 일어나 단말기 통화가 어려운 상황이 된다.

2) 기지국안테나와 가시선상에 위치할 수 있도록 중계기 링크안테나를 설치해야 한다. 가시선상이라 함은 전파전파 의미에서의 가시선상을 말하는 것이어서, 이 상태에서는 경로손실을 줄일 수 있고 안정된 링크 무선환경을 가질 수 있어 외부 무선환경에 큰 영향 없이 안정된 RF중계기의 성능을 얻을 수 있다.

3) 링크안테나는 좁음 빔 폭의 높은 이득을 가지고 있어야 한다. 많은 경로손실을 가지고 모기지국으로부터 입력되는 링크신호를 잡음레벨로부터 구별하기 위해서는 고 이득의 안테나를 사용하여야 한다. 또한 링크된 방향 이외의 방향에서 입력되는 다른 기지국신호를 최소화 하기 위하여 링크안테나의 빔 폭이 좁은 지향성 안테나를 사용하여야 한다. 링크안테나로는 보통 30도 이내의 빔 폭을 가지고 10dBi이상의 이득을 가진 지향성안테나가 사용된다.

4) 또한 RF중계기는 지향성 안테나를 이용하여 모 기지국 신호를 수신하기 때문에, 정확한 모 기지국과의 링크가 이루어지지 않은 경우에는 수신되는 링크신호가 다른 기지국 신호와 견줄만하여 중계기 커버리지 내의 단말기는 모 기지국의 수가 다수로 느끼게 되므로 이러한 경우에는 Active Set 및 Neighbor Set List의 처리에 대한 어려움이 발생하게 되어 이것 또한 핸드오프 실패의 주요요인으로 작용하게 된다. Active Set과 Neighbor

Set은 뒷장에서 자세하게 다루게 된다.

앞에서 논의한 바와 같이 RF중계기 링크안테나로 수신되는 모기지국 신호가 중계기 커버리지에 주는 영향에 대해 알아보았고, 모기지국의 순방향신호를 수신하기 위한 방법들에 대하여 논의하였다.

4.5.4 안테나 분리도의 중요성

RF중계기는 기지국신호를 음영지역에 중계하기 위해 두 가지의 안테나를 사용한다. 앞에서 이미 논의했듯이 기지국과의 링크를 위한 링크안테나와 단말기와 접속하기 위한 서비스(커버리지)안테나가 그것이다. RF중계기는 양방향 증폭기의 일종이므로 중계기의 입출력 포트에 두 안테나가 연결되어 있어, 순방향의 입력신호는 링크안테나를 통해 입력됨과 동시에 역방향 출력신호가 이 안테나를 통해 기지국으로 송신된다. 또한 서비스안테나는 순방향의 증폭된 고출력의 신호가 방사됨과 동시에 역방향 단말기 신호가 이 안테나를 통하여 중계기에 입력된다. 순방향 및 역방향 링크를 중계하는 입출력 주파수가 같으면, 한 안테나를 통하여 입력된 신호는 중계기의 이득에 의해 증폭되어 높은 출력레벨을 가진 동일한 주파수신호로 다른 안테나를 통해 방사된다. 이 때, 두 안테나간의 분리도(Isolation)가 무한히 높다면 출력안테나로부터 방사된 고출력신호는 입력안테나에 도달함 없이 신호를 송신하게 된다. 즉, 수신된 신호를 증폭하여 재 송신하려면 입출력 안테나 사이의 분리도가 무한히 높아야 안정된 재송신(Repeat)기능을 수행할 수 있다. 하지만 실제의 무선환경에서 무한히 높은 안테나간 분리도는 불가능하여, 항상 유한한 값으로 존재하게 된다. 두 안테나 사이에 존재하는 유한한 값의 분리도는 한 안테나에서 다른 안테나로의 경로손실을 의미한다. 그리하여 송신된 고출력의 신호레벨 중 일부가 안테나간 분리도 만큼 감쇄되어 수신안테나에 재입력되는 현상이 발생하게 된다. 이 현상은 수신안테나로부터 입력되는 원 신호의 입력레벨과 비교하여 "되돌아온" 신호레벨이 월등히 작다면 중계서비스에는 큰 영향을 미치지 않는다. 하지만 안테나간 분리도가 중계기 이득과 비교하여 비슷하거나 작은 경우에는 이 "되돌아온" 신호레벨은 수신되는 원 신호레벨과 비슷하거나 큰 경우가 발생하여 중계기의 성능을 저하시키고 중계기의 송신신호를 빠르게 증가시켜 결국 중계기의 발진현상을 만들어 낸다.[12] 즉, 안테나간 분리도(Antenna Isolation)의 의미는 안테나가 서로 간에 얼마나 격리되어 있는가를 나타내는 척도이다. 다른 말로 말하면 한 안테나로부터 다른 안테나에 이르기까지 무선구간의 경로손실이 크면 클수록 안테나간의 분리도는 높다고 할 수 있다.

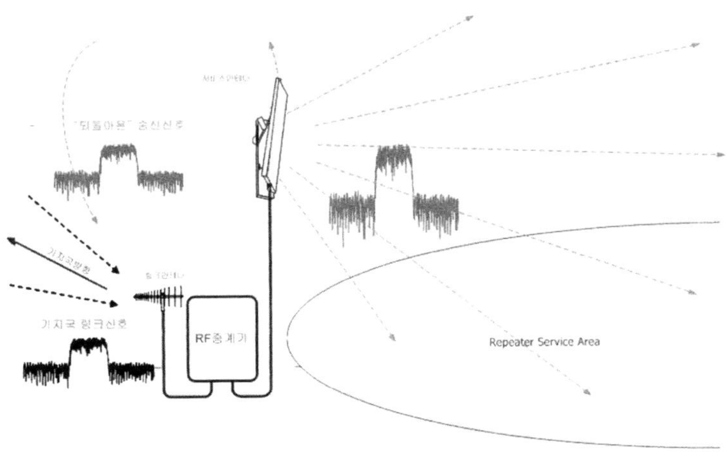

[그림 4.26 RF중계기의 안테나간 분리도 부족에 의해 "되돌아온" 신호]

그림 4.27은 옥내 및 옥외에 설치된 RF중계기의 안테나 분리도를 나타낸 그림이다. (a)에서 보듯이 지하 및 옥내의 음영지역인 경우, 링크안테나와 서비스 안테나 사이에 높은 안테나간 분리도를 얻을 수 있다. 이는 건물 및 접지 면이 안테나 분리도를 더욱 높게 만들어 줄 수 있기 때문이다. 하지만 (b)에서 보듯이 옥외에 두 안테나가 설치된다면 안테나간 분리도는 작아져 되돌아온 신호에 의해 중계기의 성능을 저하시키는 문제가 발생한다. 이처럼 안테나 분리도는 중계기의 이득을 제한하여 중계기의 중요한 기능 및 성능을 저하시킨다.

이 되돌아온 신호는 중계기의 출력신호 레벨에 관계하지 않고 RF중계기의 이득에만 관계한다. 즉 안테나간 분리도가 충분치 않으면 이득도 충분히 사용할 수 없다. 실제로 중계기의 이득보다 안테나간 분리도가 15dB 이상 크지 않으면 송신안테나로부터 되돌아 온(Feed back) 신호 중 상당한 세기의 신호가 수신안테나로 재입력되어 기지국으로부터 수신되는 입력신호와 합해져 입력신호의 세기를 증가시키게 되고 중계기의 출력신호를 높이는 역할을 하여, 이러한 현상은 짧은 시간 안에 반복되어 중계기에 발진현상을 일으키게 된다. 즉, 예를 들어 중계기의 이득을 80dB로 사용하기 위해서는 안테나간 분리도(isolation)는 적어도 95dB 이상 되어야 한다. 실제로는 안테나간 분리도보다 RF중계기의 이득을 15dB이상 낮게 사용하여 안테나간 분리도가 낮아지더라도 발진을 일으키지 않도록 예방한다.

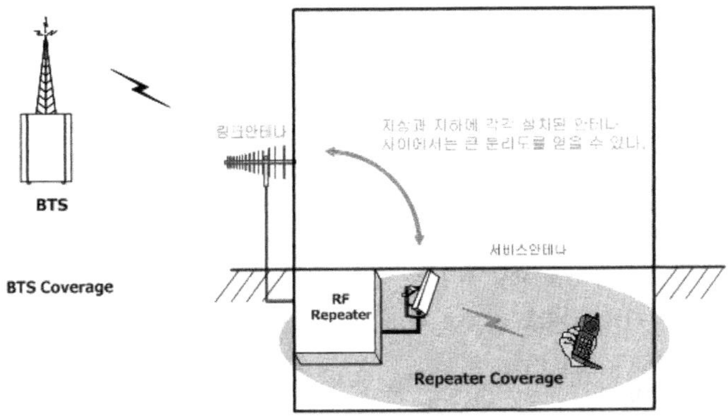

(a) 옥내에 설치된 RF중계기의 안테나간 분리도

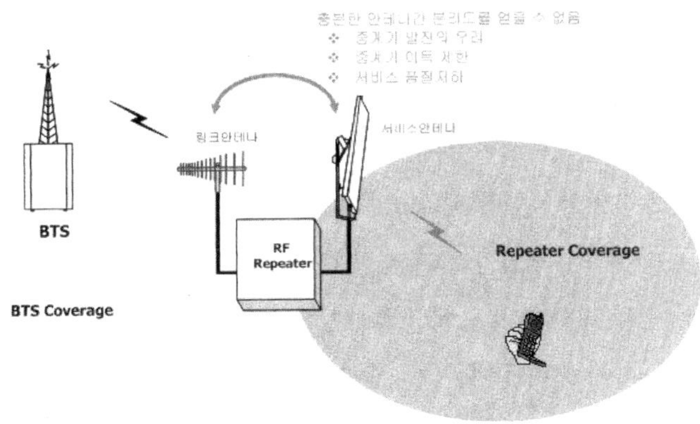

(b) 옥외 설치된 RF중계기의 안테나간 분리도

[그림 4.27 옥내 및 옥외에서의 RF중계기 안테나간 분리도]

옥내형 RF중계기의 주 목적은 지하나 건물 안의 전파가 도달하지 못하는 지역을 서비스 하는 것이 목적이기 때문에 이 건물 자체가 두 안테나간 분리도를 높여주는 장애물 역할을 하여 무선중계기를 적용하는데 큰 어려움이 없다. 옥내 커버리지를 확보하기 위하여 때로는 여러 개의 실내형 안테나를 사용하는 경우가 많은데, 이들 중 한 안테나가 링크안테나와의 분리도가 나쁘면 전체 안테나 분리도에 영향을 주므로 다수의 실내형 안테나 설치 시에는 링크안테나와의 분리도를 고려하여 설치위치를 정해야 한다. 옥외 커버리지를 확보하기 위하여 RF중계기를 설치하는 경우, 안테나간 분리도에 대하여 더욱 신경을 써야 한다. 옥외형 중계기의 주 목적은 철저히 분리된 전파 음영지역을 서비스하기 보다는 중계기의 이득을 이용하여 신호출력을 더욱 높여서 모기지국의 커버리지를 확장하는 개념을 갖는다. 옥외형의 경우, 두 안테나는 대기 중에 노출되어 있어서 충분한 분리도를 얻기 힘든 상황이기 때문에 중계기를 높은 이득으로 적용하기 힘든 상황이다. 이러한 경우 안테나 근처에 장애물을 설치하거나 자연장애물을 이용하여 안테나간 분리도를 높이는 방법을 이용할 수 있다.[13] 하지만 옥외형 안테나 사이의 분리도는 외부환경의 변화에 따라 영향을 받으므로 발진의 위험이 항상 존재하여 옥외 커버리지 확보를 위해 무선중계기를 사용하는 것은 특별한 지역을 제외하고는 드문 일이다. 무선중계기의 발진은 기지국 및 중계기의 성능을 크게 해칠 뿐만 아니라 주위의 무선환경에 나쁜 영향을 준다. 순방향 경로에서 발진현상으로부터 무선환경과 중계기를 보호하기 위하여 중계기 내부의 과출력 자동제어 기능에 의해 중계기를 자동으로 끄거나 출력을 자동으로 억제시킬 수 있어야 한다. 하지만 역방향 경로에서 중계기의 발진이 발생하면 이 발진신호는 그대로 기지국 안테나로 방사되고 기지국 수신기의 성능을 떨어뜨려서 기지국 역방향 커버리지에 치명적인 영향을 미칠 수 있다. 그러므로 안테나간 분리도를 높게 하여 되돌아오는 신호를 최소화 시키는 길만이 무선중계기를 이용하여 안전하게 음영지역을 서비스 할 수 있는 유일한 길이다. 하지만 안테나간 분리도를 높일 수 있는 기술개발 부족으로 인하여 만족할 만한 해결책을 얻지 못하고 있는 실정이어서 RF중계기를 옥외 음영지역에 효과적으로 적용하지 못하고 있는 실정이다. 무선중계기의 이러한 결점 때문에 광 선로, 마이크로파, 레이저 및 다른 에너지를 이용하여 기지국과 링크를 이루는 다양한 중계기 형태가 개발되었지만 가격이나 설치 유지 보수 면에 있어서 고가의 시설비용을 투자해야 하는 어려움을 겪고 있는 게 현실이다.

지금까지 많은 중계기 관련회사에서는 무선중계기의 안테나 분리도 부족으로 인한 발진을 방지하기 위해 다양한 기술들을 소개하였고, 수동적인 중계기 발진감지(感知) 기술뿐만 아니라 능동적인 개념의 발진방지(防止) 기술에 대한 개발에 많은 시도를 하여 의미 있는 시험결과까지 얻었기 때문에 앞으로 본격적인 상용화를 준비하고 있다. 이처럼 RF중계기 발진방지개념의 안정된 기술이 상용되게 되면 옥외의 음영지역에도 높은 이득의 무선중계기를 적용할 수 있어 많은 경제적인 이익을 가져올 수 있다.

4.5.5 RF중계기의 설계 및 구성

모든 중계기는 양방향 증폭기의 일종이고, 중계기가 필요한 지역의 큰 경로손실(Path Loss)을 중계기의 이득으로 보상하여 그 지역에 기지국과 연결될 수 있는 무선환경을 제공하는 역할을 한다. 그림 4.28과 같이 RF중계기는 두 개의 안테나를 사용하여 중계기능을 수행한다. 중계기 내부를 살펴보면 순방향과 역방향 구성은 서로 대칭적인 구조를 이루고 있다. FDD(Frequency Division Duplex)방식인 경우의 RF중계기는 상향(역방향) 및 하향(순방향) 링크의 주파수가 서로 다르게 할당되어 있기 때문에 순방향과 역방향의 RF신호처리부를 독립적으로 구성해야 한다. 기지국과 링크되는 링크안테나로부터 수신되는 신호들을 전치부(Front-End Part)에서 주파수필터 (Link Duplexer)로 순방향 신호대역만 필터링한 후, 이 신호를 저잡음 증폭기(LNA : Low Noise Amplifier)로 낮은 잡음과 함께 높은 이득으로 증폭하여 안정된 잡음지수를 갖도록 설계한다. 저잡음 증폭기에서 증폭된 신호는 높은 대역 외 억압도를 갖는 필터로 다시 한번 필터링해서 이득으로 증폭되는 대역 외 잡음레벨을 모두 제거한다. 초고주파 대역인 RF신호를 높은 대역 외 억압 특성을 갖도록 필터링 할 수 있는 성능은 극히 제한적이므로 고이득 중계기에서는 RF신호를 IF신호로 주파수 변환하여 필터링하면 더욱 뛰어난 대역 외 억압특성을 얻을 수 있다. IF주파수 대역에서는 SAW(Surface Acoustic Wave) Filter와 같은 대역선택도가 뛰어난 수동소자들이 이미 많이 개발되어 있으므로 IF주파수 대역에서 필터링 후에 다시 RF신호로 주파수를 복원해 주면 높은 대역 선택도를 얻을 수 있다. 이렇게 엄격히 필터링된 신호를 고출력 증폭기(HPA : High Power Amplifier)로 높은 출력레벨의 신호로 증폭하여 다시 Service Duplexer로 최종 필터링 한 후 서비스 안테나로 순방향 고출력 신호를 송신한다. 역방향도 순방향 신호처리와 동일한 방식으로 처리되며 단말기의 송신신호를 서비스안테나로 수신하여 필터링을 통한 대역선택을 하고 적당한 이득조절 후 높은 출력으로 증폭하여 기지국 안테나로 송신해 주는 역할을 한다. 기지국으로부터 받는 순방향 신호는 항상 존재하여 중계기의 순방향 출력도 계속 송신되어야 하는 반면, 역방향의 경우에는 중계기 커버리지 내에 위치한 단말기가 접속하여 통화하는 시간 동안만 역방향 입력신호가 존재하므로 항상 역방향에 송신 신호가 존재하는 것은 아니다. 또한 기지국은 뛰어난 수신감도를 가지고 있으므로 중계기의 역방향 송신전력이 클 필요도 없다. 오히려 중계기의 역방향 송신신호가 클 경우에 기지국의 무선환경을 해칠 수 있는 우려가 있으므로 중계기의 역방향 최종 증폭기는 순방향 고출력 증폭기 보다는 용량이 낮은 증폭기를 사용해도 무방하다. 반면 TDD(Time Division Duplex)방식은 동일한 주파수대역을 상향(역방향) 및 하향(순방향)링크가 시간을 나누어 서로 다른 시간 슬롯을 사용하는 방식이다.

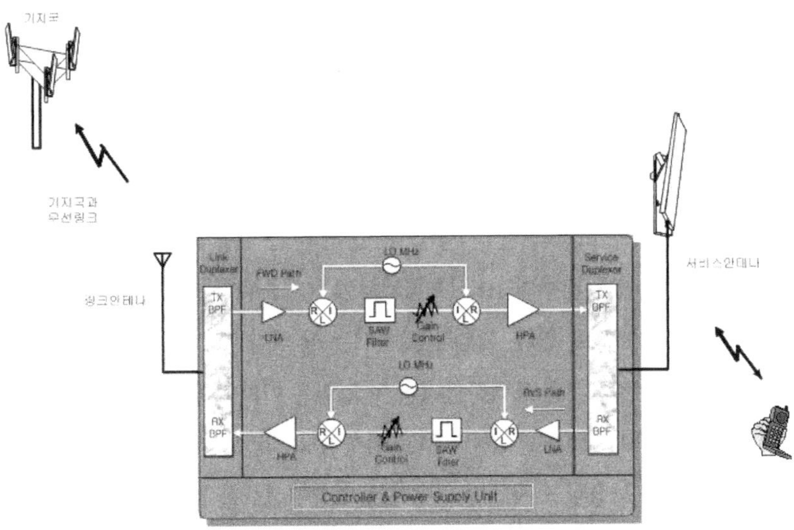

[그림 4.28 FDD방식의 RF중계기 구성도]

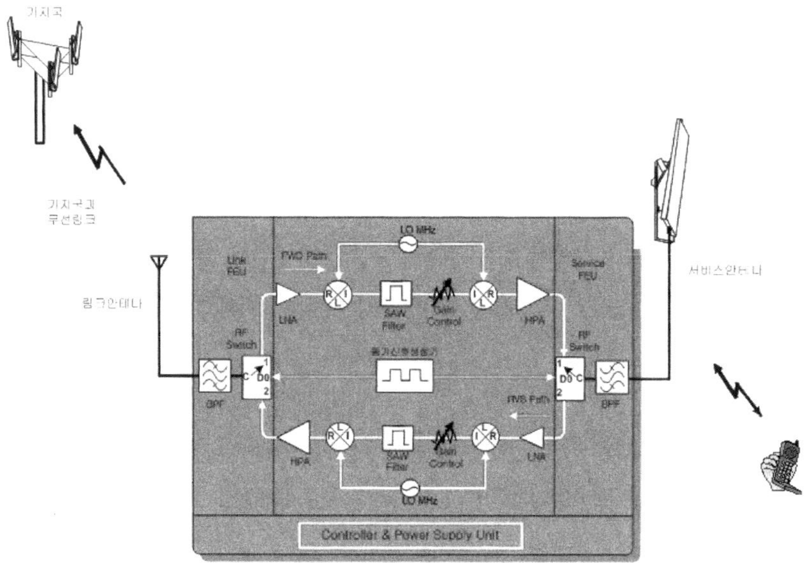

[그림 4.29 TDD방식의 RF중계기 구성도]

TDD방식의 순방향 역방향 신호들은 모두 하나의 주파수대역을 사용하므로 동일한 RF신호처리부를 사용할 수 있다. 다만 상향 및 하향링크에 할당되는 시간동기를 맞추어 RF신호처리부에 RF 스위치를 조정하여 중계하는 방법을 추가해야 한다. 그림 4.29에서는 상 하향 링크의 독립된 RF신호처리부가 있는 것처럼 표현하였지만 이 그림은 이해를 돕기 위한 그림이고, 실제로는 하나의 RF신호처리 부를 하향링크 시간일 때에는 순방향 신호를 처리하고 상향링크 시간일 경우에는 역방향신호를 처리할 수 있도록 RF Switch로 상향 및 하향 신호경로를 결정한다. 또한 시분할 듀플렉스 방식을 구현하기 위하여 동기신호 생성기가 내장되어야 하며 이 동기신호 생성기는 하향링크 신호를 분석하여 상 하향링크의 정확한 절체시간을

RF Switch에 제공하여 알맞은 시간간격 마다 상향 및 하향신호를 중계할 수 있도록 RF Switch를 동작시킨다.

4.5.6 RF중계기의 구성부 및 역할

RF중계기는 RF 송수신 시스템과 같이 크게 수신부, RF 신호처리부, 송신부의 3가지 부문으로 나눌 수 있다. 이 세 부문은 상향 및 하향링크에 대칭적으로 장착되어 모든 부분들이 무선신호의 송수신에 중요한 역할을 하므로 각 부문에 대한 주요성능을 구현할 수 있어야 시스템 전체의 성능을 만족시킬 수 있다. 이 외에도 중계기 감시제어부가 있어서 중계기의 주요 파라미터를 감시하고 제어하는 기능을 담당한다. 이 장에서는 각 부문별로 중요한 특성 및 설계 시의 주의할 사항들에 대하여 논의한다.

4.5.6.1 수신부(Receiver Unit)

안테나에서 수신되는 신호 중 중계가 필요한 주파수 대역만을 필터링하여 저잡음 증폭하는 기능까지를 의미한다. 수신부는 전치부 Filter (Duplexer) 및 저잡음 증폭기(LNA)가 주요품목이고 옥외형 중계기일 경우에는 안테나로부터 입력될 수 있는 낙뢰 등으로부터 시스템을 보호하기 위하여 안테나 포트에 Arrester(낙뢰보호기)가 추가된다. 수신신호의 SNR은 수신부의 성능에 의해 이미 결정되므로 시스템 안에서 신호의 SNR을 더 보강할 수 있는 방법은 없다. 그러므로 수신부의 주요기능은 안테나로부터 수신되는 신호의 신호대잡음비를 크게 열화 시키지 않으면서 신호를 높은 이득으로 증폭하여 주는 역할을 한다. 수신부의 기능을 한마디로 표현하면 대역 선택 및 저잡음 고이득 증폭기능이다. 수신부의 잡음특성은 신호의 SNR을 열화 시키는 직접적인 요인이 되어 상향링크의 경우에 역방향 커버리지를 결정지을 수 있는 중요한 역할을 하므로 최소의 잡음특성을 갖도록 설계하여야 한다.

· **전치부** RF Filter

먼저 FDD방식의 수신부에 대해서 논의하면 안테나에서는 원하는 대역의 신호뿐만 아니라 이웃하는 이동통신 신호를 포함한 대역 외 신호들이 모두 수신되므로 이들 신호로부터 원하는 대역의 신호를 중계하기 위해서는 대역통과필터(BPF)를 이용하여 원하는 주파수 대역만을 통과시켜야 한다. 이 역할을 담당하는 부품이 바로 RF Filter이고 FDD방식에서는 상향 및 하향링크의 주파수 대역이 서로 다르게 할당되어 있어 이 신호들을 하나의 안테나로 송수신하기 위하여 상향 및 하향링크 대역통과필터 2개를 합쳐놓은 구조를 사용하며 이를 Duplexer Filter라고 부른다. TDD방식의 수신부에서는 상 하향링크가 동일한 주파수를 사용하므로 하나의 대역통과 필터를 사용한다. 상 하향링크는 서로 다른 시간슬롯으로 나누어지므로 각 시간슬롯에 따라 상향 및 하향링크를 선택할 수 있도록 RF Switch를 사용한다. 이 RF Switch는 짧은 시간 동안 송수신 기능을 반복하여 수행해야 하기 때문에 Switching 시간 및 Switching 속도에 대한 특성도 매우 중요한 파라미터이다. 또한 이 RF Switch는 송수신 성능에 모두 관여하므로 삽입손실이 작아 시스템 잡음지수를 최소화 할 수 있어야 하고, 고출력 RF중계기인 경우에는 높은 송신출력을 전송할 수 있어야 하므로 전치부의 RF Switch는 고출력 전송특성도 좋아야 한다. RF Filter의 삽입손실은 수신부의 잡음지수에 그대로 반영되므로 가능한 한 필터의 삽입손실을 최소화 해야 한다. 그러나 동시에 필터는 대역 외 억압 특성을 가져야 하므로 이 억압특성의 정도에 따라 삽입손실이 좌우되므로 원하는 시스템 성능을 감안하여 두 가지 성능을 잘 조합하여 설계하여야 한다. 일반적으로 수신부의 필터 삽입손실은 2dB를 넘지 않는 것이 일반적이다.

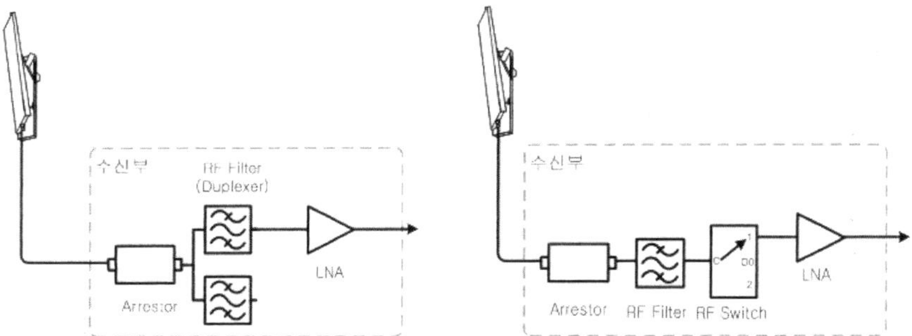

(a) FDD방식의 수신부　　　　(b) TDD방식의 수신부

[그림 4.30 RF중계기의 수신부 구성]

모든 RF 통신시스템은 양방향 통신을 위하여 상향 및 하향링크를 가지고 있는데 이 두 링크가 만나는 지점이 바로 이 송수신부의 RF Filter (Duplexer)이다. RF Filter(Duplexer)의 수신포트에서는 수신되는 작은 전력의 신호성분을 저잡음 증폭해야 하는 반면, 송신포트에서는 높은 전력의 송신신호를 필터링하여 안테나로 송신해야 한다. 이렇게 100dB 이상의 큰 전력차이가 있는 상향 및 하향링크 송수신신호를 동시에 전달하기 위하여 중요한 성능은 각 포트간 분리도(Isolation)이다.

FDD방식의 경우, Duplexer의 수신포트와 송신포트는 서로 다른 주파수대역을 통과시키는 대역통과필터이다. 하지만 이 두 필터가 한 안테나와 연결하기 위하여 하나의 포트로 결합되기 때문에 두 필터가 완전히 분리된 만큼의 성능을 내지 못한다. 그러므로 송신포트에서 높은 전력의 신호가 Duplexer로 인가되면 이 신호들은 안테나 포트로 전달되어야 하지만 이 송신신호 중 일부가 수신필터를 거쳐 수신포트로 넘어오는 현상이 발생한다. 이 신호는 수신단의 LNA에 입력되어 증폭되고, 뒷 단의 또 다른 증폭기에 의해 또 다시 증폭되어서 중계기 내부에 있는 증폭기의 선형성을 떨어뜨리고 원하지 않는 신호를 발생시키는 나쁜 영향을 미친다. 이러한 영향을 최소화 하기 위하여 중계기 시스템의 수신부 증폭회로의 특성을 파악하여 Duplexer의 분리도를 먼저 결정하여야 한다. 예를 들어 Duplexer의 송수신 분리도가 80dB인 Duplexer에 40dBm인 송신신호 전력을 입력하면 수신포트에서는 -40dBm인 송신주파수 신호전력이 역방향 경로로 누설될 것이다. 이 신호레벨은 실제로 수신주파수 대역의 신호레벨보다 훨씬 큰 전력레벨을 가지므로 높은 증폭특성을 갖는 중계기의 증폭기를 포화시켜 원치 않는 비선형 신호들을 발생시킨다. 그러므로 Duplexer는 중계기의 입출력레벨과 이득특성을 고려하여 충분한 분리도를 가질 수 있도록 설계하여야 한다.

TDD방식의 경우에는 동일한 대역을 사용하므로 송수신간 분리도는 RF Switch의 분리도를 나타낸다. 아래의 그림에서처럼 RF Switch의 분리도가 60dB라면 송신시간슬롯 동안에 송신되는 40dBm의 송신신호 중 -20dBm 정도의 신호가 LNA 포트에 입력되어 증폭되므로 수신부에 치명적인 영향을 준다. 그러므로 TDD 중계기인 경우에는 송수신 분리도는 RF Switch의 분리도에 의해 영향을 받기 때문에 수신부의 보호를 위해서 RF

Switch를 더 추가하여 송수신 분리도를 더욱 높여야 한다.[14]

수신부의 RF Filter는 수동소자이므로 Filter와 뒷 단의 LNA와의 임피던스 정합이 매우 중요하다. 수신부는 미약한 신호를 수신할 수 있는 성능을 가져야 하므로 임피던스 정합이 되지 않아서 수신신호 중 반사신호가 생기면 수신감도를 해칠 수 있기 때문에 중요한 파라미터이다. 위에서 논의한 중계기 수신부 Filter의 주요 성능을 아래의 표 4.2에 간략하게 정리하였다. 이 사양은 중계기의 성능 및 종류마다 다소 다를 수 있으므로 참조하기 바란다.

RF중계기는 이득조건 및 출력레벨에 따라 여러 종류로 나뉘게 되는데, 대표적인 종류는 대형, 중형, 소형, 초소형, 댁내형 중계기 등이다. 그러므로 출력이 작아지면 중계기 이득도 줄어들고, 이에 따라 대역 외 억압특성을 비롯하여 Filter의 전반적인 성능이 엄격할 필요가 없다. 그러므로 Duplexer Filter의 성능도 마진을 갖게 되어 Cavity Filter인 경우에는 Pole 수가 줄어들게 되어 소형화 되고, 초소형이나 댁내형 중계기인 경우, 이득이 높지 않고 잡음지수나 대역 외 억압특성도 여유가 있으므로 유전체 형태의 소형 필터를 RF PCB Board 상에 납땜하여 사용한다.

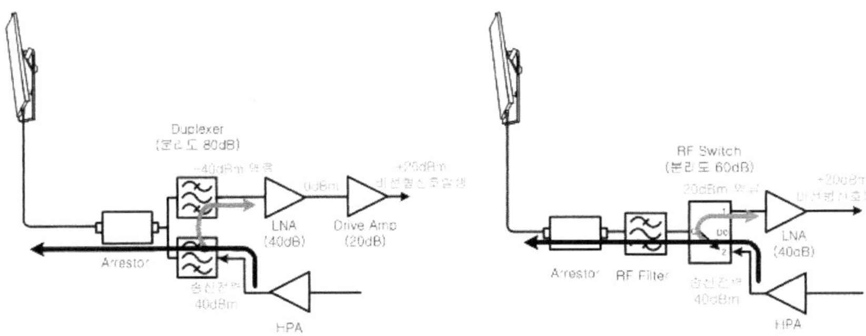

(a) FDD방식의 송수신 분리도　　(b) TDD방식의 송수신 분리도

[그림 4.31 중계기 송수신부의 송수신 분리도]

Parameter	대형중계기	중형중계기	소형중계기	초소형중계기	댁내형중계기
하향링크전력	5W 이상	1 ~ 5W	0.5 ~ 1W	10mW ~0.5W	1mW ~10mW
삽입손실	1.5dB max.	1.5dB max.	2dB max.	2dB max.	3dB max.
송수신분리도	110dB min.	100dB min.	90dB min.	80dB min.	60dB min.
VSWR	1.5 : 1 max.	1.5 : 1 max.	1.5 : 1 max.	1.5 : 1 max.	1.5 : 1 max.
전송가능전력	$200W_{p-p}$ min.	$100W_{p-p}$ min.	$20W_{p-p}$ min.	$5W_{p-p}$ min.	$5W_{p-p}$ min.
대역외 억압도	중계기 이득, 출력레벨에 따라 다르며, 사업자의 요구사항을 따라야 함				

[표 4.2 수신 전치부 RF Filter & Duplexer 일반적인 사양]

· 저잡음 증폭기(LNA : Low Noise Amplifier)

이 증폭기는 안테나로부터 수신되는 미약한 신호를 낮은 잡음으로 증폭할 수 있는 기능을 가져야 한다. 증폭기의 잡음성분은 수신신호의 SNR을 나쁘게 하여 수신감도를 해친다. 일반적으로 수신부의 잡음지수는 시스템 전체의 잡음지수를 결정하므로 저잡음 증폭기는 첫 번째 증폭회로에 저잡음 증폭용 트랜지스터를 구비하여야 한다. 보통 저잡음 증폭기는 2dB 이하의 잡음지수를 가지며 30~40dB의 높은 이득으로 증폭을 하여야 중계기 시스템이 최소 이득조건에서도 안정된 잡음지수를 가질 수 있다. LNA는 높은 증폭 도를 갖기 때문에 시스템의 최대입력 신호레벨에 해당하는 출력신호의 범위에서 높은 선형성이 요구된다. 수신부 능동소자인 LNA의 잡음지수나 선형성이 좋지 않으면 수신부 뒷 단의 소자들이 특성이 뛰어나더라도 시스템의 성능에 직접적인 영향을 미치므로 수신부의 주요특성들이 정확히 구현되어야 한다. 중계기 수신부 LNA의 일반적인 특성들은 다음과 같다.

· 잡음지수 : 2dB 이하

· 증폭기 이득 : 30 ~ 40dB

· 증폭기 IP3 : 30dBm 이상 @ 0dBm/tone 출력

앞에서도 논의하였지만 FDD방식 중계기의 듀플렉서 송수신 분리도가 부족할 경우를 대비하여 LNA 내부에 필터를 장착하여 사용하며, TDD방식일 경우에는 RF Switch 분리도가 충분하지 않을 경우를 대비하여 LNA 입력포트에 소출력 RF Switch를 장착하여 사용하기도 한다.

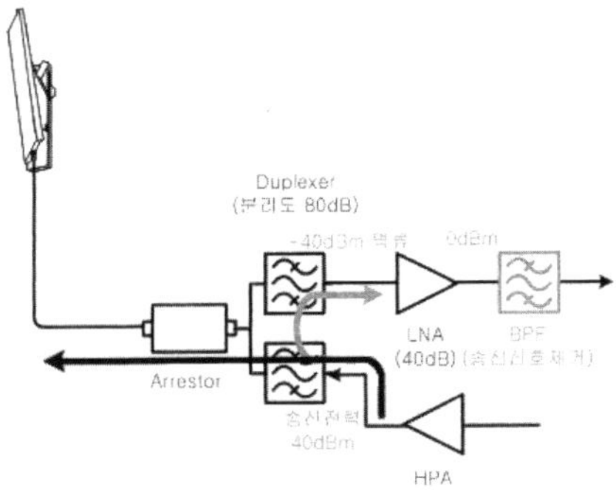

(a) FDD방식 수신부에서 송수신 분리도를 높이기 위한 방법

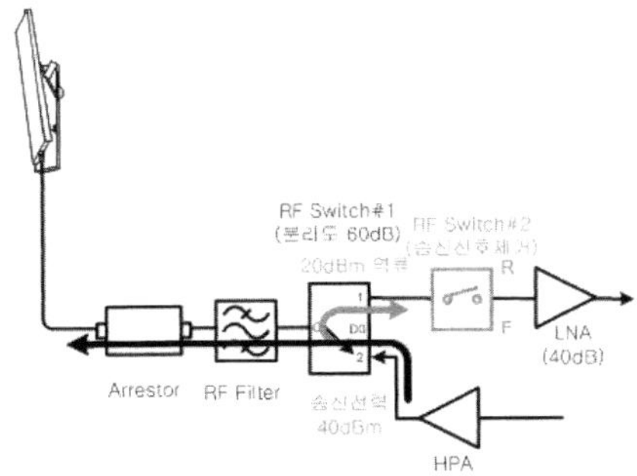

(b) TDD방식 수신부에서 송수신 분리도를 높이기 위한 방법

[그림 4.32 송수신 분리도가 부족한 시스템에서의 분리도 개선]

또한 LNA에 Redundancy 기능을 갖도록 하기 위하여 평형증폭기 형태로 설계하는 방식도 있는데 이럴 경우 단일증폭기보다 선형성과 잡음지수가 안정되고 입출력 임피던스 정합도 좋아질 뿐만 아니라 한쪽 경로의 증폭기가 손상을 입더라도 다른 쪽 경로의 증폭기에 의해 어느 정도의 성능을 유지하므로 유지보수가 늦어지더라도 열화 된 상태로 서비스를 계속할 수 있는 장점이 있다.

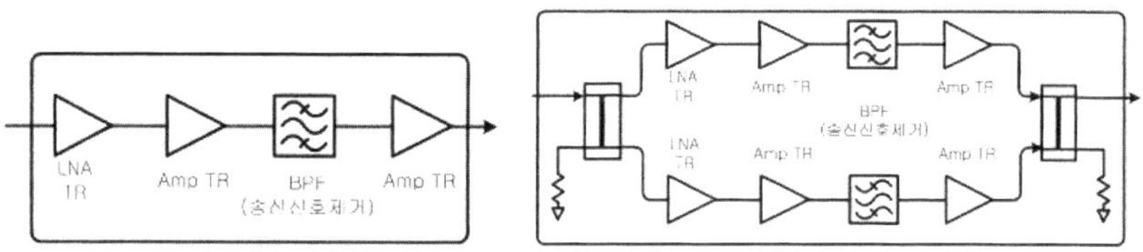

(a) 저잡음 단일증폭기 (b) 저잡음 평형증폭기

[그림 4.33 저잡음 증폭기의 구성]

4.5.6.2 RF 신호처리부

RF 신호처리부는 수신부와 송신부 사이에 위치하여 수신부로부터 RF 신호를 받아서 중계기의 이득을 조절하고 높은 선택도를 가진 대역필터를 사용하여 필터링하여 송신부에 전달하는 역할을 한다. 이득은 수신부와 송신부의 이득을 합하여 부족한 시스템 이득을 이 신호처리부에서 증폭하며 중계기를 설치하면서 링크손실에 따른 중계기의 이득을 조절해야 하는데 이 이득조절 기능은 최소이득일 경우에 잡음지수에 영향을 주지 않도록 구성되어야 한다. 또한 RF(무선)중계기는 기지국과 링크된 무선구간의 경로 손실을 보상해야 하므로 높은 이득을 갖도록 설계되기 때문에 송신신호의 잡음레벨도 이득만큼 증폭되므로 중계기 내부에 대역 외 억압특성을 가진 필터로 송신안테나로 방사되지 않도록 대역 외 이득을 억압해 주어야 한다. 그러므로 높은 이득을 가진 고출력 RF중계기의 경우, 초고주파 대역의 RF신호의 대역 외 잡음레벨을 충분히 억압해 주는 것은 쉬운 일이 아니다. Duplexer Filter를 사용하여 대역 외 억압을 한다 해도 수신부의 Duplexer Filter는 이득이 없는 신호를 필터링하기 때문에 대역 외 잡음 레벨 억압에 큰 기여를 하지 못한다. 송신부의 Duplexer Filter만으로 HPA의 불요방사 대역 외 잡음을 포함한 80dB가 넘는 중계기 이득에 의해 발생하는 잡음레벨을 제거하기에는 너무도 부족하다. 그래서 70dB 이상의 높은 이득을 갖는 RF중계기는 RF신호대역을 IF신호대역으로 주파수 변환하여 대역 외 억압도가 뛰어난 SAW(Surface Acoustic Wave) 필터를 사용하여 필터링 하게 되는데, 이 필터는 IF신호에서 동작하므로 필터의 전 후단에 아래 그림과 같이 주파수 하향, 상향 변환회로를 적용하여 IF 대역에서 대역 외 필터링을 수행한 후, 다시 RF신호로 주파수를 복원시켜 주는 방법이 대부분의 RF중계기 설계방법이다.

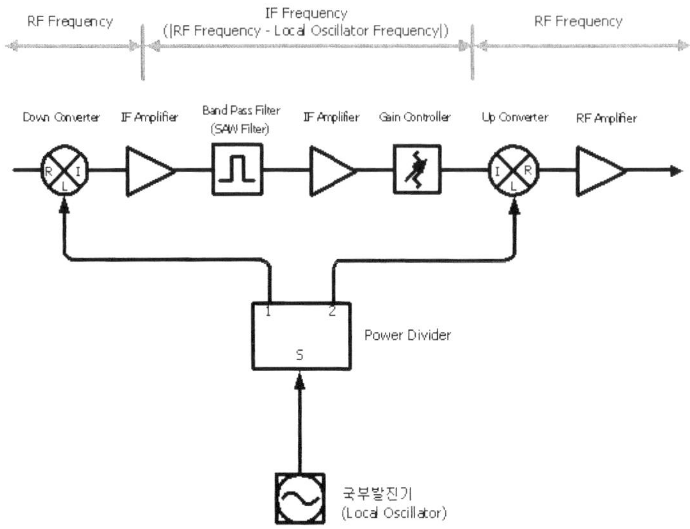

(a) IF 대역의 SAW Filter를 이용한 대역필터링 블록도

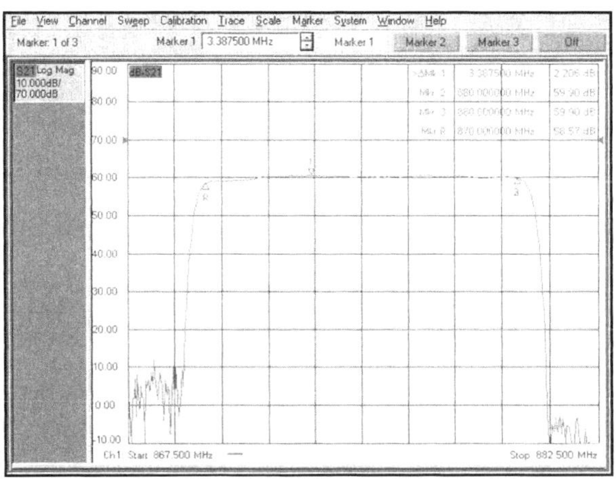

(b) IF SAW 필터로 대역 선택된 RF중계기의 주파수 대역

[그림 4.34 RF중계기 대역선택기술 구성에 대한 블록도 및 데이터]

일반적으로 SAW 필터는 대역 외 억압특성(대역 선택도)이 높은 필터이므로 Q값이 높은 만큼 10dB에서 많게는 25dB까지의 삽입손실이 발생한다. 그러므로 이러한 손실을 보상하기 위하여 SAW 필터 앞뒷단에 IF 증폭기를 사용하여 보상한다. IF신호를 이용한 대역선택 기술을 구현하기 위하여 하향 및 상향 주파수 변환 시에는 동일한 국부발진 주파수를 사용하여 주파수 변환을 시키면 주파수 변환 후 복원된 RF신호의 높은 주파수 안정도를 얻을 수 있으므로 이 방법을 주로 사용하여 대역 외 억압특성을 구현한다.

4.5.6.3 송신부(Transmitter Unit)

송신부는 송신안테나를 통해 방사되는 신호가 자유공간의 경로손실을 겪으면서도 신호를 멀리 보낼 수 있도록 높은 출력레벨로 증폭하는 부분이다. 이 송신부는 고출력 증폭기(HPA : High Power Amplifier)와 Duplexer Filter로 구성되어 있다. RF신호를 고출력 레벨까지 증폭하기 위하여 증폭기는 높은 선형성을 요구한다. 고출력 레벨에서도 높은 선형성을 얻기 위하여 아래의 그림과 같이 동급의 고출력 트랜지스터(High Power Transistor)를 평형으로 연결하면 각 출력레벨이 마지막 결합기에서 합쳐져 진폭과 위상이 일치하면서 진폭이 2배 가깝게 증가하는 것이다. 각 Power Transistor들이 평형으로 연결되어 RF신호를 나누어서 증폭하므로 물론 더 높은 출력을 내기 위해서는 High Power Transistor를 평형으로 추가하면 높은 출력레벨을 에서도 선형성을 유지할 수 있다. 이 방법은 선형화기를 포함하지 않고 순수한 고출력 트랜지스터에 의해 증폭되는 성능이고, 실제로 대부분의 RF중계기는 순방향 출력레벨이 20W

이상을 넘지 않으므로 선형화기를 이용한 선형증폭기(LPA : Linear Power Amplifier)는 더 높은 출력레벨이 필요한 중계기의 구성을 필요로 할 때에 사용된다.

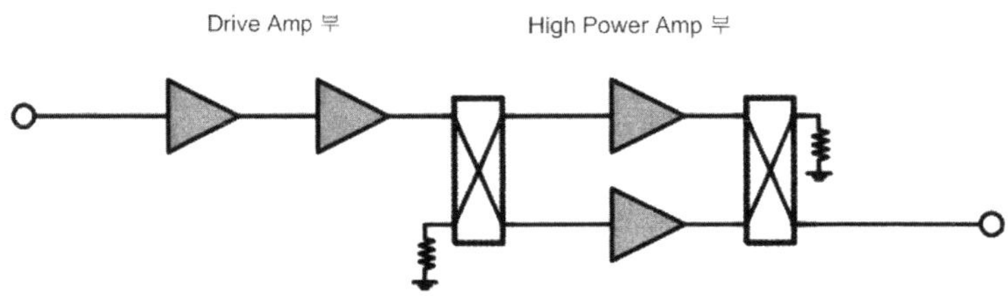

[그림 4.35 고출력 증폭기의 증폭트랜지스터 조합]

HPA로부터 증폭된 고출력의 RF신호는 Multi-Carrier 신호를 증폭하면서 대역 내 또는 대역 외의 불요파 잡음레벨을 증가시킨다. 이것은 HPA의 비선형특성이 원인이 되어 3차 또는 5차의 혼변조 신호가 대역 내외에서 발생하게 되는데, 대역 내의 불요 파 잡음특성은 HPA의 고출력 증폭특성에 관계하기 때문에 고출력 신호가 불요 파 규격을 만족하지 못한다면 더 큰 용량의 HPA로 설계하여야 한다. 즉 대역 내의 불요파 방사특성은 그 출력레벨에서의 HPA 선형성에 의존한다. 반면 대역 외 불요파 특성도 증폭기에 의해 발생되지만 HPA 뒷단에 있는 Duplexer Filter로 대역 외 불요파 억압이 가능하다. 송신부의 Duplexer Filter는 삽입손실과 대역 외 억압도가 가장 중요한 부분을 차지한다. 삽입손실이 크면 그만큼 HPA에서는 더 높은 출력을 내야 하기 때문에 HPA가 과출력 레벨까지 증폭하지 않도록 삽입손실을 줄여야 한다. 고출력 레벨에서의 1dB와 소출력 레벨에서의 1dB는 큰 차이가 있다. 예를 들어 소신호 레벨에서 0dBm과 1dBm사이는 0.25mW의 작은 차이를 유지하지만 대신호 레벨의 40dBm과 41dBm사이는 2.5W의 큰 신호레벨 차이를 보인다. 그러므로 대신호 영역에서 Duplexer Filter의 삽입손실은 HPA의 출력레벨을 삽입손실만큼 더 높여야 하므로 시스템 효율을 떨어뜨리는 결과를 초래한다. 수신부에서도 언급했겠지만 송수신부의 Duplexer Filter는 송수신 신호가 합쳐지는 부분이므로 FDD 또는 TDD방식의 Duplexer나 Filter Switch에서 송수신 경로에 대한 높은 분리도를 유지하여야 한다.

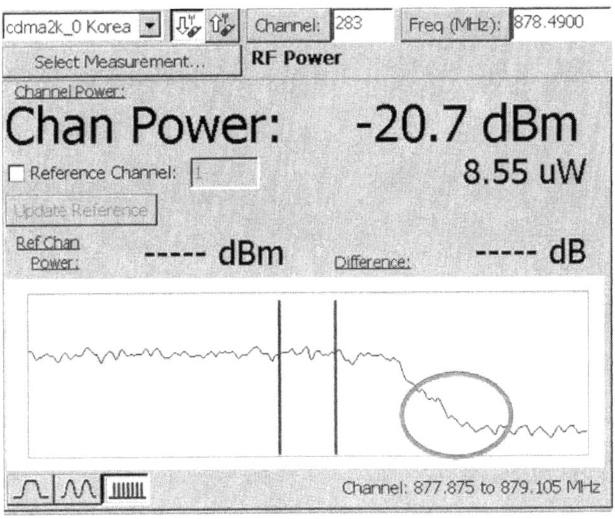

[그림 4.36 송신 DUPLEXER FILTER에 의해 억압되어 방사된 잡음레벨]

4.5.6.4 중계기 감시 및 제어부(Repeater Monitor & Control Unit)

중계기는 음영지역을 커버하는데 적당한 RF 환경을 만들어 주어야 하고, 기지국과의 안정된 링크를 위해 무선환경에 따라 조정해 주어야 할 항목들이 존재한다. 예를 들어 설치장소마다 링크손실에 따라 중계기의 이득을 조절해 주어야 하고, 중계기가 서비스해야 할 음영지역의 크기에 따라 중계기 출력 또한 조절이 필요하다. 이외에도 중계기 안에서 작동하는 증폭기나 다른 능동소자들이 정상동작을 하지 않아 이상이 발생되었을 때에는 알람을 중계기 외부에서 육안이나 소리로 확인할 수 있도록 표시하여야 운용요원들이 중계기 운용확인 시에 어떠한 알람이 발생했는지를 확인할 것이다. 또한 중계기 설치장소에 방문하지 않고 중계기 관리센터에서 설치된 중계기의 상태를 점검하고 주요기능을 제어할 수 있다면 중계기 운용을 더욱 편리하게 할 수 있을 것이다. 이러한 측면에서 중계기는 내부의 주요상태를 감시하고 제어할 수 있는 컨트롤러를 구비하여야 한다. 중계기 컨트롤러의 주요감시 및 제어화면은 다음 그림과 같고 중계기의 원격감시 및 원격제어에 대한 방법 및 시스템 설명은 뒷 장에서 다루게 될 중계기 관리시스템에서 구체적으로 다루겠다.

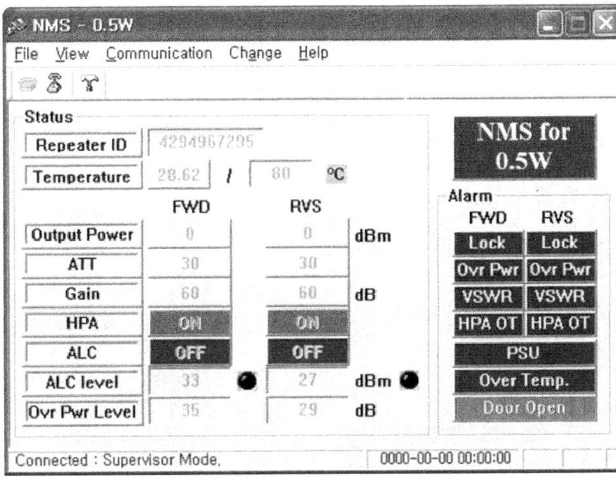

[그림 4.37 RF중계기 감시 제어용 GRAPHIC USER INTERFACE(GUI) 화면]

아래의 항목들은 RF중계기에서 일반적으로 갖추어야 할 제어 및 감시 항목이다.

· 감시 및 알람 항목

중계기 ID

중계기 H/W 및 S/W Version

PSU 입출력 전압 알람

현재 중계기 내부의 온도 및 온도 상한 알람

상향 하향링크 HPA On/Off 상태

상향 하향링크 출력전력 레벨 상한 값 및 과출력 알람

상향 하향링크 출력전력 레벨(dBm)

상향 하향링크 ALC On/Off 상태

상향 하향링크 시스템 이득(dB)

상향 하향링크 Shutdown 기준전력 레벨(dBm)

상향 하향링크 발진감지 상태

패스워드 물음 창

알람내역 저장기능(내용과 날짜 등)

· **제어 가능 항목**

중계기 ID 설정

중계기 정보 입력기능(S/W 및 H/W Version 등)

중계기 온도 상한 값 설정

상향 하향링크 온도보상 기능 설정

상향 하향링크 ALC기능 On/Off

상향 하향링크 HPA On/Off

상향 하향링크 시스템 이득설정

상향 하향링크 ALC 기능 작동레벨 설정

상향 하향링크 Shutdown 기준전력 레벨 설정

상향 하향링크 발진감지 레벨 설정

위의 항목 중 중요한 기능들을 설명하면 아래와 같다.

· **순방향, 역방향 이득조절 기능** : 설치지역의 송수신 전계강도에 맞게 이득을 조절할 수 있어야 한다. 이 기능은 중계기 커버리지 최적화에 사용된다.

· **순방향, 역방향 과출력 억제기능** : 최대출력 이상으로 송신할 수 없도록 최대 출력레벨 이상에서는 출력을 자동으로 억제할 수 있는 기능을 구현하여야 한

다. 이 기능은 중계기뿐만 아니라 기지국 주위의 무선환경을 보호할 수 있는 기능이다.

- **순방향, 역방향 과출력 차단기능** : 과출력 억제기능이 작동되지 않았을 때 특정한 레벨 이상에서 중계기 작동을 멈추게 하는 기능이다.
- **순방향, 역방향 출력레벨 표시기능** : 고출력 중계기의 경우, 현재 송신되는 출력레벨을 확인할 수 있는 기능이 필요하다. 이것은 중계기의 정상동작 유무를 확인하기 위한 것이다.
- **발진감지 기능** : RF중계기의 단점중의 하나인 두 안테나간 분리도 부족으로 발생하는 발진현상을 감지하여 이 현상을 방지하도록 알고리즘을 포함하여야 한다. 이 발진현상은 링크된 모기지국뿐만 아니라 주변기지국의 전파환경을 해치는 위험한 현상 중 하나이다.

4.5.7 주파수 변환 RF링크 중계방식: 주파수변환 중계기

앞에서 논의한 RF 중계방식(무선 중계방식) 중에서 입력되는 주파수와 출력 주파수가 다른 중계기형태에 대하여 논의해 본다. 앞에서 논의하였듯이 RF중계기는 입출력주파수가 동일하여 중계기의 높은 이득에 의해 중계기에서 출력된 신호가 입력안테나로 다시 입력되어 발진형상이 나타나게 되는 치명적인 문제점을 가지고 있다. 이러한 문제점 때문에 RF중계기의 두 안테나가 옥외에 노출되어 있어서 안테나 분리도를 얻기 어려운 옥외 커버리지에는 사용을 꺼리는 중계기이다. 바람이나 외력에 의해 안테나의 방향이 틀어지거나 외부 장애물 설치에 의해 안테나 분리도가 나빠질 경우 옥외에 설치된 RF중계기는 발진의 우려가 있고, 발진현상이 일어날 경우에는 주위와 기지국 무선환경을 해칠 뿐만 아니라 역방향 링크의 발진 신호에 의해 기지국 수신기에 치명적인 영향을 끼친다. 이러한 문제점을 해소하기 위하여 입력주파수 대역과 출력주파수 대역이 다른 RF중계기가 적용되게 되었는데 이를 주파수변환 중계기라 부른다. 이러한 방식은 입출력 주파수가 다르기 때문에 충분한 안테나 분리도를 얻지 못하더라도 이로 인한 발진현상을 방지할 수 있다. 주파수변환 중계기에 대한 구성도는 아래의 그림과 같다.

주파수변환 중계기는 주장비(Donor)와 원격부(Remote) 등 두 가지 시스템으로 구성되는데 주장비와 원격부 사이에 링크주파수 대역을 사용하여 두 시스템이 연결된다. 광 중계기의 광 파장과 같이 주파수변환 중계기도 링크를 위한 주파수 대역이 필요하므로 주파수변환 중계기를 적용하기 위해서는 링크주파수로 사용할 수 있는 주파수 대역이 필요하다.

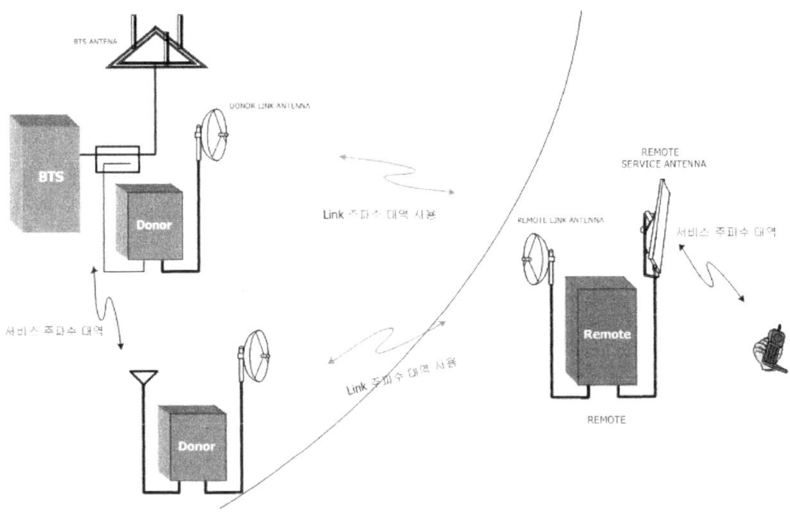

[그림 4.38 RF 주파수변환 중계기 구성도]

이 중계방식은 이동통신 서비스를 위해서 서비스 주파수와 링크 주파수의 두 가지 주파수 대역이 사용되어야 하므로 주파수 사용효율이 낮아진다. 하지만 기지국 신호를 고립된 지역까지 원거리 전송하는데 매우 적합하여 도서산간지역 및 해안선과 근접된 섬 지역에 서비스가 용이하다. 사용할 수 있는 링크주파수 대역이 있으면 광 선로 임대비와 같은 인프라 사용의 부가비용이 들지 않는 장점을 가지고 있다. 이러한 관점에서 볼 때, 마이크로파 중계기도 일종의 주파수변환 중계기라 볼 수 있으며, 입력되는 서비스주파수 대역을 마이크로파 주파수 대역으로 주파수 변환하여 원격부와 링크하는 방식을 사용한다. 그림 4.39는 주파수변환 대역에 대한 그림이다. RF 주파수변환 중계기 주장비와 기지국과의 접속방식은 2가지 방식이 있다. 첫 번째 방식은 기지국 가까이에 주장비가 위치하여 기지국의 서비스대역 신호를 직접 유선으로 공급받아 증폭 및 필터링 후에 높은 출력으로 원격부로 송신하는 방식이다. 이 방식은 기지국으로부터 동축케이블을 통하여 순방향 신호를 공급받거나 역방향 신호를 기지국으로 직접 공급하므로 고품질의 기지국 신호환경을 원격부에 전달할 수 있다는 장점을 가진다. 기지국에서 신호를 직접 공급받을 뿐만 아니라 링크주파수 대역에서도 간섭을 주는 어떤 신호도 존재하지 않으므로 원격부의 출력단까지 높은 품질의 기지국 신호를 그대로 음영지역에 제공할 수 있다. 역방향도 원격부가 위치한 음영지역 단말기 신호를 독립된 링크경로를 통해 기지국으로 전달하므로 좋은 신호를 중계할 수 있는 장점이 있다. 또 하나의 기지국 접속방식은 기지국 커버리지 안에 주장비가 위치하여 기지국 신호를 안테나를 통해 수신하여 링크주파수로 주파수 변환한 후, 원격부로 송신하는 방식이다. 이 방식은 기지국과 주장비, 그리고 주장비와 원격부 등의 두 번의 무선링크 구간이 존재하므로 무선신호의 품질이 떨어지고 안정된 링크

경로를 얻을 수 없는 단점이 있다. 또한 주장비를 설치하기 위한 임대비용 등도 고려대상이 된다.

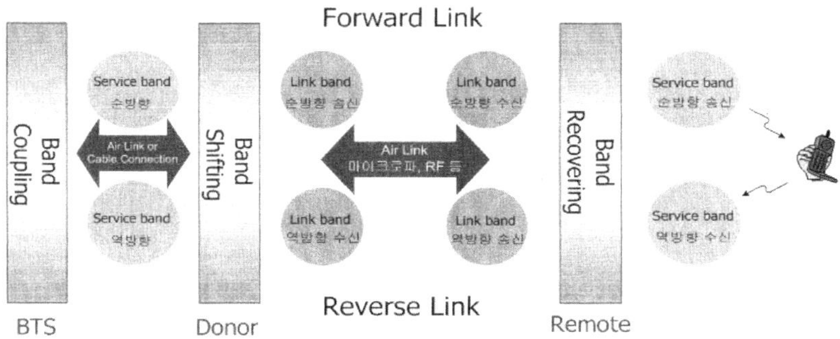

[그림 4.39 주파수변환 중계기의 주파수 구성]

원격부는 링크안테나로 링크신호를 수신 받아 저잡음 증폭하여 원래의 서비스 주파수 대역으로 주파수를 복원시켜 음영지역에 고출력으로 송신한다. 역방향 신호경로도 동일하여 음영지역의 단말기신호는 독립적인 링크경로를 거쳐서 기지국의 역방향 접속점으로 입력된다. 그림 4.40은 주파수변환 중계기의 시스템 구성도이다. 주장비와 원격부 내부에는 주파수변환을 위한 4개의 국부발진기가 장착되어 있어 안정된 주파수변환을 위해서는 이 국부발진기의 높은 주파수 안정도를 갖도록 설계하는 것이 가장 중요한 부분이라 하겠다. 또한 주장비와 원격부가 원거리로 분리되어 있으므로 주파수변환을 위한 국부발진회로를 공통으로 사용할 수 없는 관계로 주장비와 원격부, 두 시스템의 국부발진회로의 안정성이 중계기 신호 파형의 질에 큰 영향을 주므로 높은 정밀도의 PLL 제어를 위한 기준신호를 사용하여 두 장비 사이에 주파수 안정도를 얻을 수 있도록 해야 한다. 링크경로간 손실을 최소화 하기 위하여 링크안테나 사이는 가시선상에 있어야 하고 안테나방향이 정확히 마주보도록 조정하여 안정된 링크경로를 유지할 수 있도록 해야 한다.

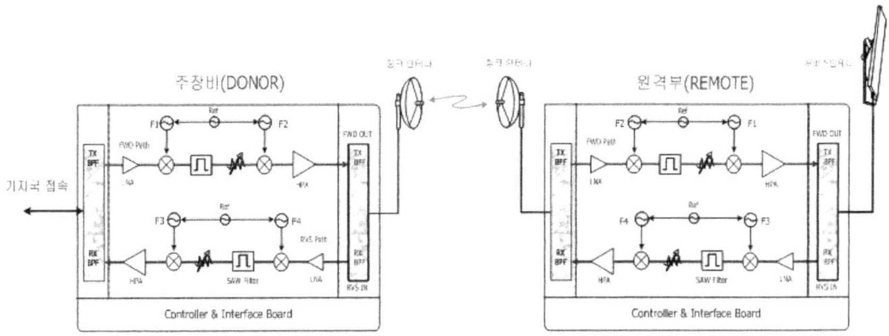

[그림 4.40 RF 주파수변환 중계기의 블록도]

안정된 링크경로를 얻기 위해 링크안테나의 선택이 매우 중요하므로 원거리에서 안정된 링크경로를 얻기 위하여 링크안테나 선택 시에 고려해야 할 항목들은 다음과 같다.

· 높은 이득의 링크 안테나 : 15dBi 이상

· 높은 전후방 비를 가지는 안테나 : 전후방비 〉 20dB

· 좁은 빔 폭을 갖는 안테나 : 빔폭 〈 30°

링크안테나로 알맞은 형태는 원거리 전송을 위한 파라볼릭 안테나, 단거리 링크를 위한 야기 안테나, 안정된 링크를 유지하기 위한 판넬 안테나 등이 있다. 아래의 사진은 주파수변환 중계기의 원격부에 설치된 링크안테나와 커버리지 안테나의 설치모습이다. 링크안테나와 서비스 안테나를 수직으로 이격시켜서 안테나간 분리도를 얻고, 서비스안테나는 링크안테나보다 위에 설치하여 커버리지를 극대화 시킬 수 있도록 한다. 주파수변환 중계기는 안테나간 분리도(Isolation)가 충분하지 않더라도 원격부(REMOTE)는 높은 이득으로 전 방향(Omni-Direction) 서비스가 가능한 장점을 가지고 있다.

[그림 4.41 원격부 링크안테나와 서비스 안테나의 설치사진]

표 4.3은 파라볼릭 안테나를 이용하여 원거리 링크 시에 링크경로 거리에 대한 경로손실을 나타낸 표이다. 이 표의 경우에 주장비의 순방향 출력 레벨은 30dBm~34dBm이고 링크안테나는 이득 18dBi짜리 파라볼릭 안테나를 주장비와 원격부에 각각 설치하였고, 링크안테나의 급전선 케이

블 손실은 각각 3dB 이하로 설치하여 작성한 표이다. 표 4.3에서 보는 바와 같이 850MHz 대역에서 링크안테나 이득이 높을 경우 링크거리가 20km까지 큰 문제없이 링크할 수 있으며, 그 링크거리에서도 원격부(REMOTE) 입력신호레벨은 -53.06dBm이어서 이 입력신호를 원격부의 이득으로 실효출력까지 증폭하여 음영지역으로 송신할 수 있는 양호한 링크경로의 입력레벨 신호를 얻을 수 있다. 주파수변환 중계기는 안테나 분리도에 의한 발진현상이 일어나지 않으므로 일반적인 원격부의 이득은 90~100dB 정도를 가질 수 있다. 이와 같이 주파수변환 중계기는 서비스 주파수와는 다른 링크주파수를 이용하여 기지국과 원격부와의 링크를 구현한다. 링크주파수로 3GHz 이하의 RF 신호대역을 사용하면 RF 주파수 변환 중계기, 링크주파수로 3GHz~30GHz의 마이크로파를 사용하면 마이크로파 중계기, 그리고 링크주파수를 수백 THz(1012Hz)의 레이저 주파수로 사용하면 레이저 중계기라 부른다. 이러한 의미에서 같은 입출력 주파수를 사용하는 RF중계기를 제외한 모든 링크 중계기를 주파수변환 중계방식이라고 생각할 수 있고, 일반적으로 이 중계기 링크신호의 이름을 따라 광 중계기, 레이저 중계기, 마이크로파 중계기 등으로 중계기를 분류한다.

링크거리 (km)	850MHz 경로손실(dB)	두링크안테나 이득(dB)	Donor 출력레벨 (dBm)	Cable Loss(dB)	REMOTE LINK 수신레벨(dBm)
1	91.04	36	30	6	−31.04
2	97.06	36	30	6	−37.06
3	100.58	36	30	6	−40.58
4	103.08	36	30	6	−43.08
5	105.02	36	30	6	−45.02
6	106.60	36	30	6	−46.60
7	107.94	36	30	6	−47.94
8	109.10	36	30	6	−49.10
9	110.12	36	30	6	−50.12
10	111.04	36	30	6	−51.04
11	111.87	36	34	6	−47.87
12	112.62	36	34	6	−48.62
13	113.32	36	34	6	−49.32
14	113.96	36	34	6	−49.96
15	114.56	36	34	6	−50.56
16	115.12	36	34	6	−51.12
17	115.65	36	34	6	−51.65
18	116.14	36	34	6	−52.14
19	116.61	36	34	6	−52.61
20	117.06	36	34	6	−53.06

[표 4.3 주파수변환 중계기의 링크거리에 따른 경로손실(850MHz)]

4.6 아날로그 광 링크 중계방식

4.6.1 광 중계기의 등장배경

광 중계기는 기지국에 위치한 광 중계기 주장비와 원격부 사이에 광 선로를 연결하여 광 신호에 이동통신 신호를 실어서 양방향 전송하여 음영지역에 기지국 전파환경을 제공해 주는 광 링크방식을 의미한다. 앞서 설명한 RF(무선)중계기는 대기로 이루어진 자유공간을 전송매체로 사용하여 기지국과 링크를 유지하는 방식인데 반하여 광 선로는 유선의 형태이므로 경로손실이 적을 뿐만 아니라 안정된 링크상태를 유지할 수 있어 중계기의 성능을 극대화 시킬 수 있다. 후에 자세히 언급하겠지만 실제로 송수신 성능은 기지국 성능과 비교해 손색이 없을 정도이어서, 기지국의 RF 전치단을 광 중계기 원격부에 따로 연장해 놓은 것과 같은 망 구성을 상상해 볼 수 있다.

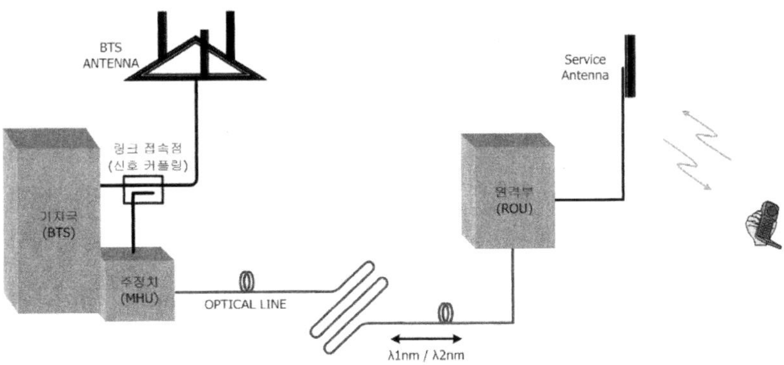

[그림 4.42 기지국과 링크된 광 중계기 연결도]

광 중계기의 주장비는 기지국의 전치부(Front-End Unit) 또는 IF부에 직접 접속되어, 기지국 순방향 신호를 적당한 값으로 커플링하여 주장비(MHU)에 입력해 주면 이 신호는 주장비에서 필요한 이득으로 증폭 및 필터링되어 광 송신기에 의해 광 신호에 실려 원격부(ROU)로 송신된다. 원격부에서는 광 선로를 통해 입력된 광 신호에서 기지국 신호를 복원하여 필터링 및 고출력 증폭하여 원격부의 서비스 안테나를 통하여 음영지역에 방사된다. 음영지역 내에 위치한 단말기는 광 중계기를 통해 수신된 이 기지국 순방향신호를 수신하게 되고 전력제어에 의해 결정된 전력레벨로 단말기의 역방향 신호를 송신하게 되는데, 원격부는 다시 서비스 안테나를 통하여 입력된 역방향 신호를 저잡음 증폭하여 역방향 광 신호에 이 역방향 신호를 실어서 기지국에 위치한 주장비(MHU)로 송신한다. 원격부로부터 광 선로를 통해 수신된 광 신호에서 역방향 신호만을 복원하여 적절한 필터링 및 증폭 후에 기지국과의 접속점을 통하여 기지국으로 역방향 신호를 전달해 줌으로써 광 중계기 원격부의 음영지역에 무선 네트워크를 연결해 준다.

광 중계기의 주장치와 원격부를 연결해 주는 광 선로의 광 손실은 0.4dB/km이하이므로 10km의 길이로 연결되어 있다면 4dB의 광 손실이 발생하고, RF손실로 환산하면 2배인 8dB의 링크손실이 발생한다. RF 중계기의 경우에 링크경로의 대기환경에 의한 전파손실이 클 뿐만 아니라 전파전파(電波傳播) 페이딩 현상에 의해 링크 무선환경의 계속되는 변화로 링크경로 손실이 불안정한 상태인 것과 비교할 때, 광 중계기의 링크상태는 매우 안정되어 있어 순방향 역방향 신호의 열화와 왜곡이 일어나지 않아 뛰어난 통화품질의 신호를 중계할 수 있다. 또한 광 선로로 양방향 신호를 동시에 전달하기 위하여 두 가지의 파장을 사용하여 전송하고 광 송수신기 내부에 장착된 광파장 다중화기(WDM : Wavelength Division Multiplexer)에 의해 두 가지의 파장을 하나의 광 선로로 전송할 수 있도록 해 준다.

4.6.2 광 중계기의 기본구성

안정된 링크를 갖고 있는 광 중계기 시스템의 기본 구성은 그림 4.43과 같다. 주장비(MHU)는 기지국 근처에 설치되어 기지국의 접속 점으로부터 기지국 신호를 유선으로 받아서 광 신호에 실어 원격부로 보내는 역할을 하고, 중계기 지역에서 수신된 단말기의 역방향신호를 광신호로 변환하여 주장비로 보내주어 주장비를 통하여 기지국 역방향 접속점으로 원격부의 단말기신호를 전달해 주는 역할을 한다. 광 중계기는 중계기 종류 중 가장 고가의 장비이므로 설치된 광 중계기 원격부는 순방향 신호를 높은 출력으로 송신하여 보다 넓은 커버리지의 효과를 내길 원하므로 역방향도 최대의 커버리지를 얻기 위해 공간 다이버시티용 경로가 장치 내부에 설계되어 있어야 한다. 이 역방향 다이버시티 경로는 역방향 주 경로와 분리되어 기지국까지 독립된 경로로 유지되어야 하므로 광 선로 안에서 역방향의 두 경로를 분리하기 위한 구현기술이 필요하다.

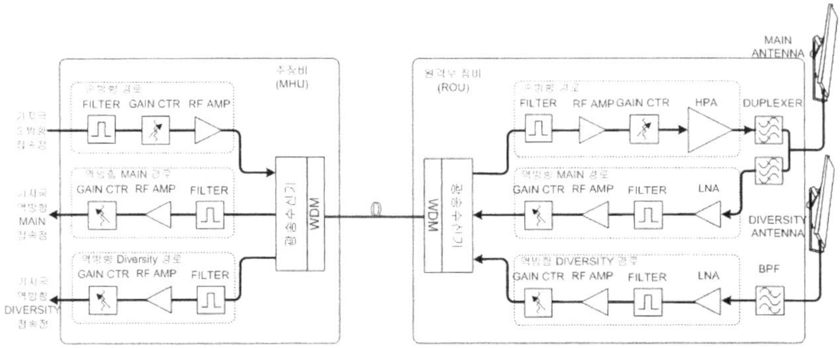

[그림 4.43 광 중계기 내부 구성도]

주파수 변환을 하여 광 선로 상에서 역방향 주 경로와 다이버시티 경로를 분리되도록 하거나, 역방향에 서로 다른 광파장을 사용하여 주 경로와 다이버시티 경로를 분리하는 방법 등이 있지만, 동일한 성능을 갖는다면 가장 경제적인 방법을 적용하여 다이버시티 경로를 확보하는 것이 중요하다. 광 중계기 설계 시 주의해야 할 점은 순방향 및 역방향 광 송신기 레이저 다이오드에 입력되는 최대 신호레벨이 제한되어 있어서 그 신호레벨 이상으로 신호를 송신하면 광 송신기의 선형성이 나빠져서 혼변조 신호가 발생하고, 신호전력을 너무 낮게 입력시키면 신호대잡음비 열화에 의해 서비스 품질이 나빠질 수 있으므로 기지국 통화량 증가로 인한 순방향 및 역방향 출력변동 폭을 고려하여 광 송수신기의 입력레벨 범위를 정하면 이에 따라 MHU 및 ROU의 시스템 이득분배가 결정되게 된다. 고출력 레이저 다이오드를 이용한 광 송신기는 전송할 수 있는 RF신호 레벨이 높기 때문에 RF신호의 신호대잡음비를 열화 없이 원격부로 전송할 수 있는 전송 신호레벨 범위가 넓은 장점이 있는 반면, 가격 또한 고가이므로 필요한 성능을 낼 수 있는 광 송신기를 선택하여 광 중계기를 설계하는 것이 가격경쟁력 면에서 매우 중요하다. 또한 주장비(MHU)는 Unit의 간편한 추가로 섹터를 확장할 수 있고 모든 Unit들은 서로 호환될 수 있도록 설계된다. 주장비의 가장 중요한 기능 중의 하나는 광 선로로 주장비에 연결되어 있는 모든 원격부(ROU)들의 상태를 원격으로 확인할 수 있고 일부 주요기능들은 주장비를 통해 원격으로 제어가 가능하도록 설계되어 있다는 것이다. 이 기능은 현장 운용 시에 운용요원들이 원격부(ROU) 방문의 수고를 덜어주는 유익한 기능 중의 하나이다. 또한 원격부(ROU)에서는 광 선로 손실을 측정하여 자동 또는 수동으로 보상할 수 있는 기능이 내장되어야 뒤에 언급하게 될 직렬, 또는 병렬로 연결된 망에서 각 원격부의 광 선로 손실을 구분하여 보상할 수 있다. 광 선로 손실에 대한 이득보상은 주로 원격부(ROU)에서 이루어지며, 순방향 광 선로 손실만큼 역방향도 동일하게 보상해 주어서 주장비(MHU)에서 여러 원격부들의 역방향 신호들이 결합될 때, 모든 원격부(ROU)들의 광 손실을 포함한 이득을 균등하게 조절하여 동일한 링크 잡음지수를 가질 수 있게 해 준다.

원격부의 순방향 출력레벨은 기지국 가입자 접속량에 따른 출력변동 폭을 감안하여 최대출력레벨에서 5~7dB 낮게 설정해야 하며, 중계기의 자동 출력레벨 제어(ALC : Auto Level Limit Control)기능이 최대출력레벨 이상에서만 작동할 수 있도록 한다. 평상시에는 기지국 출력변동에 따라 광 중계기의 출력도 동일하게 변동하여 기지국 커버리지와 동일하게 호흡해야 하므로 자동 출력제어 기능은 최대출력레벨 이상에서 작동하여야 한다. 이웃 셀과의 핸드오프 등 현장의 필요에 따라서 중계기의 순방향 출력레벨을 낮게 셋팅하는 경우가 있는데 이러한 경우에도 자동 출력제어 기능은 실제의 출력 값을 기준으로 ALC 레벨 값을 5~7dB 위로 올려서 예상치 못한 출력레벨 증가가 일어날 때에만 작동하도록 한다.

광 중계기의 원격부를 직렬 또는 병렬로 확장한 다양한 망 구성을 생각할 수 있듯이, 순방향의 개념에서는 원격부의 개수가 제한 없이 연결될 수 있지만 RF중계기에서 논의했던 바와 같이 역방향의 경우를 생각하면 기지국 원격부의 개수는 기지국의 수신감도를 열화 시키는 역할을 하므로 원격부의 개수에 한계가 있다. 원격부의 증가로 인한 기지국 역방향 잡음레벨 증가는 뒷 장에서 좀 더 자세하게 논의하기로 한다. 또한 광 중계기에서는 원격부까지의 광 선로 시간지연이 기지국이 탐색 가능한 시간 안에 있어야 기지국이 광 중계기 원격부로부터 오는 신호를 받아서 처리할 수 있다. 그러므로 광 중계기의 망 구성에서는 광 선로 길이에 의한 시간지연이 중요한 파라미터가 된다. 그러면 광 중계기 주장비와 원격부사이의 신호전달방식에 따른 광 중계기의 종류에 대하여 알아보자.

이동통신용 광 중계기는 주장비(MHU)와 원격부(ROU, Remote) 사이의 RF신호 전송방식에 따라 두 가지 종류로 나뉜다. RF 또는 IF신호를 그대로 광 신호에 실어서 전송하는 아날로그 광 중계기와 RF 또는 IF신호를 표본화 및 아날로그-디지털 변환하여 디지털 변환된 RF신호를 전송하는 디지털 광 중계기가 있다. 이 두 종류의 광 중계기는 망 구성에 있어서 서로가 갖추지 못하는 장단점을 가지고 있는데, 각 중계기의 구조를 살펴보면서 이에 대한 특징을 논의하기로 한다.

4.6.3 아날로그 광 중계기의 개요

광 중계기 주장비(MHU)와 원격부(ROU)간 RF 또는 IF신호를 높은 선형성을 가진 레이저 다이오드(LD)의 광 신호에 실어서 전송하는 방식이다. 순방향 링크와 역방향 링크를 분리하기 위해서 서로 다른 파장을 사용하여 신호를 전송하는 Full Duplex 방식으로 구성된다. 그림 4.44와 그림 4.45은 아날로그 광 송신기와 광 수신기의 블록도를 나타낸 것이다. 광 송신기는 입력되는 RF신호를 송신에 필요한 적당한 레벨로 증폭해 주는 Driving Amplifier Circuit를 거쳐 레이저 다이오드에 입력되고, DC 소모전류에 의해 발생되는 레이저 광 신호에 RF신호가 실려서 광 선로를 따라 전송된다. 광신호의 출력레벨이 높을수록 더 높은 전력의 RF신호를 광 신호에 실어 보낼 수 있어, 많은 광선로 손실이 발생하는 환경에서도 다수캐리어(Multi-Carrier)의 신호도 신호대잡음비의 열화를 줄이면서 원격부로 전송할 수 있다. 광 신호에 실려 송신된 RF신호는 광 선로를 따라 전송되어 원격부 광 수신기의 포토 다이오드(Photo Diode)로 입력되고 포토다이오드를 거쳐 광 신호에 실린 RF신호가 복원된다.

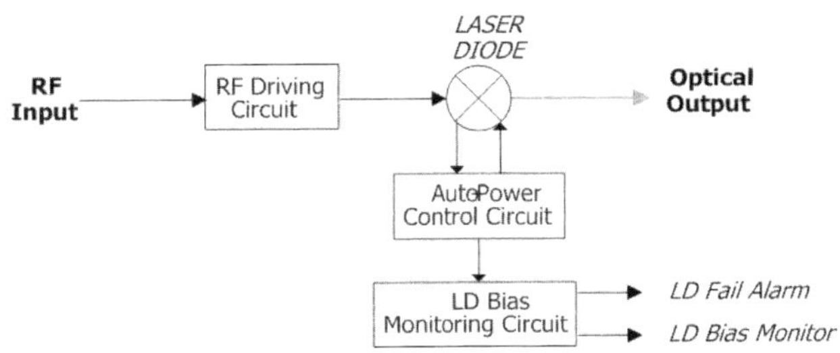

[그림 4.44 광 송신기의 블록도]

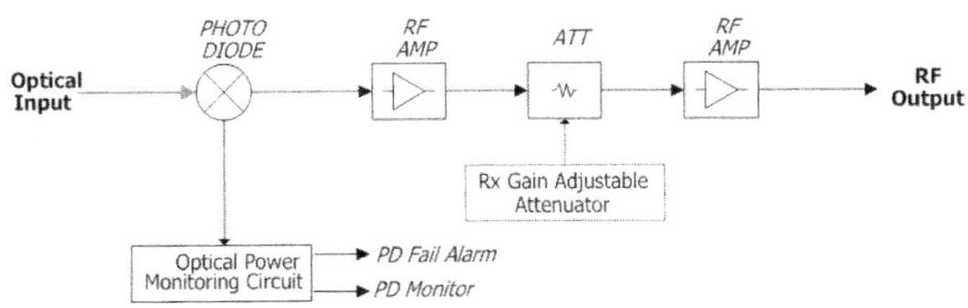

[그림 4.45 광 수신기의 블록도]

이 신호는 광전(光電) 변환 때에 발생된 변환손실(Conversion Loss)을 보상하기 위하여 RF 증폭회로를 거쳐 출력되게 된다. 그림4.46은 아날로그 광 중계기에 사용되는 광 송수신기를 주장비(MHU) 와 원격부(ROU)의 한 쌍으로 그려 놓은 블록도이다. 단일 모드 광섬유에서는 신호의 전송손실이 적은 1.3 μm에서 1.5 μm 파장 사이의 광 신호를 이용한다. 순방향 링크에 사용되는 광 송신기의 광파장(λ1)은 역방향 링크의 광파장(λ2)과 달라서 독립된 경로를 이룰 수 있어 완전한 양방향 통신이 가능하다. 그림 4.47은 원격부에 직렬로 하나의 원격부가 추가로 연결된 형태의 망 구성을 볼 수 있다.

각 원격부로 전송하는 순방향(하향링크) 신호의 경우는 BroAD변환asting의 의미를 가지기 때문에 하나의 광 파장으로 순방향 신호를 실어 다수의 원격부들에게 전달할 수 있지만 역방향의 경우는 각 원격부들이 송신하는 역방향 파장이 동일하면 광 신호 사이에 간섭을 일으켜서 광 신호 안에 실려있는 RF신호들도 왜곡을 겪게 된다.

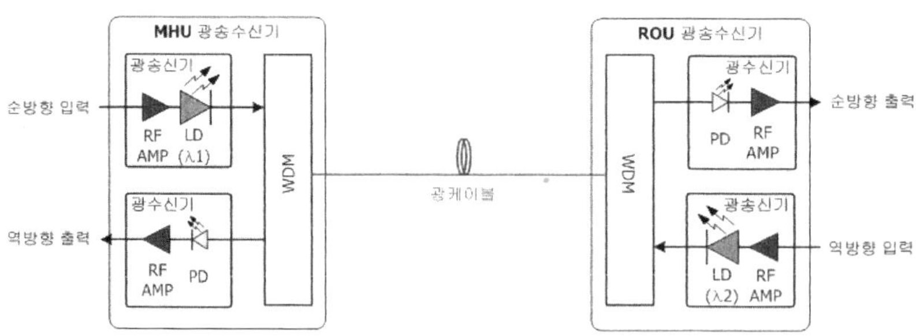

[그림 4.46 양방향 광 송수신 기능에 대한 블록도]

그러므로 각 원격부들의 역방향 파장을 λ2, λ3로 분리해서 원격부들의 역방향 신호를 따로 전송하고 주장비의 포토다이오드에서 복원된 각 원격부의 역방향 RF신호를 하나로 결합하는 방식으로 구현하는 것이 좋다. 두 파장을 하나의 광케이블로 보내기 위하여 파장분할 다중화기(WDM : Wavelength Division Multiplexer)로 두 파장을 경로 별로 필터링하여 송수신한다. 이렇게 단일 광섬유(광케이블)를 이용하여 서로 다른 파장의 광 신호를 전송하는 방식을 파장 분할 다중화(Wavelength Division Multiplexing)라 하고, 이때 파장을 분리하는 부품이 파장분할 다중화기(Wavelength Division Multiplexer)이다. 파장 분할 다중화기 (WDM)는 광 중계기뿐만 아니라 이미 가입자 망 전송 용도 및 장거리 전송에 적용되는 광 섬유 증폭기에도 많이 사용되어 왔고, 고밀도 파장 분할 다중화(DWDM) 방식 및 광 결합/분배기(Optical Add/Drop Multiplexer ; OADM)등에도 많이 적용되고 있다.

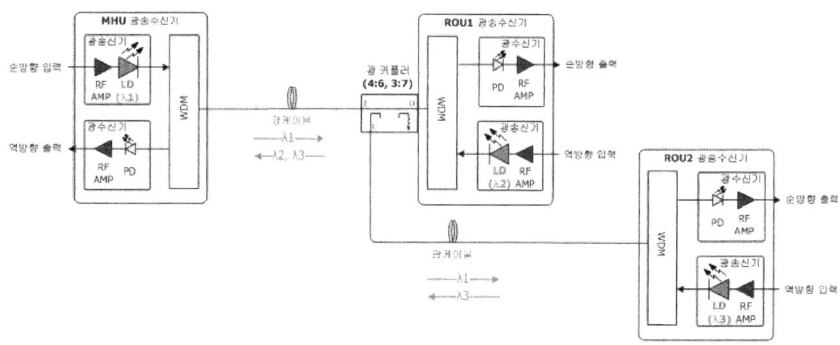

[그림 4.47 3파장을 이용하여 직렬 연결된 ROU 역방향 링크]

광 중계기에 사용되는 파장 분할 다중화(WDM) 방식은 일반적으로 대역폭(Bandwidth)이 넓은 저가의 광 부품을 사용한다. 광대역 파장 분할 다중화기(Wide-WDM)는 제작 방식에 따라 광섬유(Fused Fiber) 방식, 박막필터(Thin Film Filter) 방식, 광 도파로(Optical Waveguide) 방식 등이 있으며 이에 대한 자세한 내용은 광 전송 기술을 다룬 전문서적을 참조하기 바란다.

4.6.4 아날로그 광 중계기의 구성 및 역할

4.6.4.1 주장비(MHU)

주장비는 기지국 근처에 위치하여 기지국으로부터 순방향(하향링크) 신호를 제공받아 적절한 신호레벨로 증폭한 후, 광 송신기에 의해 전광(電光) 변환하여 원격부(ROU)로 송신하는 기능을 한다. 또한 역방향의 경우에는 원격부로부터 송신된 역방향(상향링크) 광 신호를 광 수신기로 광전(光電) 변환하여 역방향 RF신호를 복원하고 이 신호를 기지국 접속점의 결합레벨에 맞도록 증폭한 다음 기지국 역방향 접속점으로 전달하는 기능을 수행한다.

FDD방식에서 기지국과 접속하는 접속점은 기지국의 순방향 및 역방향 경로에 영향을 주지 않을 정도로 커플링 계수가 높은 값으로 기지국과 접속하도록 해 주며 일반적으로 기지국 전치부(Front-End Part)에서 접속하는 것이 링크 계산을 하는데 편리할 뿐만 아니라 RF중계기와 동일한 링크버짓을 갖는다고 할 수 있다. TDD방식에서는 기지국이 광 선로 시간지연을 보상할 수 있도록 기지국 송신시점보다 앞 선 시간의 순방향(하향링크)신호를 광 중계기 인터페이스 카드를 통하여 제공하여 주기 때문에 광 중계기는 앞 선 시간을 광 선로 길이에 의한 신호의 시간지연 및 자체 시간 지연으로 모두 사용하여 원격부의 안테나 송신시점을 기지국 안테나 송신 시점과 동일하게 맞춘다. 이러한 시간지연 등화 및 보상기능은 역방향 경로도 동일하게 적용되어 기지국으로 전달되는 광 중계기의 역방향 신호는 순방향신호의 앞 선 시간만큼 늦게 도착하고 이 시간은 RTG시간에 의해 제한을 받는다.

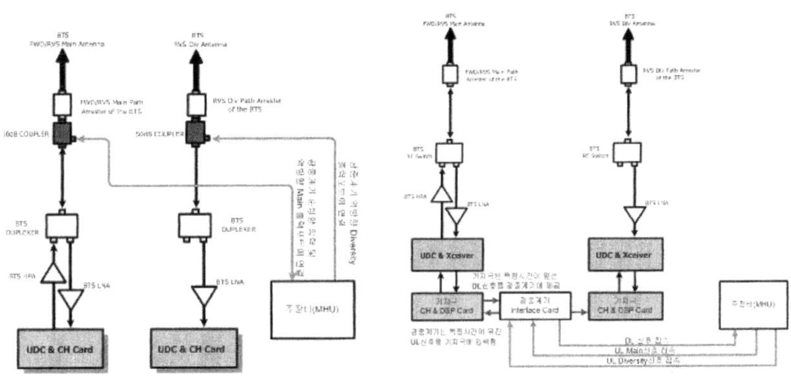

(a) FDD방식의 기지국 접속점 (b) TDD방식의 기지국 접속점

[그림 4.48 광 중계기 주장비와 기지국의 접속방법]

주장비는 RF 신호처리부, 광 송수신부, 주장비 컨트롤러 등 크게 3가지 부분으로 나뉜다. MHU의 블록도는 다음과 같다.

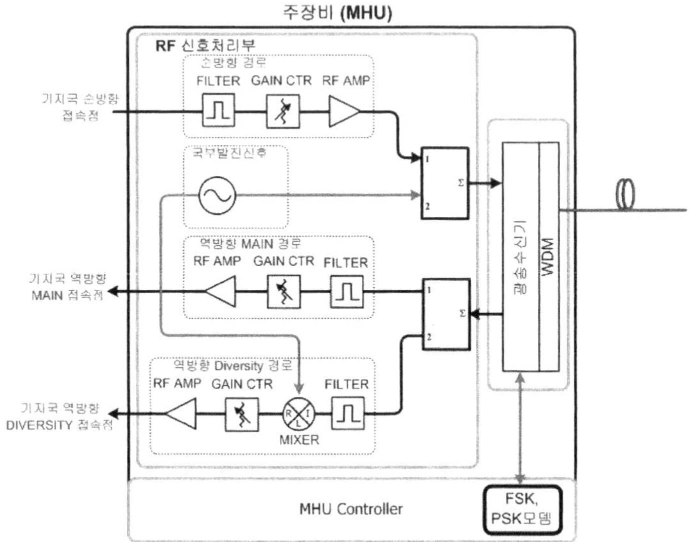

[그림 4.49 주장비(MHU)의 구성 블록도]

아날로그 방식의 광 중계기에서는 역방향의 Main 및 Diversity 신호는 경로를 분리하기 위하여 다른 주파수로 전송하거나 다른 광 파장으로 분리하여 전송하는 방식을 사용하는데, 이 책에서는 다른 주파수로 변환하여 전송하는 주파수변환 전송방식에 대하여 논의한다. RF 신호처리부에서는 하향링크(순방향)경로인 경우에 광 송수신기에 입력되기 전에 電光변환을 위한 적당한 신호레벨로 증폭하고 필터링하는 역할을 한다. 또한 상향(역방향)경로인 경우에는 광 수신기로부터 입력되는 신호 중 상향 Main 신호와 상향 Diversity 신호를 필터링하여 받고 상향 Main RF 신호처리부에서는 기지국에 전달할 적당한 레벨로 증폭하는 기능을 하며, 상향 Diversity RF 신호처리부에서는 변환된 주파수의 Diversity 신호를 국부발진 신호와 혼합하여 원래의 상향(역방향)주파수 대역으로 복원하여 기지국 접속을 위한 레벨로 증폭하는 기능을 한다. 국부발진 신호는 두 가지 역할을 하게 되는데, 그 중 하나는 광선로 구간에서 역방향 Diversity경로를 역방향 Main경로와 분리하기 위하여 다른 주파수대역으로 주파수 변환을 하는데 필요한 국부발진 주파수로 사용된다. 다른 한가지 역할은 원격부까지의 광 선로에 의한 손실을 측정하기 위하여 사용되는데, 원격부의 국부발진 신호 전력레벨 측정회로에서 3m 광선로일 때의 전력레벨과 설치 후에 연결된 광 선로에 의해 입력되는 국부발진 신호의 전력레벨을 비교하여 광 선로에 의한 RF신호 손실을 계산하고 이 손실만큼 원격부의 순방향 및 역방향 이득을 보상해 줌으로써 광 선로에서 발생하는 손실을 보상하게 된다. 뒤에 다시 언급되겠지만 이 보상은 직렬 또는 병렬방식으로 다수의 원격부가 하나의 주장비에 연결되었을 때, 각 원격부에 연결된 광 선로의 손실 차이를 모든 원격부의 역방향링크 이득보상을 통해 이득균형을 맞추어 원격부들이 동일한 링크 잡음지수를 가질 수 있도록 하는 유용한 기능 중 하나이다.

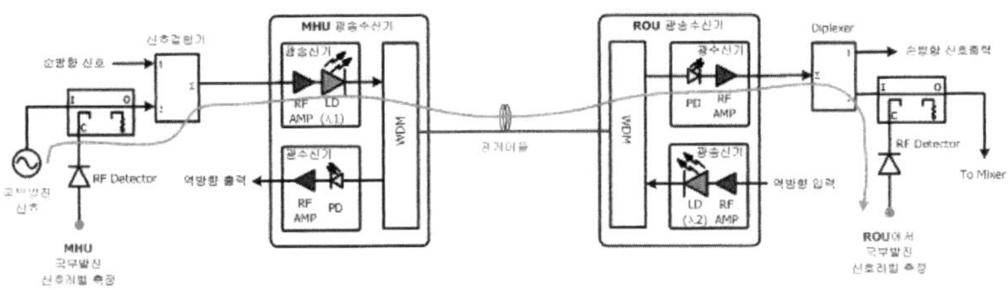

[그림 4.50 국부발진 신호를 이용한 광 선로 손실측정 구성도]

TDD방식인 경우에는 FDD방식과는 달리 광 중계기 접속을 위한 인터페이스 카드가 제공이 되는데 그 이유는 광 선로의 시간지연을 보상하기 위해 기지국으로부터 입력되는 하향링크 신호는 시간이 앞선 신호를 광 중계기에 제공하고, 상향링크는 제공해 준 앞선 시간만큼 지연된 상향신호를 광 중계기로부터 받는다. TDD방식인 경우에는 하향 및 상향링크의 절체 시간을 맞추기 위해 기지국으로부터 동기신호를 제공 받거나 기지국의 하향신호를 분석하여 동기신호를 생성해 내야 하는데 이 동기신호는 광 송수신기를 통하여 원격부로 송신되고 필요에 따라 주장비에서도 RF Switch를 이용하여 하향 및 상향링크 경로에 대한 신호절체를 수행한다. 광 송수신부에서는 RF 신호처리부로부터 입력되는 하향(순방향)신호를 높은 선형성을 가진 레이저 다이오드의 광 신호에 실어서 원격부로 송신하게 된다. 그리고 원격부로부터 송신된 상향(역방향) 광 신호로부터 포토다이오드를 통해 상향 RF신호(상향 Main, 상향 Diversity신호)를 복원하고 이 신호들을 각 신호처리회로로 전달하는 역할을 한다. 주장비(MHU) 컨트롤러에서는 각 부분 주요 소자들의 동작상태를 감시하고 제어할 수 있는 기능을 가진다. 그래서 설치된 중계기 장소에서 기지국에 큰 영향을 주지 않도록 최적화 조정을 할 수 있도록 설계한다.

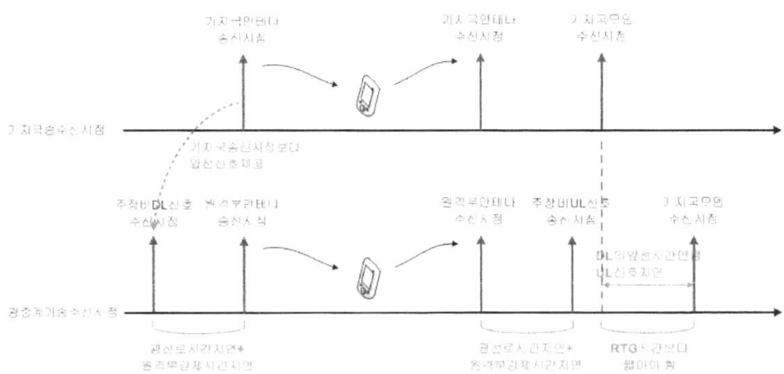

[그림 4.51 TDD 방식에서의 기지국과 광 중계기 송수신시점]

또한 주장비가 정상적으로 동작하지 않을 때에는 자동으로 응급조치를 취하고 이 문제상황을 육안 또는 소리를 통하여 외부로 알릴 필요가 있고, 필요 시에는 중계기 관리센터로 이 상황을 원격 보고할 수도 있다. 또한 이 컨트롤러는 주장비의 감시제어뿐만 아니라 광케이블을 통하여 원격부의 컨트롤러와도 서로 통신하여 주장비에 연결된 모든 원격부의 상태정보를 확인할 수 있어야 한다. 아날로그 광 중계기에서 주장비와 원격부와의 통신방식 중 가장 많이 사용되는 방법은 FSK, PSK모뎀을 이용한 통신방식이다. 여러 개의 원격부와 통신할 때에는 원격부와 순차적으로 통신하는 polling방식을 사용한다.

4.6.4.2 원격부(Remote, ROU)

광 중계기 원격부는 송수신을 위한 전치부이기 때문에 음영지역에 위치하여 광 중계기 주장비에서 전송된 기지국 하향(순방향)신호와 국부발진 신호가 실린 광 신호를 포토다이오드로 수신하여 RF신호로 복원하고 하향(순방향) 기지국신호는 필터링 및 고출력 증폭하여 안테나를 통해 음영지역으로 송신한다. 또한 국부발진 신호는 광 선로 손실을 측정하여 자동이득조정 기능을 수행하고 상향(역방향)링크의 Diversity신호 주파수 변환을 위한 국부발진 신호로도 사용된다. 단말기로부터 송신된 상향(역방향)신호를 Main 및 Diversity 안테나로 수신하여 저잡음 증폭 후, 필터링 및 광 송수신부의 입력조건에 맞는 RF신호로 처리하여 광 송수신부로 전달한다. 광 송수신부는 이 신호를 선형성이 높은 레이저 다이오드에 직접 커플링하여 전광(電光)변환한 후, 주장비(MHU)로 송신한다. 원격부는 아래의 그림과 같이 광 송수신부, RF 신호처리부, 송신부, 수신부, 감시제어부 등 크게 5가지 부분으로 나누어진다.

그림 4.52 (b)와 같이 TDD방식에서는 정확한 송수신 기능을 구현하기 위해 엄격한 상 하향경로 절체가 필요하다. TDD 동기신호는 주장비가 기지국으로부터 받아서 원격부로 보내는 방법과 원격부의 순방향신호를 분석하여 상향/하향 동기신호를 만들어내는 두 가지 방식을 사용한다. RF Switch는 하향링크의 송신부 최종출력단에 위치하여 상향링크 시간동안 하향신호나 잡음레벨이 누설되지 않도록 방지하고, 역방향 경로의 수신부 초기 입력 단에 위치하여 하향링크 시간동안 송신되는 고출력신호의 반사파가 역방향 경로에 인입되는 것을 방지한다. 또한 역방향의 경우에는 주장비를 통하여 기지국에 직접 접속되므로 하향링크 시간 동안 어떠한 잡음도 주장비로 전달되지 않도록 원격부의 역방향 최종 단에 다시 RF Switch를 장착하여 누설을 방지한다.

위와 같은 방식으로 아날로그 광 중계기가 구성되기 때문에 상향 및 하향경로의 신호 및 광 신호에 실리는 신호도 모두 RF 또는 IF의 아날로그 신호이다. 아날로그 광 중계기는 디지털 광 중계기나 다른 종류의 광 중계기에 비해 가격이 저렴하고 설계가 간단한 반면, 원격부 추가에 의한 망 구성이 유연하지 않은 단점을 가지고 있다. 또한 광 선로 손실에 따라 전송되는 신호의 신호대잡음비 영향을 받게 되어 가능한 광 선로 손실을 최소화하여야 한다. 또한 TDD방식인 경우에는 동기신호 전달 및 광 선로 시간지연 차의 등화 및 보상기능 등을 구현하기 어려운 점이 있다.

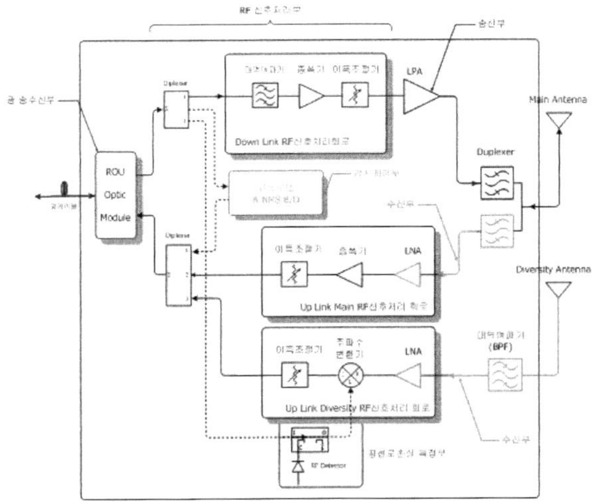

(a) FDD방식 아날로그 광 중계기 원격부 구성도

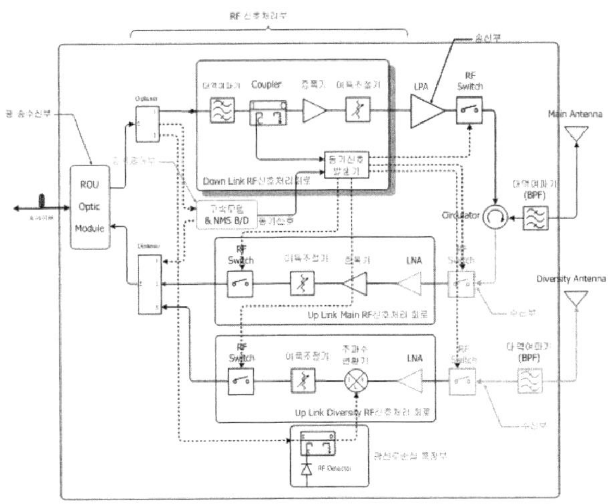

(b) TDD방식 아날로그 광 중계기 원격부 구성도

[그림 4.52 아날로그 광 중계기 원격부 구성도]

4.7 디지털 광 링크 중계방식

디지털 광 중계기는 원거리 전송 및 유연한 광 중계기 망 구성을 유지할 수 있도록 하기 위하여 고안되었다. 이 중계기방식은 음성 또는 데이터 정보가 실려있는 RF신호를 표본화(sampling) 가능한 IF신호로 주파수 변환한 후, 이 신호의 복원이 가능한 적당한 비트수의 아날로그-디지털 변환(AD변환)을 한다. 변환된 디지털 신호를 필터링 등의 실시간 연산을 수행하여 내부에서 높은 클럭주파수에 맞는 속도로 프레임을 만들고 이 프레임을 클럭신호와 함께 전송 가능한 최대속도(예를 들어 2.5Gbps)로 송신을 하게 된다. 송신 데이터 속에는 AD변환된 디지털 데이터 이외에 전송을 위한 오버헤드 프레임, 기준신호 클럭 및 중계기 감시/제어를 위한 NMS 데이터도 함께 다중화되어 전송되게 된다. 디지털 광 전송에 의한 중계기능은 IF신호를 12bit 이상의 높은 정밀도의 AD변환기로 디지털 변환하여 전송하기 때문에 광 손실에 따라 SNR이 영향을 받는 아날로그 광 중계기와는 달리 광 선로 상에서 아무리 많은 전송손실이 발생하더라도 전송손실에 관계없이 동일한 디지털 신호를 DA변환기로 복원하기 때문에, 전송 후에 복원되는 IF신호의 신호대잡음비는 광 손실에 무관하게 동일한 값을 유지할 수 있는 장점을 가지고 있다. 또한 디지털 광 전송을 이용하기 때문에 최대 전송속도 안에 다른 섹터 데이터 또는 망 관리 데이터를 다중화하여 전송하면 각 원격부에서는 필요한 프레임만 복원하여 사용할 수 있으므로 원격부의 서비스 기능이 더욱 다양해 질 수 있다. 또한 광 선로 손실에 무관한 디지털 전송방식을 사용하므로 원격부의 망 구성이 한결 유연해 질 수 있다는 특성을 가지고 있다.

4.7.1 아날로그-디지털 변환기술

4.7.1.1 고속 표본화의 기초

이동통신 신호는 연속시간 신호를 가지고 있으므로 이 신호를 이산시간 시스템에 적용하기 위해 연속신호에 대한 표본화(Sampling)가 필요하게 되므로 먼저 물리적 표본기의 한 형태인 AD 변환기(Analog-Digital Converter)에 대해 살펴볼 필요가 있다. 연속 시간 신호에 대한 샘플링(표본화)은 디지털 광 중계기의 중요한 기술 중 하나이다. 디지털 통신 시스템 및 전송시스템을 설계하기 위해서는 이 연속 시간 신호에 대한 샘플링 과정의 이해가 요구된다. 연속시간 신호 $f(t)$를 생각해 보면 지정된 시간간격으로 $f(t)$값을 취하여 그 순서대로 값을 생성하는 것을 샘플링이라 하며, $f(t_1), f(t_2), f(t_3), \cdots$. 등을 생성하여 순서대로 디지털 데이터로 출력되며 t_m은 샘플링이 일어나는 시간들이다. 아래의 그림과 같이 AD변환기(아날로그-디지털 변환기)는 컨트롤러가 펄스형태의 제어신호를 보냄으로써 샘플링 연산이 진행된다. 입력신호 $f(t)$는 펄스가 도착하는 순간인 t_m에서 표본화가 이루어지며, 그 표본 값은 이진수로 양자화되어 출력된다.[40]

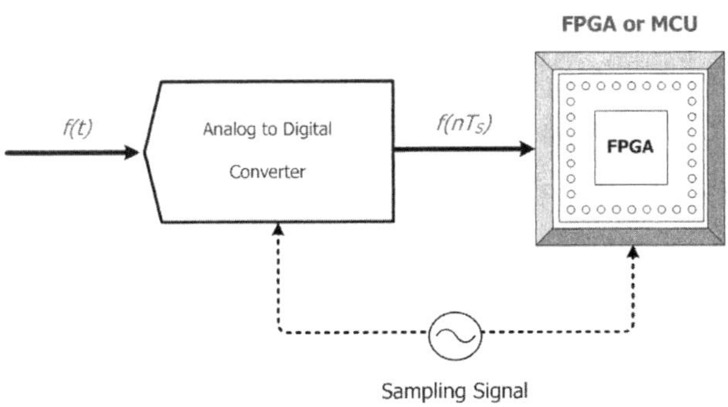

[그림 4.53 아날로그-디지털 변환기]

이 아날로그 신호의 양자화 과정은 임펄스 샘플링 연산에 의해 이루어지며 여기서 반송신호(Carrier Signal) $\delta_T(t)$는 다음과 같이 임펄스 함수의 열로 정의된다.

$$\delta_T(t)=\sum_{n=-\infty}^{\infty}\delta(t-nT_s) \tag{4.8}$$

그러므로 $f_s(t)$로 표기된 샘플링 출력은 다음과 같은 식으로 나타내진다.

$$f_s(t)=f(t)\times\delta_T(t)=f(t)\sum_{n=-\infty}^{\infty}\delta(t-nT_s)=f(nT_s)\sum_{n=-\infty}^{\infty}\delta(t-nT_s) \tag{4.9}$$

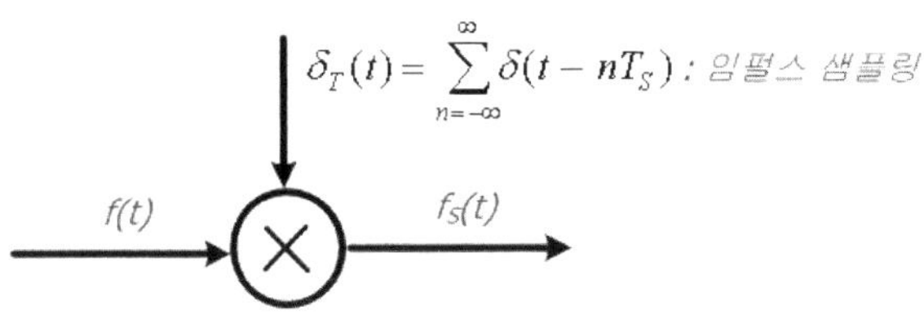

[그림 4.54 임펄스 샘플링]

아래의 샘플데이터 신호의 생성에 대한 그림에서도 알 수 있듯이 표본화된 신호 $f_s(t)$에서 그 임펄스들의 높이는 임펄스가 일어나는 순간에서의 $f(t)$ 값에 의해서 결정된다. 이렇게 표본화된 $f_s(t)$는 연속 시간 물리적 신호에 대한 정확한 모델이 아니지만 수학적인 샘플링 연산을 통하여 임펄스 열의 가중치로서 희망하는 표본 값 $f(nT_s)$를 정확히 얻을 수 있다는 것이다. 실제로 물리적인 시스템에서 $f(t)$를 100% 재현하지 못하더라도 수많은 샘플링 신호 $f_s(t)$를 얻어 적분을 취하면 연속 시간 신호에 매우 근사한 신호 복

원이 가능하다. 위의 샘플링 연산의 특성을 조사하기 위하여 $f_s(t)$의 퓨리에 변환을 구해보면,

$$\delta_T(t)=\sum_{n=-\infty}^{\infty}\delta(t-nT_s)\xleftrightarrow{\bar{Q}}\omega_s\sum_{k=-\infty}^{\infty}\delta(\omega-k\omega_s) \tag{4.10}$$

여기서 $\omega_s=2\pi/T_s$ 는 표본 주파수(Sampling frequency)이며, Hertz 단위의 표본 주파수는 $f_s=1/T_s$ 로 주어지며 $\omega_s=2\pi f_s$ 가 된다.

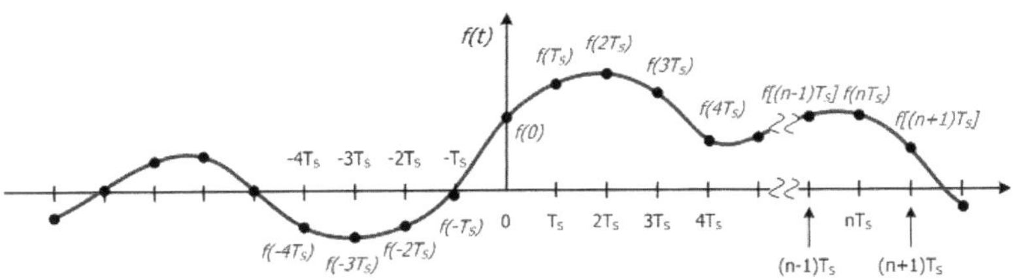

(a) 연속 시간 신호 $f(t)$

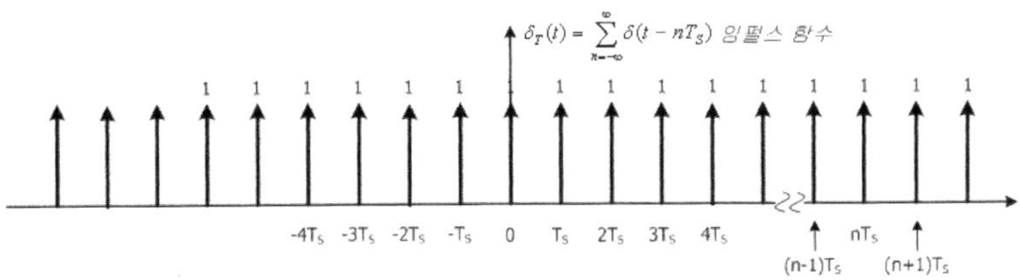

(b) 임펄스 신호함수 $\delta_T(t)$

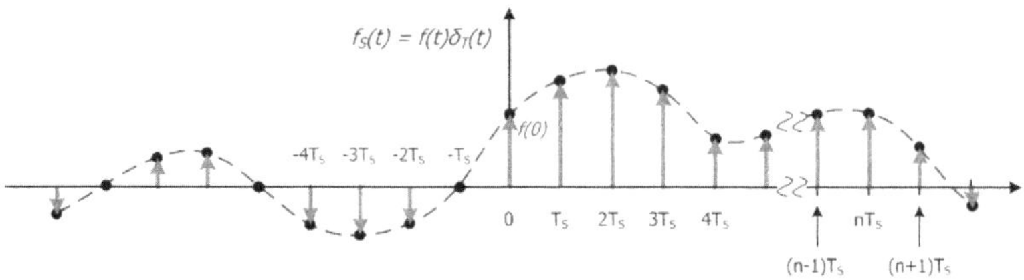

(c) 이산 샘플링 신호 $f_S(t)$

[그림 4.55 샘플링 데이터의 생성과정]

시간영역의 임펄스함수에 대한 퓨리에 변환은 주파수영역에서는 임펄스 함수로 나타나지 않는다. 그러나 임의의 주기신호에 대한 퓨리에 변환이 주파수 영역에서는 임펄스들의 열인 것처럼, 시간영역에서의 주기적 임펄스 함수의 열은 주파수 영역에서도 역시 임펄스 함수의 열이 된다. 퓨리에 변환의 성질에 의해 시간영역에서의 곱은 주파수 영역에서의 컨볼루션이 된다. 그러므로 식 (4.8), (4.9)와 (4.10)의 식을 이용하여 아래와 같이 표현할 수 있다.

$$F_s(\omega)=\frac{1}{2\pi}F(\omega)^*\left[\omega_s\sum_{k=-\infty}^{\infty}\delta(\omega-k\omega_s)\right]=\frac{1}{T_s}\sum_{k=-\infty}^{\infty}F(\omega)^*\delta(\omega-k\omega_s) \tag{4.11}$$

여기서 $F(\omega)^*\delta(\omega-K\omega_s)=F(\omega-K\omega_s)$ 이므로 위의 (4.11)식은 아래와 같이 단순화 된다.

$$F_s(\omega)=\frac{1}{T_s}\sum_{k=-\infty}^{\infty}F(\omega-k\omega_s) \tag{4.12}$$

이제 샘플링 연산에 대한 주파수 영역의 특성이 이 결과로부터 유도된

다. 우선 신호 $f(t)$의 주파수 스펙트럼이 대역 제한되어 $|\omega| > \omega_B$의 범위에서 $F_{(\omega)}=0$이라고 하면 $F_{(\omega)}$의 최대 주파수가 표본 주파수의 반보다 작게, 즉 $\omega_B < \omega_S/2$로 가정하면, 식 (4.12)로부터 $f(t)$의 샘플링 효과가 $k_{\omega S}$ 주파수에서 $F_{(\omega)}$의 주파수 스펙트럼을 복사하는 것임을 알 수 있다. 이 결과가 아래의 그림(a)의 신호에 대하여 그림(b)에 설명되어 있다. 이러한 경우에는 이상적인 저역통과필터를 사용하여 신호의 샘플들로부터 신호 $f(t)$를 정확히 복원할 수 있다. 이와 같이 신호의 샘플들로부터의 신호복원을 데이터 재생(data reconstruction)이라 한다. 주파수 $\omega_S/2$를 니퀴스트(Nyquist) 주파수라고 하며, 샘플링을 위한 필요조건 중 하나가 표본주파수는 를 만족되도록 선택되어야 한다. 여기서 ω_M은 표본대상 주파수 스팩트럼에서 가장 높은 주파수를 의미한다.[41]

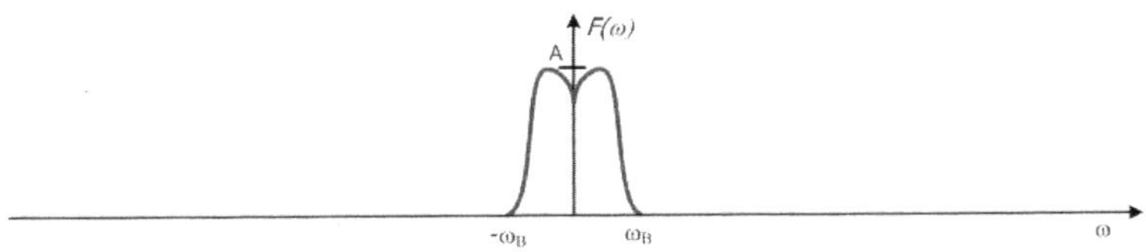

(a) 연속 시간 신호의 퓨리에 변환 $F(\omega)$

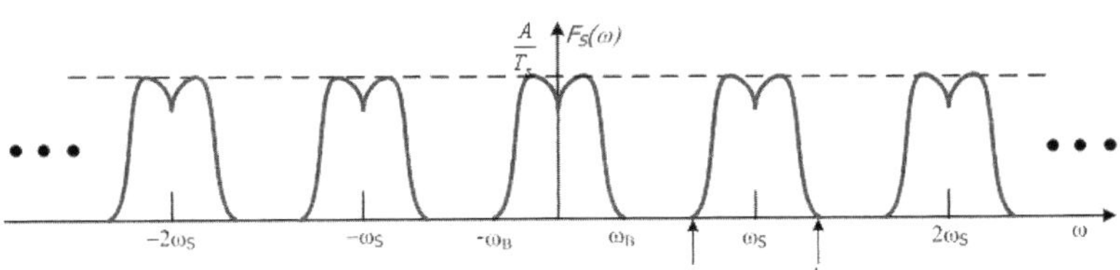

(b) 샘플링 신호의 푸리에 변환 $F_S(\omega)$

[그림 4.56 샘플데이터 신호의 주파수 스펙트럼]

표본화 과정은 주파수 또는 시간영역에서 살펴볼 수 있는데 주파수영역에서 분석하는 것이 좀 더 이해하기 쉬울 것이다. 이상적인 임펄스 표본기에 의해 샘플링 주파수 f_s에서 표본화되는 한 개의 sine wave 주파수 f_a를 생각해 보자. f_a보다 두 배 큰 샘플링 주파수 f_s로 표본화하면 표본기의 주파수영역 출력신호는 샘플링 주파수 f_s의 각 배수 주위에 원래 신호에 대한 이미지(image)신호가 나타나고 그 주파수는 다음과 같다.

$$|\pm Kf_s \pm f_a| \qquad (K=1,2,3,4\Lambda) \tag{4.13}$$

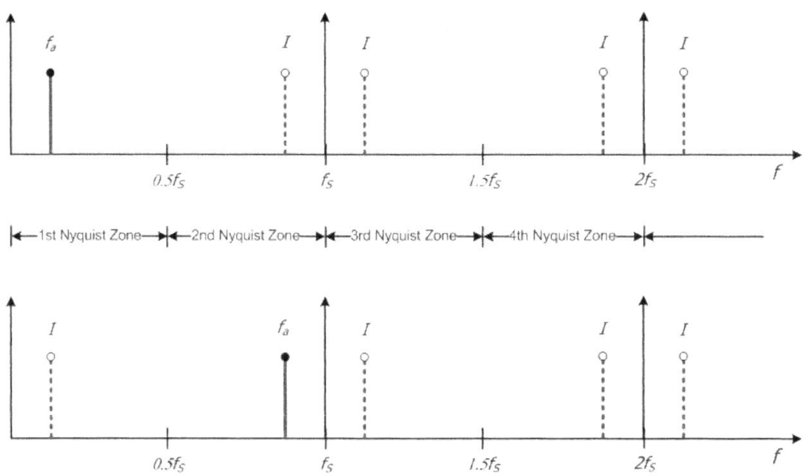

[그림 4.57 f_s에 의해 표본화된 아날로그 신호 fA의 IMAGE신호 위치]

위에서 언급하였듯이 니퀴스트 대역폭은 DC에서 $1/2fs$까지의 주파수 스팩트럼으로 정의한다. 그 주파수 스팩트럼은 그림처럼 $0.5f_s$의 대역폭을 가진 무수히 많은 수의 나퀴스트 영역으로 나누어진다. 실제로 이상적인 표본기는 FFT processing에 따르는 AD변환에 의해 대체된다. FFT processor는 오직 DC에서 $f_s/2$까지의 출력, 즉 첫 번째 나퀴스트 존에서 나타나는 신호 또는 aliases를 제공한다.

4.7.1.2 AD변환의 왜곡과 잡음

지금까지는 AD변환을 위한 샘플링 과정에 대하여 알아보았고, 이제 샘플링에 의해 AD변환을 수행하면서 발생되는 왜곡과 잡음에 대하여 알아보고 이 영향에 의한 SNR 범위에 대하여 알아보자. AD변환은 아날로그 신호의 샘플링에 대한 디지털 양자화 과정이라 할 수 있다. AD변환은 한 양자 당의 전압으로 표시되는 최소 step 크기를 갖는다. 즉 한 비트의 AD변환은 2가지 상태를 표현할 수 있고, 2비트의 AD변환은 4가지 상태를, 3비트의 AD변환은 8가지의 상태를, 그리고 N비트의 AD변환은 2^N가지의 상태를 디지털 비트로 표시할 수 있다. 그래서 AD변환의 표현 가능한 최대 전압은 $2^N \times q$ (q=단위양자 전압 : Quanta Voltage)으로 표시된다. 그러므로 최대 AD변환 출력값은 다음과 같다.

$$V_{RMS} = 2^N q / 2\sqrt{2} \tag{4.14}$$

AD변환을 할 때, 양자잡음에 의한 에러가 발생하게 되는데, 이 양자잡음은 $q/2$에서 $-q/2$사이에 분포된다. 그러므로 q(하나의 quanta)에 걸친 에러(ζ)의 확률밀도 $P(\zeta)$는 $1/q$이 된다. 그러므로 mean square 양자화

에러는 다음과 같은 식으로 표현된다.

$$V^2_{QRMS} = \int_{\zeta=-q/2}^{\zeta=q/2} \zeta^2 P(\zeta) d\zeta = \int_{\zeta=-q/2}^{\zeta=q/2} \zeta^2 \frac{1}{q} d\zeta = \frac{q^2}{12} \tag{4.15}$$

$$\therefore V_{QRMS} = \frac{q}{\sqrt{12}} = 0.288q \tag{4.16}$$

이 잡음은 니퀴스트 대역 전체에 걸쳐 분포되어 신호에 작은 영향을 준다. 하지만 이 잡음은 낮은 레벨의 신호에 대해서는 적지 않은 신호대잡음비 열화를 가지게 되므로 시스템 잡음레벨이 이 양자잡음보다 큰 경우에는 시스템 잡음지수는 증가하지 않겠지만, 시스템 잡음레벨이 양자잡음과 가까우면 시스템 잡음지수를 열화 시키게 되어 낮은 레벨의 신호를 AD변환할 수 없게 된다. 잡음레벨이 $V_{NRMS}=\sqrt{2}q$ 인 시스템의 양자잡음레벨과의 비를 계산하면,

$$\left.\frac{Setted\ \ Noise\ \ Level}{Quantization\ Error}\right|_{dB} = 20\log\left[\frac{\sqrt{2}q}{\frac{q}{\sqrt{12}}}\right] = 20\log(\sqrt{24}) = 13.8dB$$ 이 된다.

또한 최대 선형 AD변환 레벨과 잡음레벨 V_{NRMS}와의 비를 구하면 아래와 같다.

$$\left.\frac{Maximum\ ADC\ Level}{Setted\ \ Noise\ \ Level}\right|_{dB} = 20\log\left[\frac{\frac{2^N q}{2\sqrt{2}}}{\sqrt{2}q}\right] = 20\log 2^{N-2} = (N-2)20\log 2 = 6.02(N-2)dB$$

그래서 위의 각 레벨 범위를 그림으로 나타내면 아래 그림과 같다.[15]

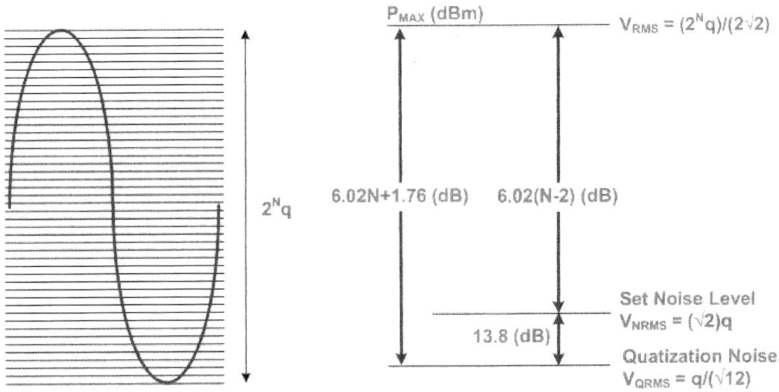

(a) N-bit Quantization (b) N-bit AD변환 Dynamic

[그림 4.58 아날로그-디지털 변환시의 동작범위]

4.7.2 디지털 광 중계기의 전송링크 설명

우선 디지털 광 중계기 순방향 링크에 대해 알아보면, 기지국으로부터 입력된 RF 또는 IF신호는 AD변환이 가능한 IF신호 주파수로 주파수 하향 변환을 하여 적당한 레벨을 갖도록 조절되고, 이렇게 조절된 각 섹터 IF신호가 해당하는 AD변환기로 입력되면 AD변환기는 비트형태로 변환된 디지털 신호들이 샘플링 시간 간격마다 출력된다. 다중화된 정보를 가진 순방향 링크 신호의 진폭과 위상을 복원하여 이 신호데이터의 정보를 해치지 않는 AD변환 비트 수는 일반적으로 60dBc이상의 SNR을 재현할 수 있는 12비트 성능 이상의 높은 정밀도를 가져야 하고 DA변환 비트 수는 AD변환 비트 수보다 더 정밀한 비트 수를 가져야 IF신호 복원이 가능하다. AD변환된 해당 비트들의 디지털신호는 FPGA 입력포트로 입력되어 각 섹터마다의 데이터들을 디지털 필터링하여 샘플링 된 신호들의 차수에 포함된 이미지 신호들을 모두 제거한 후, 필요한 디지털 연산을 거쳐 3개의 섹터 신호가 다중화 된다. 다중화 된 디지털 신호들 속에는 3개의 섹터 IF신호에 대한 AD데이터뿐만 아니라 원격부의 국부발진기(Local Oscillator), AD변환기, FPGA, Framer등을 구동시키는데 사용되는 기준신호(Reference Clock)도 디지털 다중화하여 보내진다. 이 뿐만 아니라 주장비에서 원격부로 송신하는 원격감시 및 제어데이터들도 이 다중화 신호 안에 포함된다. 다중화된 신호는 고속의 디지털 전송을 위하여 프레임 단위를 형성하게 되는데 이것을 프레이밍(Framing)이라 하고, 프레이밍된 신호 데이터들은 고속 디지털 광 송신기를 통해 전광(電光)변환되어 광케이블을 통하여 원격부로 송신된다. 원격부(ROU)에서는 광 케이블을 통해 입력되는 고속의 광 신호 중 순방향 광파장($\lambda 1$)의 신호만을 WDM을 통해 필터링한 후, 광 수신기의 포토다이오드를 이용하여 광전(光電)변환시켜 디지털 신호만을 뽑아낸다. 이 신호는 디지털 전송을 위해 형성된 프레임에서 실제의 데이터만을 추출하는 De-framing기능을 수행하고 디지털 데이터를 FPGA에 전달한다.

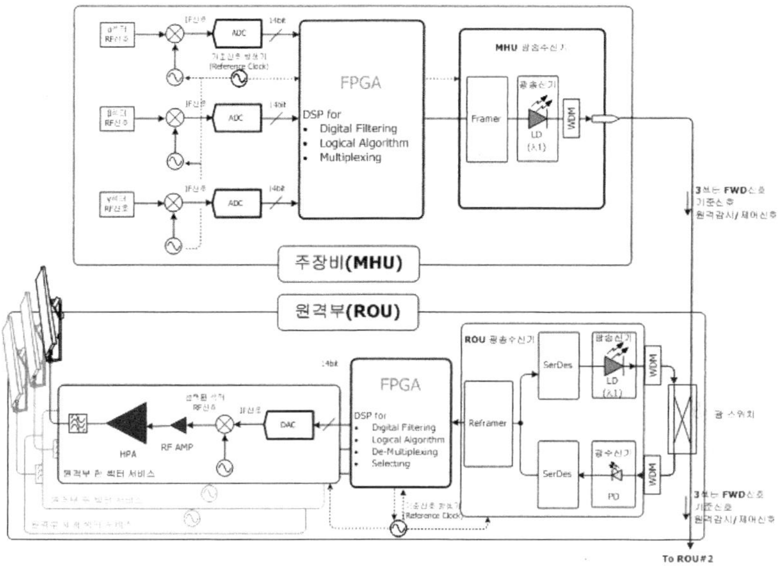

[그림 4.59 디지털 광 중계기 순방향 링크 구성도]

FPGA에서는 입력되는 다중화 된 디지털 신호들을 역 다중화하여 각 부류의 신호로 분류하고 원격부에서 필요한 섹터 신호를 복원하는데 필요한 신호만을 선택하여 필요한 기능의 디지털 신호처리(Digital Signal Processing)를 수행한다. 또한 FPGA는 주장비(MHU)로부터 보내 온 기준신호(Reference Clock)를 복원하여 AD변환기, De-framer, SerDes, DA변환기 등에 필요한 동기신호를 각 모듈로 공급한다. FPGA의 DSP를 거쳐 출력된 디지털신호는 DA변환기로 입력되고, DA변환기는 공급되는 샘플링 주파수 간격마다 아날로그 IF신호를 복원시켜 준다. 주장비(MHU)의 AD변환기에 입력된 IF신호는 연속시간 신호인 반면, 원격부(ROU) DA변환기에서 출력되는 IF신호는 이산 샘플링 신호라는 차이가 있지만 이 샘플링 되었던 IF신호는 음성 또는 데이터 복원에 문제가 없을 정도의 시간간격으로 샘플링 된 신호라는 것을 생각할 때에 연속 시간 신호라 보아도 무방하다. 이 IF신호는 다시 국부발진 주파수로 주파수 상향 변환되어 서비스대역의 RF신호로 복원되고 고출력 증폭기로 실효출력까지 증폭되어 안테나로 송신되게 된다. 디지털 광 중계기의 전송속도와 전송하려는 주파수 대역폭에 따라 차이가 있지만 주장비(MHU)에서 전송속도가 허락하는 프레임 안에 3가지 섹터신호를 전송할 수도 있다. 3가지 섹터의 디지털 신호를 모두 받을 수 있는 원격부는 최대 3섹터 신호를 이용한 서비스가 가능하다.

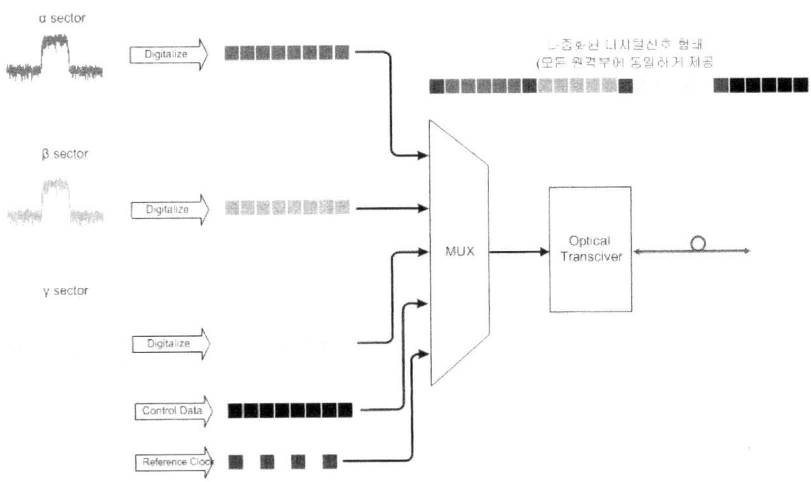

(a) 주장비에서의 순방향신호 다중화

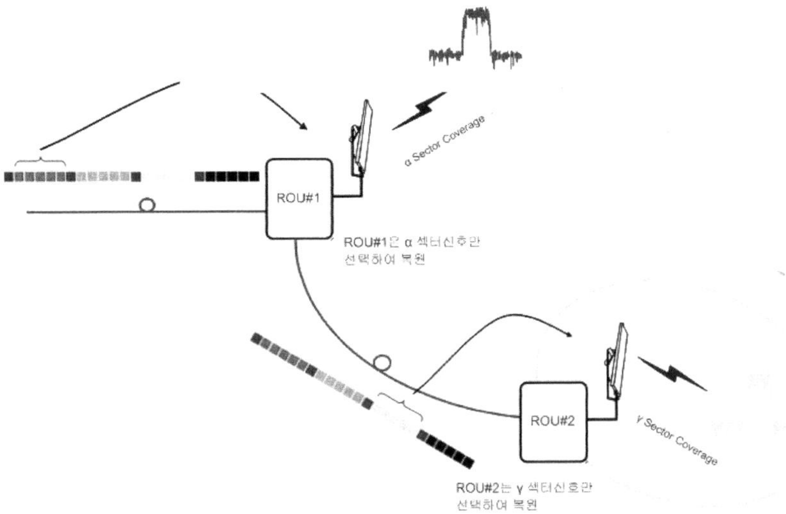

(b) 원격부에서의 순방향신호 선택

[그림 4.60 순방향 디지털 다중화 신호전송]

즉 그림 4.61의 망 구성도에 나와 있듯이 원격부의 IF/RF 변환부와 전치단(Front-End 부)만 추가하면 원격부에서 또 하나의 섹터를 서비스 할 수 있다. 여기서 원격부에 입력되는 광 신호는 광 스위치를 통하여 원격부로 입력되게 되는데, 원격부가 정상동작을 할 때에는 직렬-병렬 변환모듈(SerDes)에 의해 Deserialize되어 두 방향으로 분기되는데 한 방향은 원격부로 입력되고 다른 한 방향은 다시 직렬-병렬변환모듈(SerDes)에서 직렬 데이터화(Serialize)되어 하위 원격부로 재전송된다. 즉 원격부에 입력되는 신호데이터들은 Copy되어 De-framer에 입력되고, 이와 동일한 신호들도 하위의 원격부들이 사용할 수 있도록 다시 전광(電光)변환되어 하위 원격부로 재전송 되는 것이다. 만약 원격부(ROU)의 광 송수신기가 정상동작을 하지 않을 때에는 광 송수신기 안에 포함된 다중화 기능등이 재 구실을 못하게 되어 원격부를 거쳐서 나오는 광 신호의 흐름이 끊기게 되어 하위 원격부들과의 디지털전송이 단절되게 된다. 이러한 문제점을 방지하기 위하여 광 신호의 흐름이 광 스위치가 열려서 정상동작 하지 않는 원격부를 건너뛰어 하위 원격부로 디지털 광 전송을 할 수 있는 역할을 하는데 이 기능을 Node Isolation이라 하고, 상위의 원격부에 문제가 발생하더라도 하위에 위치한 원격부들의 신호전송에는 영향을 미치지 않도록 하기 위한 것이다.

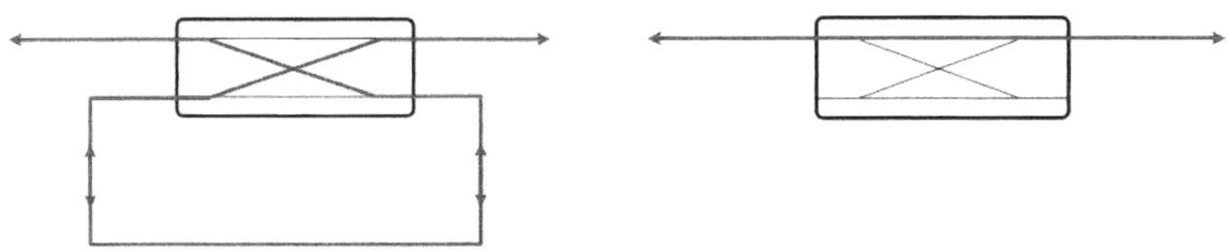

(a) 광 스위치가 닫힌 상태의 신호흐름　　(b) 광 스위치가 열린 상태의 신호흐름

[그림 4.61 광 스위치를 이용한 NODE ISOLATION]

4.7.3 디지털 광 중계기의 역방향 링크 설명

알다시피 중계기의 역방향 링크는 순방향 링크와는 달리 다중접속의 개념을 가지고 있다. 이것은 링크된 원격부의 수가 많은 경우에 그 의미가 더욱 명확해진다. 순방향 링크인 경우에는 링크된 원격부의 수가 많아지더라도 주장비에서 전송하는 순방향 신호데이터는 모든 원격부에서 사용할 수 있는 신호 데이터를 다중화하여 동일하게 송신하게 되는데, 원격부에서는

수신되는 순방향의 다중화 된 디지털 신호 프레임 중 필요한 데이터 프레임만 선택하여 신호처리 함으로써 원격부의 역할을 수행하도록 한다. 하지만 역방향 링크에서는 한 섹터에 링크되어 있는 모든 원격부의 AD신호 데이터들은 주장비(MHU)의 역방향 출력단(기지국 역방향 입력단)이전에서 서로 합쳐져야 한다. 물론 주장비의 DA변환기에서 복원되는 각 원격부의 아날로그 IF신호들을 합치는 방법도 있지만 이 방식에서는 각 원격부의 역방향 링크들을 모두 분리해야 하는 복잡한 문제점들이 나타난다. 그러므로 디지털 광 중계기인 경우에 동일한 섹터의 디지털 신호들은 디지털 결합을 하여 전송하는 방법을 사용한다. 이 방법은 디지털적으로 벡터 합을 취하여 두 가지 디지털신호 성분을 하나의 신호로 결합하므로 전송 데이터 량이 증가되지 않을 뿐 아니라 아날로그 신호의 결합과 동일한 결합효과를 가진다. 이렇게 되면 원격부의 동일한 섹터신호들은 모두 결합되어서 주장비의 디지털 보드의 FPGA에서 출력되는 신호는 디지털 결합된 원격부들의 역방향 신호들이 되고, 이 신호들을 DA변환기에 입력시키면 IF신호를 얻게 되어 기지국과 연결되게 된다.

대부분의 광 중계기는 높은 송신출력을 가진 순방향 커버리지와 견줄 수 있는 역방향 커버리지를 얻기 위하여 수신 다이버시티 기능을 사용하게 되는데 이 링크경로는 역방향 주 경로(Main Path)와 결합되지 않고 기지국에 연결되어야 하므로 다이버시티 경로를 전송하기 위해 또 하나의 역방향 디지털 전송 프레임이 필요하다. 역방향 신호는 최대 60dB의 SNR을 가진 신호를 디지털화 시킬 수 있도록 12bit의 AD변환을 해 주면 변환시의 신호의 선형성을 유지할 수 있어 신호의 왜곡 없이 디지털 신호로 변환될 수 있다. 아날로그 광 중계기에서도 언급했듯이 역방향은 원격부의 개수에 의해 잡음레벨이 상승하게 되는데 이 현상은 디지털 광 중계기에서도 피할 수 없는 자연현상이다. 링크된 원격부의 개수에 의해 증가되는 잡음레벨은 기지국 수신감도를 해칠 뿐만 아니라 광 중계기 원격부의 수신감도도 같이 열화 되어 중계기의 뛰어난 수신성능에도 불구하고 상승된 잡음레벨로 인한 수신감도 열화를 가져오게 되어 역방향 커버리지는 줄어들게 된다. 역방향 커버리지의 열화현상은 아날로그 광 중계기와 동일한 결과를 가져오므로 뒤에 논의될 이동통신 중계기의 역방향 동작점 분석 내용을 참조하기 바란다.

4.7.4 링크된 광 선로 거리측정 및 시간지연 동일화 방법

이동통신 신호는 MHU와 다수의 ROU를 연결하는 광 선로의 길이 차에 따른 시간지연 차를 겪게 된다. 시간지연 차가 커지면 커질수록 신호의 시간지연 스프레딩이 발생하여 통화품질을 해칠 수 있다. 그러므로 각 원격부마다 차이를 보이는 시간지연을 동일하게 조정하기 위하여 모든 원격부까지의 시간지연을 측정하여 가장 시간지연이 큰 원격부를 기준으로 상대적으로 시간지연이 작은 원격부들이 시간지연 차이만큼 더 시간지연을 해줌으로써 링크된 원격부 전체의 신호전송에서 일어나는 시간지연을 동일하게 맞출 수 있다. 지연시간을 측정하는 방법은 아래 그림과 같다.

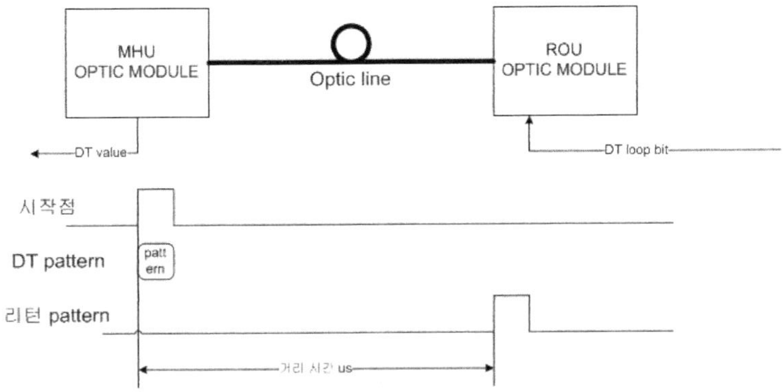

[그림 4.62 중계기 간 광 선로 지연시간 측정방법]

주장비에서 원격부로 통신채널을 통해 지연시간 측정명령을 내려 보내면 원격부에서는 특정 BIT를 이용하여 시간측정을 위한 loop를 설정한다. 주장비에서는 원격부의 loopback을 통해 신호를 되돌아 보낸 것을 판단하여 주장비의 광 전송부의 특정 register를 읽어 원격부 사이의 광 선로 지연시간을 측정할 수 있다. 지연시간은 왕복 시간을 나타내며 광 선로의 길이에 의한 지연시간은 왕복시간의 반(1/2)이 된다.

· 중계기간 거리에 의한 optic delay = 측정한 시간 / 2

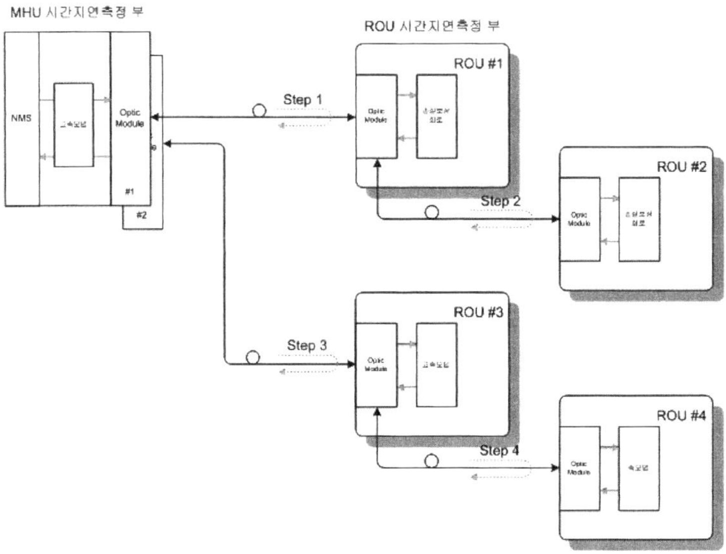

[그림 4.63 다수의 원격부에 연결된 광 선로 지연시간 측정방법]

이 기능의 목적은 각 광선로의 시간지연을 측정하여 가장 긴 광선로의 지연시간에 나머지 광선로의 지연시간을 동일하게 보상하도록 하는 기능을 가지며, 이 기능은 FDD방식인 경우에는 광선로 시간지연 차에 의한 핸드오프 문제를 극복할 수 있을 뿐만 아니라 TDD방식의 경우, 기지국의 Advanced Time과 광선로 Equalizing Delay사이의 편차만큼을 모든 ROU Delay Equalizer에서 보상하여 줌으로써 원격부의 송신신호를 광선로의 시간지연에 관계없이 기지국 송신시점과 동일한 시간에 송신할 수 있도록 신호의 흐름을 동일시 하는데 목적이 있다.

4.8 광 중계기 원격부의 직렬-병렬연결 망 구성

광 중계기에서 원격부를 직렬 또는 병렬로 연결하기 위해서는 여러 가지 고려해야 할 것들이 있다. 먼저 광 중계기 원격부에서 원격부로의 신호전달은 어떠한 방법으로 구현할 것인가 하는 것이다. 아날로그 광 중계기의 대표적인 방법 중의 하나는 광 커플러를 사용하여 각 원격부에 순방향 신호를 전달해 주고, 역방향 신호는 각 원격부마다 다른 파장을 이용하여 주장비(MHU)로 전달하여 주어 MHU에서 이득균형과 함께 같은 섹터를 사용하는 모든 원격부 신호를 결합하여 기지국으로 전달해 주는 방법이다. 이 방법은 광 커플러 수동소자를 사용하기 때문에 어느 원격부에 전원이 꺼져 있거나 문제점이 발생하더라도 그 하위에 있는 원격부들은 정상적으로 동작한다는 것이다. 그 외에 상위 원격부에서 광 수신기로 입력된 RF신호를 복원하여 이득 균형을 맞춘 다음 다시 광 송신기로 다음 원격부로 전송하는 방법인데, 이 방법의 경우에는 상위의 원격부 광 송수신기에 문제가 발생하면 그 하위 원격부들의 신호가 단절 되는 단점이 있어 원격부에 문제가 발생하면 광 스위치로 절체하여 하위의 원격부 신호를 주장비(MHU)로 전달하도록 하는 기능을 추가하여야 하므로 제조가격이 상승하는 단점이 있다. 이 밖에도 DWDM(Densed Wavelength Division Multiplexer)을 이용하여 각 원격부의 역방향 및 역방향 다이버시티 신호들을 각기 다른 파장으로 전송하여 주장비(MHU)에서 각 파장들을 분리하여 수신한 다음 이득균형을 맞추어 결합시켜 주는 방법도 있지만 DWDM과 파장이 다른 광 송수신기의 사용은 생산성을 떨어뜨릴 뿐만 아니라 가격 면에서도 고가의 제품이기 때문에 이러한 광 중계기 설계는 효과적인 광 중계기 설계라고 말하기는 어렵다.

디지털 광 중계기는 RF신호를 표본화 가능한 IF신호로 주파수 변환하여 아날로그-디지털변환(AD변환) 및 광 다중화 및 역 다중화가 어려운 과정이지 이 과정이 구현되면 아날로그 광 중계기보다 더욱 설계가 간단한 방식이다. Multi - Drop방식의 망 구성을 위해 원격부에 광 스위치 커플러를 장착하여 정상동작중인 경우, 순방향신호는 상위 원격부에서 디지털 신호로 복원되었다가 다시 광 신호로 변환되어 하위 원격부로 송신되는 방식을 사용하며, 역방향 신호는 하위 원격부에서 전송된 신호는 복원된 후, 상위 원격부의 역방향 MIAN 신호는 하위 원격부의 MAIN신호와 디지털 결합하고, Diversity 신호는 하위 원격부의 동일한 신호와 디지털 결합하여 주장비(MHU)로 전송된다. 상위 원격부의 전원이 꺼져 있거나 광 송수신기의 문제가 생기면 상위 원격부의 광 스위치가 열려 커플링 경로로 연결되어 문제가 발생한 원격부를 거치지 않고 직접 하위 원격부로 신호를 전달하여 같은 광 선로 망에 연결된 원격부들의 통신에 문제가 없도록 한다.

서비스 대역폭이 좁으면 디지털 광 중계기의 정해진 디지털 광 전송속도(예를 들어 2.5Gbps)를 충분히 사용하기 위하여 다른 섹터의 신호도 표본화하여 광 다중화를 통해 전송할 수 있어, 원격부에서는 원하는 섹터의 신호를 선택하여 서비스 해 줌으로써 트래픽 분산기능을 충분히 발휘할 수 있다. 하지만 대역폭이 넓은 경우에는 한 광 선로 가지(Branch)에 하나의 섹터 신호를 디지털 전송하는 것이 보편적인 예이다.

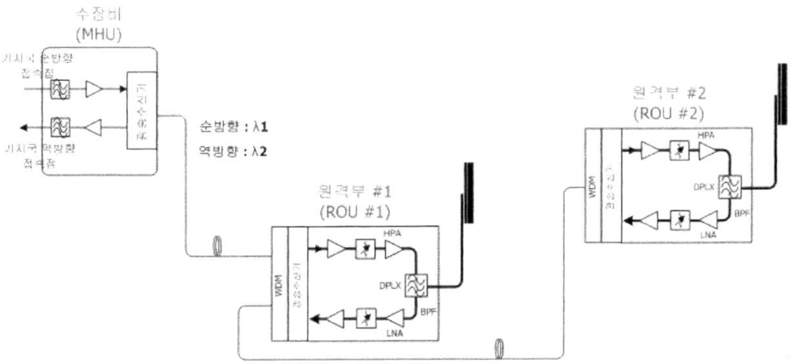

[그림 4.64 원격부를 직렬로 연결한 망 구성도(MULTI-DROP형 구성)]

광 중계기의 망 구성 중 원격부를 병렬로 연결하는 방법이 있는데, 이 방법을 STAR방식의 망 구성이라고 부른다. 이 구성을 위해서는 각 광 선로 가지마다 주장비에 광 송수신기가 독립적으로 설치되어야 하므로 가격 상승요인이 될 수도 있지만, 아날로그 광 중계기의 경우에는 이 광 송수신기를 추가 함으로써 광 선로마다 다른 섹터를 서비스할 수 있어서 호 분산에 매우 유익한 망 구성이라 할 수 있다. 물론 직렬연결에서도 원격부마다 다른 섹터 신호를 서비스 할 수 있는 방법도 있지만 아날로그 광 중계기에서는 광 선로에 서로 다른 파장으로 각 섹터신호를 전송하거나, 광 신호 안에 실리는 RF주파수를 섹터마다 달리 변환하여서 전송하여야 하므로 시스템이 더욱 복잡해지고 관리도 힘들어지는 단점이 있다. 이러한 망 구성에서도 주장비에 연결된 원격부들이 기지국의 한 섹터에 연결되는 경우에는 마찬가지로 원격부의 수만큼 합쳐진 잡음레벨이 증가하게 되는데, 증가된 잡음레벨은 기지국 수신감도를 해칠 뿐만 아니라 중계기 서로의 수신감도에도 민감한 영향을 주게 된다는 것은 이미 충분히 언급되었다.

대부분의 경우, 광 선로 유지비를 줄이고 유연한 망 구성을 위하여 위의 원격부 직렬/병렬 연결방식을 혼합하여 사용하게 되는데, 이렇게 유연한 망 구성에 적합하도록 광 중계기를 설계하는 것이 중요하다. 예를 들어 한 원격부를 어느 위치에 연결해도 동일한 성능과 기능을 수행할 수 있도록 주장비와 원격부를 설계하는 것이 필요하다.[16]

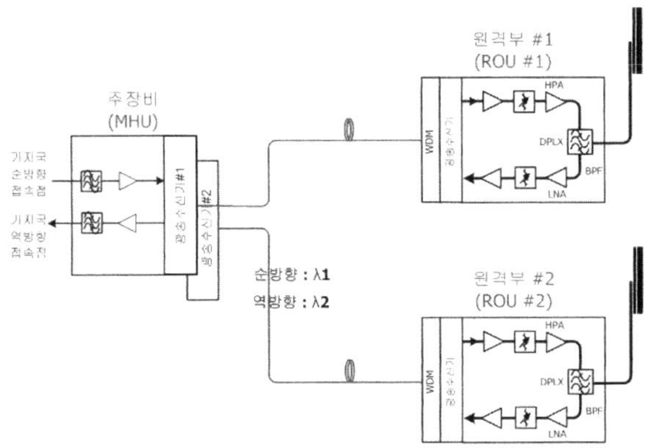

[그림 4.65 원격부를 병렬로 연결한 망 구성도(STAR형 망 구성)]

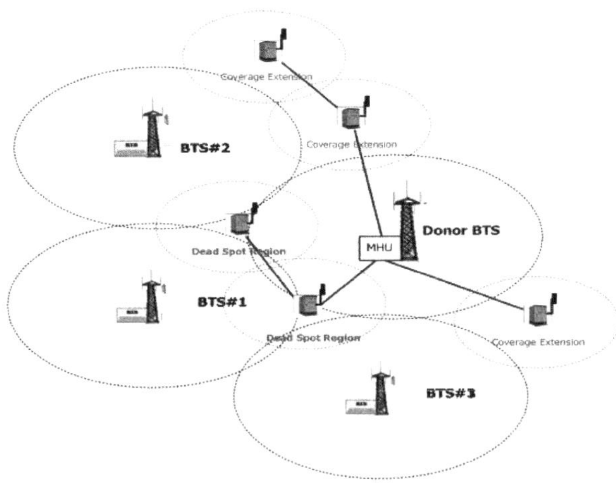

[그림 4.66 광 중계기 원격부를 직렬-병렬연결을 혼합한 망 구성도]

4.8.1 무선 레이저링크 중계방식

레이저 중계기는 자유공간 상에서 송수신할 수 있는 레이저 카메라를 이용하여 이동통신 신호나 정보가 포함된 신호를 원격부에 전송하고 원격부에서는 이 레이저 신호에서 RF신호를 복원하여 음영지역에 전달하는 방식이다. 이 레이저 카메라는 50~2,000m의 가시거리 안에서 50~200MHz 정도의 IF주파수를 500~700nm의 레이저 신호에 실어서 전송하며 마주보는 광 빔의 정확한 정열을 위해 자동추적 및 자동정열 기능이 내장되어 있어 Point to Point의 안정된 연결링크를 얻기 위해 사용한다.

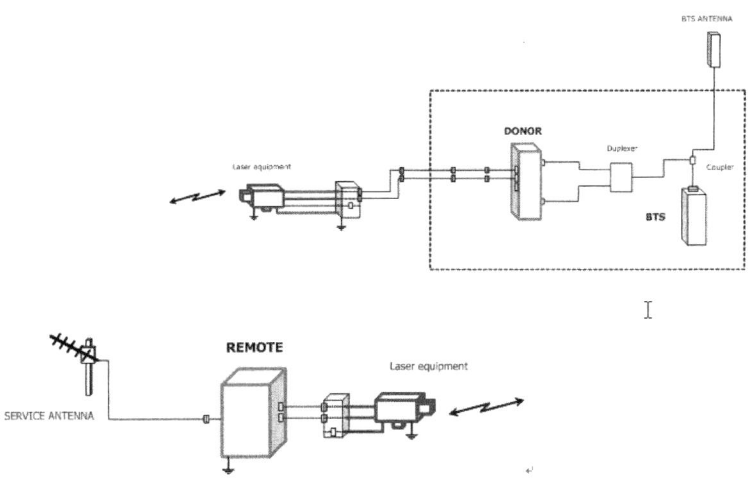

[그림 4.67 레이저 중계기 연결도]

레이저 카메라 안에 레이저 빔의 자동추적 및 조절장치가 내장되어 있으면 운용을 위해 많은 편리한 점이 있다. 레이저 카메라의 주파수대역의 일부 주파수를 이용하여 RF모뎀으로 원격부의 컨트롤러와 양방향 통신을 하여 서로의 상태를 원격으로 모니터 하고 원격 조절할 수 있는 장점이 있다. 레이저 중계기는 광 중계기의 광 송수신기 대신에 레이저 카메라를 이용하여 자유공간 상에서 링크할 수 있도록 구현한 시스템이다. 레이저 카메라는 레이저 모듈의 특성의 한계로 인하여 초고주파의 RF신호를 전송할 수 없어 레이저 카메라 송수신기가 전송할 수 있는 대역까지 주파수를 하향 변환하여 송신하고 수신 측에서는 이 IF신호를 수신하여 다시 원래의 RF신호로 복원 한 후, 고출력 증폭하여 안테나를 통해 음영지역으로 송신한다.

[그림 4.68 레이저 카메라 사진(캐논사의 레이저카메라)]

역방향 경로도 동일방식으로 수신되는 단말기 RF신호를 IF신호로 주파수 변환하여 레이저 카메라의 레이저와 함께 주장비로 전달하고 주장비에서는 수신된 IF신호를 다시 RF신호로 복원하여 기지국으로 전달해 준다. 레이저 카메라의 가격 경쟁력을 위하여 동일한 파장의 레이저를 편광기법을 이용하여 송수신 분리도를 얻도록 설계되어 있다.

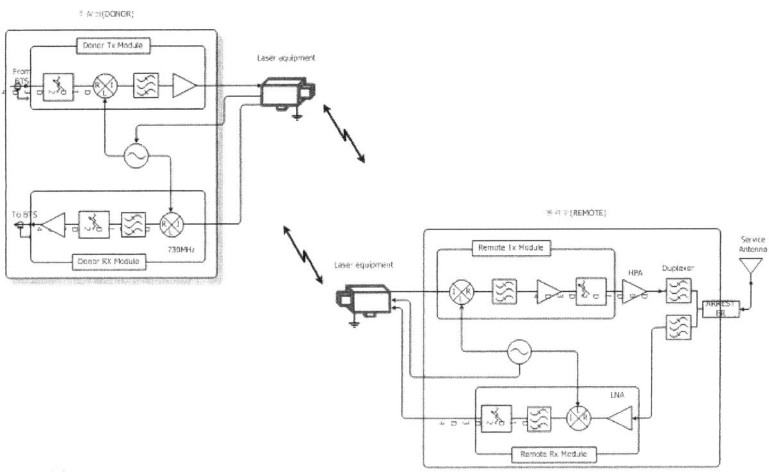

[그림 4.69 레이저 중계기 블록도]

이 중계기 장치는 주파수 하향 또는 상향변환 시에 주파수 안정도를 얻기 위하여 국부발진기의 PLL회로 클럭신호를 보내주어 주장비와 원격부의 국부발진기들이 서로 공유할 수 있도록 한다. 또한 링크경로는 레이저 신호를 사용하므로 안개, 비, 습도의 변화에 따라 레이저링크 사이의 경로 손실이 꾸준히 변화할 수 있으므로, 레이저 링크용 카메라 모듈 사이에 레이저 신호전력이 변동되는 것을 감지하여 자체 자동이득제어(AGC)기능이 작동하여 변하는 링크손실을 계속적으로 보상할 수 있도록 설계되어 있어야 안정된 링크경로를 유지할 수 있다. 이 레이저 중계장치는 초기 설치

비용을 줄일 수 있고, 작동을 위한 비용이 들지 않는다. 자유공간을 이용한 광 전송기능을 사용하므로 물리적으로 케이블을 사용할 수 없거나 빠른 설치 및 서비스가 필요할 때 유용하다. 레이저 중계기는 빌딩 고층 음영지역 서비스를 위해 서비스 안테나를 고층음영지역을 지향하여 송신하는 방식으로 많이 사용되고 있고, 실제로 일본의 경우, 빌딩내의 케이블 설치공사 없이 고층의 빌딩 내의 커버리지를 확보하기 위해 레이저 중계기를 많이 도입하여 사용한다.

제 5 장

기지국과 링크 최적화를 위한 중계기 동작점 분석

5.1 RF중계기의 링크분석

RF중계기인 경우에는 중계기지역의 RF신호는 기지국에서 중계기, 그리고 중계기에서 단말기까지 두 번의 무선경로를 거쳐야 한다. 또한 이동통신에서의 역방향 링크는 다중접속의 개념을 가지므로 중계기 커버리지에 있는 단말기 송신신호들을 이동통신 네트워크에 접속하기 위해 기지국 커버리지에 있는 단말기 송신신호들과 경쟁해야 하기 때문에 중계기 지역 단말기 신호가 기지국에 적절한 링크를 이룰 수 있도록 중계기의 동작점을 조정해 주어야 한다. 중계기의 이득을 너무 낮게 조정하면 중계기 지역의 단말기들이 기지국에 접속하기 어려워지고, 중계기의 이득을 너무 높여주면 중계기에 이득에 의한 잡음레벨이 기지국에 유입되어 기지국 주변의 단말기들의 신호대잡음비를 해치는 결과를 초래한다. 그러므로 다양한 무선환경 속에서 링크된 중계기의 알맞은 동작점을 찾지 못하면 중계기 또는 기지국 커버리지의 열화를 가져오게 되고, 이는 시스템 성능을 극대화 시키지 못하는 결과를 초래한다. 이러한 이유로 대표적인 중계기 형태인 RF중계기의 역방향 이득설정에 대해 신호대잡음비를 분석하면서 적절한 역방향 동작점을 찾는 방법을 알아 볼 필요가 있다.

앞의 내용에서도 언급했듯이 이동통신 단말기는 기지국에 다중접속 되면서 다른 단말기에게 주는 영향을 최소화 하기 위하여 전력제어(Power Control) 기능을 수행한다. 우리나라에서 상용화되고 있는 CDMA의 경우에도 단말기 수신신호의 세기와 Pilot신호의 정보를 분석하여 단말기의 초기 출력레벨을 결정하는 Open Loop 전력제어와 이후에 기지국과의 통신을 통해 적절한 통화품질을 유지할 수 있는 출력레벨로 단말기 송신신호 레벨을 제어하여, 단말기 서로에 대한 간섭영향을 최소화 하도록 Closed

Loop 전력제어 기능을 수행한다. 여기서 Close Loop 전력제어 기능은 기지국의 출력조절 메시지에 의해 단말기가 수동으로 조절되는 것이기 때문에, Closed Loop 전력제어에 대해서는 언급하지 않고 Open Loop 전력제어 기능을 이용한 역방향 분석에 대하여 설명하겠다.

5.1.1 전력제어

CDMA 방식을 비롯한 많은 이동통신 서비스에서 기지국 및 단말기의 전력제어(Power Control)는 채널용량에 직접적인 영향을 미치는 중요한 부분이므로 정교한 전력제어가 필수적으로 요구되는데, 실제로 전력제어의 주요목적은 사용자의 음질유지와 접속용량의 극대화, 그리고 단말기의 평균송신 전력을 줄이기 위함이다. 특히 CDMA 방식은 잡음레벨과 같은 간섭신호에 의하여 접속용량이 결정되고 음질에 절대적인 영향을 미치므로 전력제어가 매우 중요한 역할을 한다. 단말기의 송신전력은 다른 단말기 접속에 적지 않은 영향을 주고 음질 및 다중접속의 시스템용량을 결정하기 때문에 빠르고 정교하게 이루어져야 하는 반면 기지국의 전력제어는 상대적으로 그렇지 못하므로 느리게 진행된다.

전력제어에는 Open Loop 전력제어와 Closed Loop 전력제어가 있으며 이 중 Closed Loop전력제어는 기지국과 단말기 양쪽에서 같이 이루어진다. 단말기에서 수행하는 전력제어는 단말기의 수신신호 측정값을 환산해 송신출력을 제어하는 Open Loop 전력제어와 기지국의 명령에 의하여 제어하는 Closed Loop 전력제어를 병행해서 사용하는 반면 기지국의 전력제어는 Closed Loop 전력제어로만 이루어지며, 기지국의 Closed

Loop 전력제어는 단말기에서 측정한 Frame Error(FER : Frame Error Rate)의 보고 메시지를 이용한다.

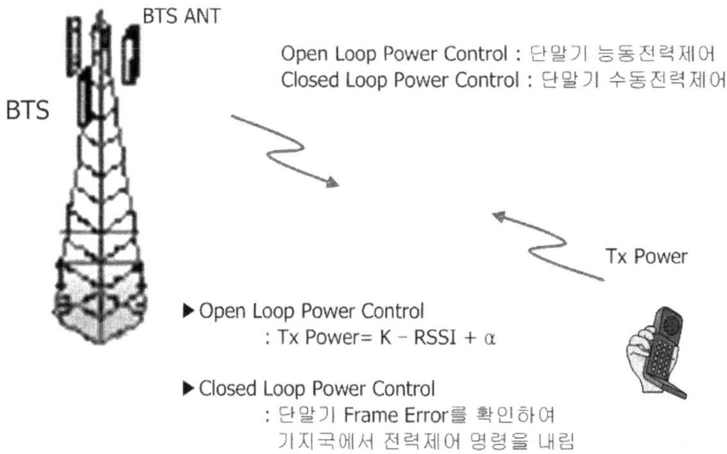

[그림 5.1 이동통신 단말기의 송신전력 제어방식]

Closed Loop 전력제어인 경우에는 기지국 및 단말기의 전력제어 명령을 위하여 Power measurement report message(PMRM)하는 메시지를 사용하는데 전력제어를 위한 특정조건이 되었을 때 전송한다. CDMA방식에서의 Closed Loop 전력제어는 통화상태에서 단말기에서 전송하는 신호의 1.25ms(6 modulation symbol) 동안의 전계강도를 기지국에서 측정하여 결정한다. 단말기의 전력제어를 위한 기준 값은 기지국으로부터 PMRM으로 전송되며 일반적으로 음성통화인 경우에는 기지국에서 측정되는 FER은 0.2%에서 3%까지를 권고하고 있다. 즉 단말기의 전력제어를 위한 기준점은 기지국에서 수신되는 FER값이 일반적으로 최대 3%가 발생될 때 행하여진다. 단말기의 전력제어를 정교하게 제어하려면 FER을 이용하는 것이 정확하지만, 이를 측정하려면 수백 개에서 수천 개의 프레임을 전송해야 하고 그 동안 단말기가 이동하여 무선구간 환경이 바뀔 수 있으므로 기지국은 단말기의 Power Control Group(PCG)에서 측정된 E_c/N_o값을 이용하여 단말기 전력제어를 빠르게 수행한다. 단말기는 Reverse Traffic Channel을 전송할 때 PCG(Power Control Group) 단위로 전송하여 기지국이 하나의 PCG에 대하여 E_c/N_o를 계산한다. 하나의 PCG는 1.25ms로 6개의 modulation symbol이 되어 이 정보를 이용하여 기지국은 단말기로 전력제어 명령을 끊임없이 내림으로 Closed Loop 전력제어를 수행하게 된다.[17]

5.1.2 단말기의 전력제어에 의한 무선 네트워크 접속

CDMA 네트워크와 같은 이동통신 네트워크에서는 주파수를 서로 공유하고 기지국의 어느 위치에서든지 통화 시에 다른 단말기에 영향을 주지 않도록 통화에 적절한 송신레벨로 기지국과 접속한다. 이렇게 접속하기 위해서 단말기가 기지국 커버리지 내의 어느 곳에 있더라도 기지국 안테나에 입력되는 각 단말기의 수신신호는 모두 동일한 레벨이어야 한다. 즉, 기지국 가까이에 위치한 단말기는 작은 출력으로 기지국에 접속해야 하며, 기지국으로부터 멀리 있는 단말기는 상대적으로 높은 출력으로 기지국에 접속해야 한다. 기지국으로부터 가까이 있거나 멀리 있는 경우의 단말기 접속을 원활하게 하기 위해서는 근거리원거리 문제를 해결해야 한다. 앞 장에서 논의했듯이 이 문제를 해결하기 위하여 단말기는 매우 정밀하게 기지국의 신호를 분석하여 자신의 송신레벨을 조절하는 전력제어를 수행한다. 중계기의 하향링크와 상향링크 신호의 링크버짓을 이해하고 역방향 동작점을 찾기 위하여 이러한 전력제어 기능에 대하여 좀 더 자세하게 알아볼 필요가 있다.[18]

5.1.2.1 Open Loop 전력제어

호 접속을 위한 단말기의 송신출력은 기지국으로부터의 경로손실을 기준으로 결정된다. 즉, 단말기는 초기에 자기위치에서 얼마의 송신출력으로 기지국으로 접속해야 하는가를 결정하기 위하여 기지국으로부터의 경로손실을 계산한다. 이 경로손실은 기지국으로부터 수신된 순방향(Down Link)신호의 수신신호 세기를 이용한다. 이 신호를 역산하면 기지국으로부터의 경로손실이 얼마인가를 단말기가 파악할 수 있고, 이 계산 값을 기준으로 단말기는 호 접속을 위한 초기 송신출력을 결정한다. 이 Open Loop 전력제어를 위한 기지국 및 단말기 송수신 기준 값은 아래와 같다.

· 기지국 송신신호 출력 : 37dBm(5W) Pilot

· 기지국 수신단 잡음지수 : 7dB

· 단말기 수신감도 : −98dBm(−100dBm)

· 단말기 최대송신전력 : +25dBm(+23dBm)

−98dBm 또는 −100dBm의 신호를 수신하는 위치에서 단말기가 최대의 송신전력인 +25dBm 또는 +23dBm으로 송신하도록 설계된 이동통

신 시스템에서는 아래와 같은 식으로 단말기 송신출력을 계산할 수 있다.

$$T_x\ Power_{Mobile} = K - RSSI$$
$$\therefore K = T_x\ Power_{Mobile} + RSSI = +25dBm - 98dBm = -73$$
$$= +23dBm - 100dBm = -73 \qquad (5.1)$$

위의 Open Loop 전력제어를 결정하는 *K*값은 800MHz의 CDMA방식에서는 -73을 사용하고, 1.8GHz CDMA방식에서는 -76의 값을 사용한다. 그러므로 800MHz 셀룰라 시스템에서 단말기의 RSSI(Received Signal Strength Indicator)의 값이 -90dBm인 곳에서의 Open Loop 전력제어에 의한 단말기 송신출력은 -73-(-90dBm)=+17dBm이 되며, 기지국과의 거리가 가까워 단말기 수신신호 세기*(RSSI)*가 -50dBm인 곳에서는 -73-(-50dBm)=-23dBm의 낮은 송신출력으로 기지국에 접속하여 기지국 안테나에 입력되는 단말기 신호의 세기는 먼 곳이나 가까운 곳이나 동일한 입력신호의 세기를 얻게 된다. 위의 수식에 의해 송신된 단말기의 초기출력은 기지국의 호출채널을 통해 응답이 올 때까지 액세스 프로브의 출력을 점차적으로 올려가면서 반복적으로 시도한다.

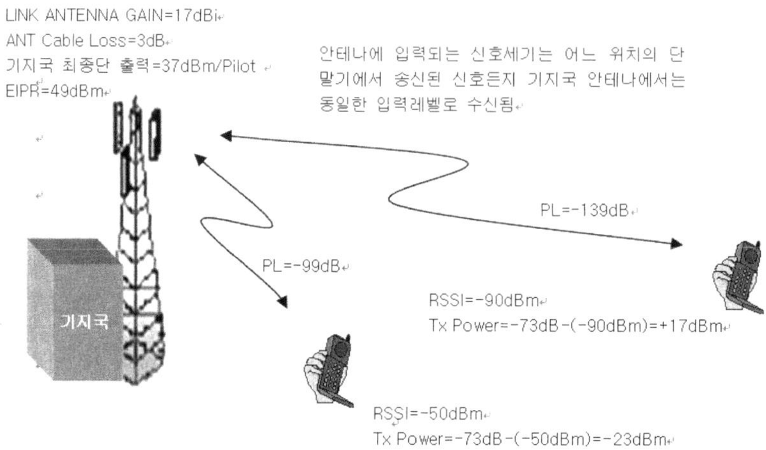

[그림 5.2 OPEN LOOP 전력제어에 의한 단말기 송신 출력레벨 변화]

이 Open Loop 전력제어는 기지국 전체 통화용량에 큰 영향을 미칠 수 있으므로 출력을 증가 할 때에는 천천히 전력제어가 진행되도록 하고, 출력을 감소할 때에 전력제어는 상대적으로 빨리 진행되도록 해야 한다.

5.1.2.2 Closed Loop 전력제어

Open Loop 전력제어에 의해 기지국과의 "호" 접속이 성공되면 그 후부터는 Closed Loop 전력제어에 의해 단말기의 송신전력이 제어를 받게 된다. Open Loop 전력제어는 하향링크와 상향링크 사이의 경로손실이 동일하다는 가정하에 단말기의 송신출력을 결정하였지만 실제로는 무선환경이 매우 불안정하여 시간적으로 매우 변화가 심한 페이딩 현상이 발생하기 때문에 이러한 불안정한 무선환경을 보상해 주어야 한다. 불안정한 무선환경을 극복하기 위하여 기지국은 단말기 신호의 E_b/N_o 상태를 단말기에 알려줌으로써 단말기는 빠른 속도로 기지국에 도달하는 신호가 일정하도록 송신출력을 제어하게 된다. E_b/N_o는 역방향 통화채널의 단위비트당 에너지에 대한 잡음밀도를 나타내고, RF에서의 신호대잡음비(SNR)에 해당되어 실질적인 통화품질을 의미한다. 그러므로 통화채널의 목표 E_b/N_o 기준 값과 측정된 값을 비교하여 수신신호의 E_b/N_o를 기준 값에 맞게 송신출력을 제어하도록 단말기에 제어명령을 보낸다. 이 전력제어는 단말기 서로의 송신출력을 최적화하여 기지국 통화용량을 늘릴 수 있을 뿐만 아니라 다른 사용자의 통화품질을 해치지 않으면서도 소모전력을 최소로 줄여서 단말기의 배터리 수명을 늘리는 데 목적이 있다.

5.1.2.3 기지국의 순방향(하향)링크 전력제어

모든 이동통신 시스템에서는 다중접속을 하는 역방향 링크의 전력제어가 많이 강조되었고 순방향 링크의 전력제어는 상대적으로 크게 강조되지 못하였다. 그 이유는 신호의 Source를 가지고 있는 기지국의 신호는 이미 채널간의 동기나 직교성 등이 보장되어 있는 상태여서 신호간의 전력비가 다르더라도 통신에는 큰 영향을 주지 않기 때문이다. 하지만 큰 건물 뒤나 전파환경이 나쁜 환경에 단말기가 위치해 있을 때에는 수신신호가 작아지거나 타 기지국의 간섭신호가 커져서 통화에 어려움을 겪게 된다. 이러한 환경에서도 단말기가 안정된 순방향 신호를 수신하기 위해서는 기지국에서의 순방향 전력제어가 요구되는데, 이것은 주기적인 순방향 링크의 품질을 보고하거나 순방향 링크의 프레임 에러의 정도를 확인하여 순방향 링크 전력제어를 수행한다. 즉 단말기에서 주기적으로 순방향 전력측정보고 메시지(PMRM : Power Measurement Report Massage)를 기지국에 보고하고 이 메시지를 바탕으로 기지국은 순방향 링크 전력제어를 수행한다. 이동통신 가입자가 증가함에 따라 기지국 커버리지가 줄어들면서 기지국 간 간격이 좁아지게 되고, 이에 따라 주변기지국 신호가 간섭원으로 작용하여 그 크기가 클 뿐만 아니라 간섭양의 변화폭이 매우 커져서 순방향 링크 전력제어의 필요성이 강조되게 되었다.

5.1.3 순방향(하향)링크 및 역방향(상향)링크 커버리지 분석

순방향(하향)링크는 기지국 또는 중계기의 송신출력이 높을수록 멀리에서도 단말기가 기지국 및 중계기 신호를 수신할 수 있어 순방향 커버리지가 증가하는 것을 알 수 있다. 즉 순방향 커버리지는 기지국 또는 중계기의 송신출력에 관계한다는 것을 그림 5.3을 통하여 알 수 있다. 그림 5.3에서 보는 바와 같이 높은 출력으로 송신되는 신호일수록 최소요구 신호대잡음비를 얻을 수 있는 거리는 점점 더 멀어짐을 알 수 있다. 그러므로 순방향 커버리지를 넓히기 위해서는 전파기준의 불요 파(Spurious) 특성을 갖는 신호를 더욱 높은 출력레벨로 송신하면 된다.

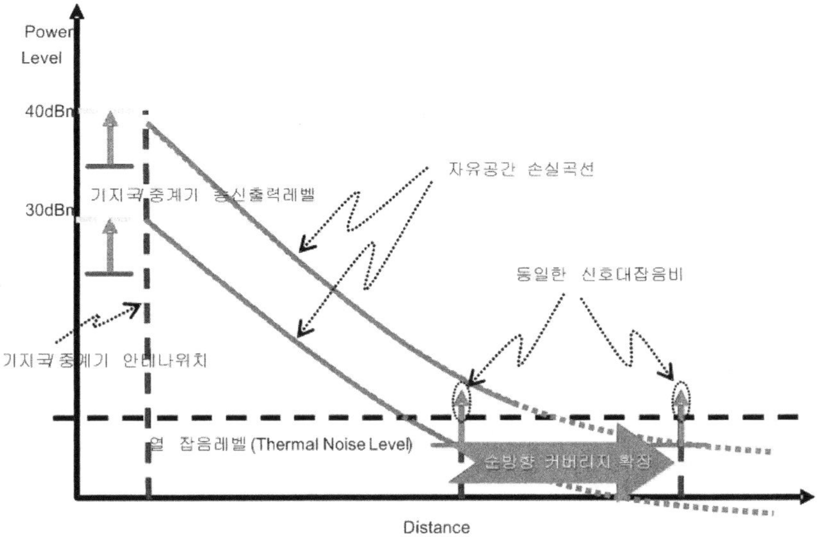

[그림 5.3 순방향 출력레벨 증가에 의한 순방향 커버리지 확장]

하지만 역방향(상향)링크의 경우에 커버리지 관계는 좀 달리 해석된다. 기지국이나 중계기와 같은 시스템의 잡음지수, 이득 등과 같은 시스템 성능과 단말기의 최대송신출력만 알면 역방향 커버리지는 이미 정해지게 된다.[19] 즉 커버리지 안에서 가장 멀리 있는 단말기가 최대 송신출력으로 기지국으로 신호를 송신하였을 때, 경로손실을 거쳐 입력되는 이 단말기의 신호가 기지국이 겨우 분석해 낼 수 있는 최소요구 신호대잡음비(SNR)을 가진다면, 이 때 입력되는 신호레벨을 수신기의 수신감도라고 말한다.

$$(\text{Receiver } Sensitivity)_{min} \quad (5.2)$$
$$= (SNR)_{min} + \{-174dBm/Hz + 10*Log(Band\ Width)\} + Noise\ Figure$$
$$= (E_b/N_o)_{min} + \{-174dBm/Hz + 10*Log(Data\_Rate)\} + Noise\ Figure$$

이 식에서 알 수 있듯이 기지국 수신감도는 전력단위 dBm을 사용하며, 기지국의 잡음지수에 관계하는 것을 알 수 있다. 예를 들어 통화 가능한 최소 E_b/N_o 값이 5dB, 음성 전송속도를 9600bps라 하면 잡음지수가 5dB인 기지국 수신감도는 아래와 같이 구할 수 있다.

$$(Receiver\ Sensitivity)_{min}$$
$$= 5dB+(-174dBm/Hz)+10log(9600bps)+5dB \tag{5.3}$$
$$= -124.2dBm/1.23MHz$$

이 값은 기지국의 안테나 케이블을 통해 입력되는 단말기의 신호 레벨이 −124.2dBm/1.23MHz 이상이 수신되어야 기지국이 이 음성신호를 복조 할 수 있다는 의미이다. CDMA 신호의 점유대역폭은 1.23Mcps이고 그 안에 9600bps의 음성신호가 실려 있으므로 결국 1.23MHz 대역폭의 전력밀도라고 말해도 무방하다. 이 수신감도는 전송속도가 빨라질수록, 요구되는 E_b/N_o의 값이 높아질수록 수신감도는 점점 높은 값을 요구하는 것을 알 수 있다. 즉 높은 전송속도를 가질수록, 높은 E_b/N_o값을 유지하기 위해서는 단말기의 출력을 더 높이거나, 허용 가능한 경로손실(Path Loss) 값이 작아져야 하므로 이것은 곧 커버리지가 줄어드는 것을 의미한다. 앞에서도 언급하였듯이 단말기의 최대 실효출력을 알면 역방향 커버리지를 의미하는 최대 경로손실을 계산할 수 있다. 역방향 최대 경로손실은 아래의 수식으로 표현된다.

$$(Path\ Loss)_{max}$$
$$=(Mobile\ T_x\ Power)_{max}-Fading\ Margin+BTS\ Antenna\ Gain$$

$$-BTS\ Antenna\ Cable\ Loss-(BTS\ Receiver\ Sensitivity)_{min} \tag{5.4}$$

예를들어 단말기 최대 송신전력이 25dBm, Fading Margin 8dB, 기지국 안테나이득 15dBi, 기지국 안테나케이블 손실 2dB, 기지국 음성 수신감도 -124dBm인 시스템에서 역방향의 허용 가능한 최대 경로손실은 아래와 같다.

$$\begin{aligned}&(Path\ Loss)_{max}\\&=25dBm-8dB+15dBi-2dB-(-124dBm)\\&=154dB\end{aligned} \tag{5.5}$$

이 계산 값은 단말기 한대가 접속하는 경우이므로 잡음레벨 열화가 없다. 하지만 만약 최대의 단말기가 동시에 통화했을 때에는 CDMA의 경우 그림 5.5에서 나타난 바와 같이 loading factor 70%인 지점의 잡음레벨 상승 분은 5dB가 되어 이 값만큼 신호대잡음비를 열화 시키기 때문에 최대 경로손실 계산 값에서 빼 주어야 한다. 그러므로 Loading Factor가 포함된 역방향 최대 경로손실은 149dB를 갖는다.

Loading Factor는 CDMA 방식처럼 주파수를 공용으로 사용할 경우에 최대의 사용자가 동시에 통화하는 신호들은 서로 합쳐져, 역방향 잡음레벨을 5dB 더 상승시키는 효과를 가져오게 된다는 의미이다.[20] 역방향의 경우, 기지국 및 중계기등과 같은 시스템의 이득은 무선신호를 기지국 모뎀에 적절한 레벨로 입력시키기 위하여 필요한 것이므로 이득을 높인다고 해서 모뎀에 수신되는 신호의 질, 즉 신호대잡음비(SNR)가 좋아져 커버리지를 증가시키는 것은 아니다. 다시 말해서 기지국이나 중계기의 이득은 신호레벨을 증폭시킬 뿐만 아니라 대역 내의 잡음레벨까지 증폭시켜 높은 이득으로 증폭하더라도 출력레벨만 높아질 뿐이지 신호대잡음비는 더 이상 개선되지 않는다.

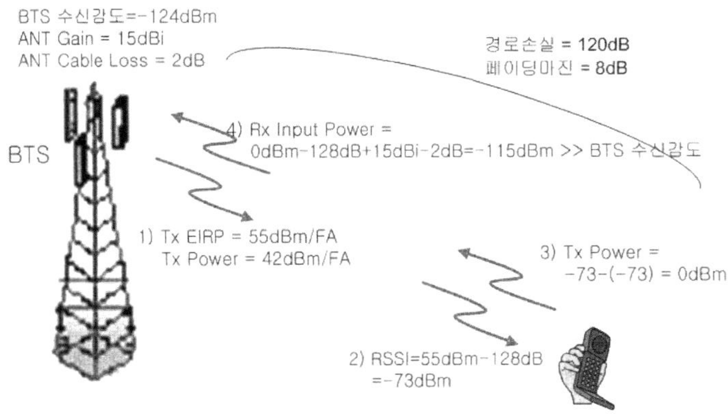

(a) Open Loop 전력제어에 의한 링크 버짓 (일반적인 경우)

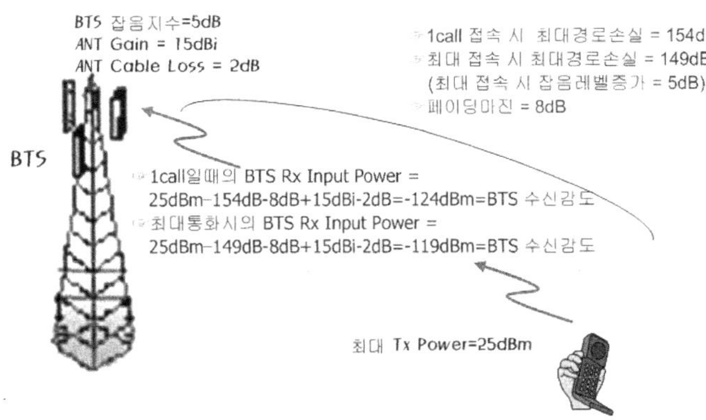

(b) 커버리지 외곽에서 최대 송신전력으로 송신할 때의 링크버짓

[그림 5.4 기지국 커버리지에서 단말기 전력제어에 의한 역방향 전력 값]

역방향 단말기신호의 신호대잡음비는 기지국이나 중계기의 안테나 케이블에 입력되는 수신신호 상태에서 이미 결정 된다. 이렇게 결정된 신호대잡음비는 수신신호의 열화 정도를 결정하고, 이 열화 정도는 수신기의 잡음지수와 합쳐져 시스템 수신감도와 역방향 커버리지를 결정하는 중요한 파라미터가 되는 것이다. 중계기의 증폭된 잡음레벨이 기지국으로 유입되는 것을 최소화 시키기 위하여 중계기 커버리지에 호가 없을 때에는 중계기의 역방향 경로를 일시적으로 꺼서 기지국 열화를 시키려는 노력도 진행되어 왔다. 하지만 이웃하는 기지국에 위치한 단말기의 신호들이 중계기를 통하여 입력되기 때문에 이러한 경우에는 핸드오프나 몇 가지 이동통신의 중요한 기능들이 제대로 작동할 수 없는 단점을 가진다.[21]

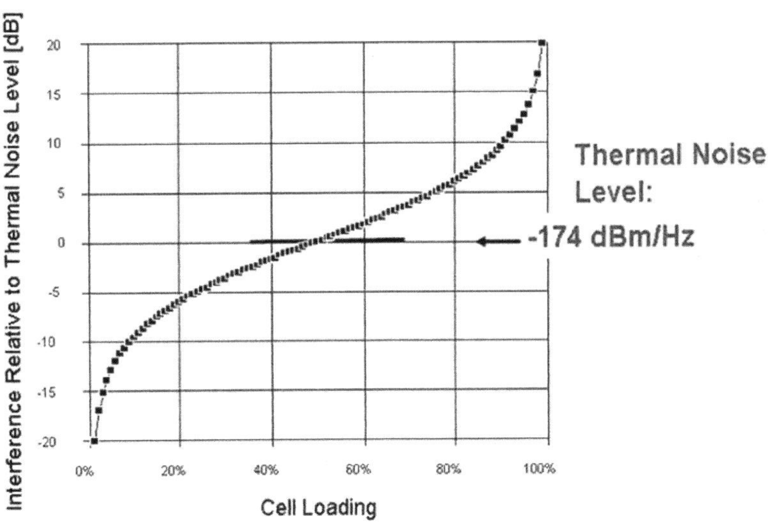

[그림 5.5 상향링크 LOADING 정도에 의한 잡음레벨 상승]

이미 결정된 신호대잡음비를 가진 신호에 잡음레벨만을 상승시키면 이 신호의 신호대잡음비는 나빠질 것이고 그 결과 역방향 커버리지는 줄어들 것이다. 이처럼 중계기들의 증폭된 역방향 잡음레벨은 링크되는 모기지국 및 이웃한 기지국의 역방향 잡음레벨을 상승(열화)시키는 원인이 되어 기지국 역방향 신호대잡음비에 나쁜 영향을 끼치게 되어 역방향 커버리지를 줄이는 문제점을 가지고 있었다. 기지국에 링크되는 중계기들은 신호 뿐만 아니라 잡음레벨까지 증폭하여 기지국에 전달해 준다. 그러므로 중계기가 링크되는 경우에 기지국 안테나의 잡음레벨은 기지국 잡음레벨 이외에 중계기들의 링크로부터 유입되는 잡음레벨이 추가로 합해져서 열 잡음레벨 이상으로 상승한다.

5.1.4 기지국과 링크된 중계기의 동작점 분석

이 절에서는 RF중계기를 포함한 모든 중계기가 기지국에 링크되었을 때 모기지국(링크 기지국)에 미치는 영향과 기지국과 중계기의 링크 시에 기지국의 영향을 최소화 하면서 최대의 커버리지를 얻을 수 있는 동작점을 분석해 본다. 중계기의 주요목적은 커버리지 확보에 있으므로 원하는 지역을 커버리지로 확보할 때, 고려해야 할 사항이나 이웃 커버리지와의 상관관계에 대하여 알아보자.

5.1.4.1 링크된 중계기의 링크 잡음지수 분석

이웃하는 셀이 없을 경우에 RF중계기의 순방향 커버리지는 높은 출력을 송신하여 충분히 넓게 얻을 수 있다. 하지만 이웃하는 셀 커버리지가 존재할 때에는 중계기의 역방향 커버리지를 고려해야 한다. 중계기의 역방향 커버리지에 비하여 순방향 커버리지가 넓을 때에는 이웃하는 셀에 나쁜 영향을 주거나 핸드오프(Hand Off)등의 기능 등이 원활하게 이루어지지 않는다. 그러므로 아무리 높은 출력을 송신할 수 있는 중계기라 하더라도 역방향의 커버리지를 고려하여 균형 있는 커버리지를 얻을 수 있도록 순방향 출력레벨을 역방향 커버리지에 맞게 조절해 주어야 한다. 기지국에 링크된 RF중계기의 동작점을 분석하기 위해서는 먼저 기지국으로부터 중계기를 거쳐 단말기까지의 전체 이득을 계산해 보아야 한다. 그림 5.6과 같이 기지국에 링크된 중계기의 역방향 경로에 관여하는 성분들을 정리하여 나열하면 (b)와 같고 이것을 더욱 단순화 하면 (c)와 같다고 볼 수 있다. 그림 5.6의 역방향에 관여하는 성분들은 잡음요소와 이득을 가진 두 개의 성분으로 단순화되며, 이 성분들의 잡음요소는 아래와 같은 식으로 정리된다.

$$Linked\ Noise\ Factor = NF_R + \frac{NF_B}{G_T} \qquad (5.6)$$

$$(G_T = G_A + P_L + G_L + G_R)$$

이 식은 Cascade로 결합된 RF 소자의 잡음요소(Noise Factor)를 구하는 식과 같다. 위의 식을 살펴보면 중계기와 기지국의 Noise Faqctor NF_R과 NF_B는 이미 시스템 특성으로 결정되어 있으므로 G_T안에 포함되어 있는 경로손실(P_L)과 중계기 이득(G_R) 값에 따라 링크된 중계기가 느끼는 잡음지수가 변하게 된다는 것을 알 수 있다. 결국 이 항목은 뒤에서 다루게 될 기지국과 중계기 커버리지 계산에 적용되어 중계기의 이득에 따른 중계기와 기지국 커버리지의 변화형태를 결정짓는 중요한 파라미터가 된다. 그러면 실제로 RF중계기의 순방향 신호레벨에 따라 Open Loop 전력제어를 하는 단말기를 적용하여 기지국에 링크된 RF중계기 역방향 동작점에 대한 분석을 해 보자. 단말기는 순방향 신호의 수신레벨(*RSSI* : Received Signal Strength Indicator)을 판단하여 Open Loop 출력제어를 시작하기 때문에 중계기의 순방향 송신출력 레벨이 단말기의 송신출력 결정에 큰 영향을 준다.

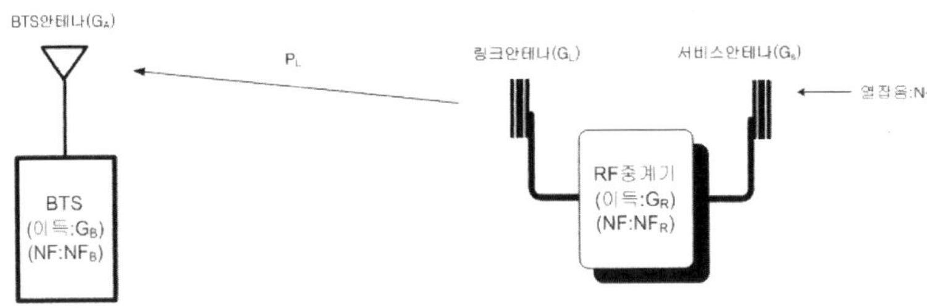

(a) RF중계기의 역방향 링크에 대한 그림

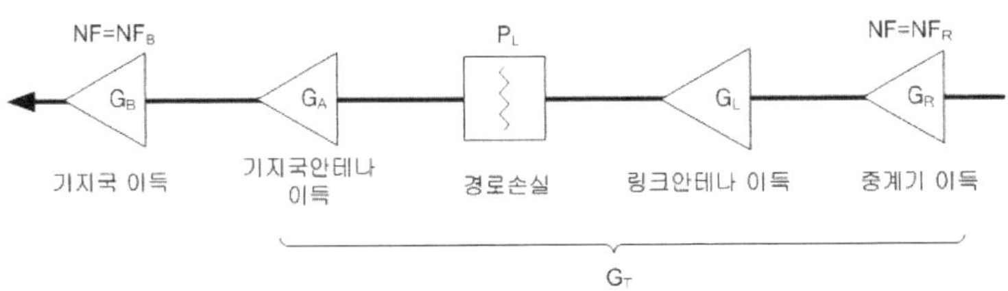

(b) 역방향 링크에 관여하는 성분을 Cascade 상태로 정리

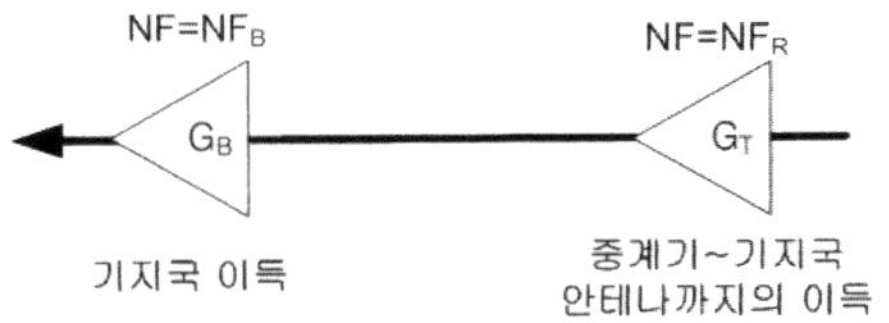

중계기~기지국안테나까지의 성분들은 중계기 잡음지수에만 관여하므로 하나의 성분으로 단순화 할 수 있다.

(C) 중계기~기지국 안테나까지의 성분들을 한 성분으로 단순화 함

[그림 5.6 중계기와 기지국 사이의 링크경로 분석]

5.1.4.2 소출력 RF중계기의 역방향 링크 분석

먼저 중계기의 순방향 송신전력이 20dBm(0.1W)인 소출력 RF중계기에 대해서 분석해 보자. 기지국의 순방향 출력이 40dBm(10W)이라고 가정하고, 기지국 안테나와 중계기 링크안테나의 이득이 포함된 경로손실, 즉 기지국 안테나 포트로부터 중계기 링크안테나포트까지의 경로손실이 100dB되는 곳에 RF중계기가 설치되어 있고, 이 중계기의 서비스안테나로부터 단말기 안테나까지의 이득이 포함된 경로손실, 즉 중계기의 서비스안테나포트로부터 단말기 안테나포트까지의 경로손실이 90dB인 곳에 단말기가 위치한 경우에 대하여 알아보자. 경로손실을 안테나 이득까지 포함하여 고려하는 이유는 중계기 설치장소마다 적용된 중계기의 안테나 이득이 상이하고, 계측기를 이용하여 확인해 볼 수 있는 부분이 바로 안테나 포트이기 때문이다. 기지국과 중계기 사이의 경로손실 100dB를 거친 기지국 순방향신호는 −60dBm의 레벨로 중계기 링크안테나를 통하여 수신된다. 이 신호를 안테나케이블 손실까지 포함한 80dB의 중계기이득으로 증폭하면 중계기 서비스안테나 케이블에서의 출력은 20dBm이 된다. 각 경로손실의 정의를 안테나 이득을 포함하였기 때문에 안테나들의 이득은

중계기 링크분석에는 큰 의미가 없음을 알 수 있다. 20dBm의 중계기 출력 신호 레벨은 90dB의 경로손실을 겪고 단말기에 −70dBm의 레벨로 수신되어, 단말기는 이 수신레벨을 참고하여 기지국으로부터의 경로손실을 예측하게 되고 Open Loop 전력제어를 하게 된다. 단말기는 최소 수신레벨(약 −100 ~ −98dBm 근처)에서 최대 송신전력(약 23 ~ 25dBm)이 송출될 수 있도록 보정 값을 적용하게 되어, −70dBm을 수신한 단말기가 호출신호를 받으면 −3dBm의 전력으로 기지국에 접속을 시도하고, 이 단말기 신호는 −93dBm의 신호레벨로 중계기의 서비스 안테나포트로 입력될 것이다. 순방향, 역방향 경로의 균형을 맞추기 위하여 안테나 케이블손실을 포함한 중계기의 역방향 이득도 순방향과 동일하게 80dB로 설정되게 되고, 이 때 중계기 안테나포트에서 출력되는 역방향 신호레벨은 −13dBm이 된다. 중계기에서는 이 신호레벨로 링크안테나를 거쳐서 기지국으로 송신되는데, 100dB 경로손실을 겪은 다음 기지국 안테나를 지나서 −113dBm의 신호레벨로 기지국에 입력된다.

지금까지는 역방향(단말기) 신호레벨에 대하여 살펴보았고, 이제 중계기 링크로 인한 신호의 신호대잡음비(SNR)의 변화를 확인하기 위하여 잡음레벨을 분석해야 한다. 잡음레벨은 열 잡음(잡음원)으로부터 계산된다. 열 잡음은 Random Noise의 성격을 가지므로 안테나를 통한 기저대역의 열 잡음은 어떠한 안테나의 이득에 반응하지 않는다. 즉, 열 잡음은 안테나의 이득성분(Gain Component)에 Random 위상과 진폭으로 수신되어 이 수신잡음을 모아서 이득을 취하려 하더라도 안테나 이득으로는 열 잡음 레벨을 상승시킬 수 없다. 안테나 케이블의 손실이 2dB이고 중계기의 잡음지수는 5dB이므로 역방향(단말기) 신호가 겪는 잡음지수는 7dB가 되고 중계기의 이득이 80dB이므로 중계기 출력까지의 잡음레벨은 −26dBm(−

113dBm + 80dB + 7dB)이 되어 중계기 링크안테나를 통하여 기지국으로 송신된다. 그림 5.7에서 볼 수 있듯이 중계기의 잡음지수의 작용으로 출력 신호의 신호대잡음비(13dB)가 입력신호의 신호대잡음비(20dB)에 비해 7dB가 낮게 된다. 중계기에서 송신된 이 잡음레벨도 100dB의 경로손실을 갖게 되고 기지국 안테나포트에서는 1.23MHz 대역에 −126dBm의 잡음 레벨로 입력된다. 이 레벨은 실제로 열 잡음 레벨인 −113dBm/1.23MHz 보다 낮은 레벨이라 현존하는 레벨은 아니고 수치적으로 안테나의 열 잡음 레벨에 어떠한 영향을 미치는지 계산하기 위한 레벨을 의미한다. 앞 장에서 논의하였듯이 CDMA 방식에서는 잡음레벨 속에 신호성분이 숨어 있어도 확산이득(Processing Gain)에 의해 신호성분을 잡음레벨 속에서 골라낼 수 있으므로 잡음레벨 속으로 확산이득 값의 깊이까지 숨어있어도 된다는 의미이다. 그러면 소출력 RF중계기가 링크된 기지국의 접속 점인 안테나포트에서의 역방향 열화 정도에 대해 분석할 수 있다. 중계기의 링크 안테나에서 송신된 역방향 출력신호와 출력 잡음레벨이 기지국 안테나에 도달하면서 안테나의 열 잡음을 상승시키는 작용을 한다.[22] RF중계기로부터 도달한 잡음레벨은 −126dBm/1.23MHz의 전력밀도를 가지고 있어 기지국 열 잡음 레벨 속에 13dB 낮게 묻혀 있지만 이 잡음전력 밀도는 미세하게 기지국 열 잡음 레벨에 영향을 주고 그 미치는 정도는 아래의 식과 같다.

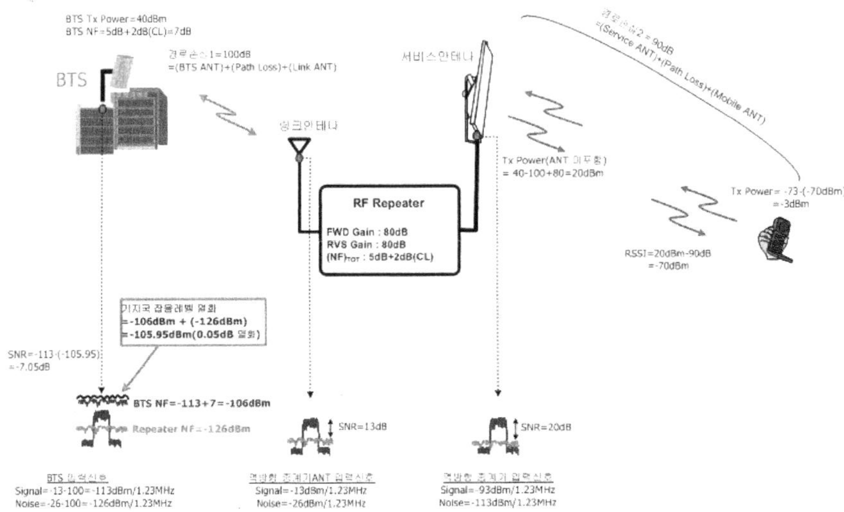

[그림 5.7 소출력 RF중계기의 역방향 링크분석]

$$
\begin{aligned}
(NoiseLevel)_{BTS} &= (Thermal\ Noise)_{BTS} = (NoiseLevel)_{repeater} \\
&= (-106\,dBm/1.23MHz) + (-126\,dBm/1.23MHz) \\
&= 10 \times \log\left[\,10^{-106/10} + 10^{-126/10}\,\right] dBm/1.23MHz \\
&= -105.95\,dBm/1.23MHz
\end{aligned} \tag{5.7}
$$

위의 식에 의해 계산된 값처럼 소출력 RF중계기가 기지국에 링크되면서 기지국 잡음레벨은 0.05dB 정도 열화 되는 것을 볼 수 있다. 잡음레벨을 열화 시킨다는 의미는 잡음레벨의 상승과 함께 신호대잡음비를 나쁘게 만들어 시스템의 역방향 커버리지를 축소시키는 영향을 미친다. 이제 링크된 소출력 중계기의 링크경로에 대한 잡음지수와 열화 된 기지국의 잡음지수를 계산해 보자. 기지국과 중계기의 잡음지수를 5dB, 모든 안테나케이블의 손실을 각각 2dB라 하면, 앞에서 유도했던 역방향 링크경로의 잡음 지수를 구하는 식은 아래와 같다.

$$Linked\ \ repeater\ Noise\ Factor = NF_R + \frac{NF_B}{G_T} \tag{5.8}$$

여기서, $G_T = G_A$(기지국안테나이득) + P_L(*Path Loss*) + G_L(링크안테나 이득) + G_R(중계기 이득)인데, 각 안테나들의 이득과 Path Loss가 "경로 손실1"에 포함되어 있으므로 아래와 같이 쓸 수 있다.

$$G_T = \text{경로손실1} + G_R(\text{중계기 이득}) = -100dB + 80dB = -20dB \tag{5.9}$$

위의 역방향 링크 잡음지수를 구하려면 잡음지수 값을 선형크기로 환산하여 Noise Factor를 구한 다음 이 값을 다시 대수 값인 잡음지수로 나타내면 된다.

$$\begin{aligned} &NF_B, NF_R = 5dB(\text{시스템 잡음지수}) + 2dB(\text{안테나케이블 손실}) = 7dB \\ &Noise\ Factor \Rightarrow 10^{(7/10)} = 5.01\ (\text{선형크기로 환산한 값}) \\ &G_T = -20dB \Rightarrow 10^{(-20/10)} = 0.01\ (\text{링크 이득을 선형크기로 환산한 값}) \end{aligned} \tag{5.10}$$

$$\begin{aligned} &Linked\ \ \mathrm{Re}\ peater\ Noise\ Factor = 5.01 + \frac{5.01}{0.01} = 506 \\ &Linked\ \ \mathrm{Re}\ peater\ Noise\ Figure = 10 \times \log(506) = 27dB \end{aligned} \tag{5.11}$$

그림 5.7에서 살펴보면 중계기 서비스안테나를 통하여 입력되는 신호의 신호대잡음비는 20dB이고, 링크된 기지국으로 입력되는 중계기 역방향 신호의 신호대잡음비는 -7.05dB이므로, 이 두 값의 차이, 27.05dB가 링크된 중계기의 잡음지수가 되는데, 이것은 링크된 중계기의 잡음지수를 구하는 식으로부터 유도된 계산결과와 일치하는 것을 알 수 있다.

5.1.4.3 고출력 RF중계기의 역방향 링크 분석

이제는 중계기의 순방향 신호출력이 40dBm(10W)인 고출력 RF중계기의 역방향 링크에 대하여 분석해 보자. 앞에서 논의했던 소출력 RF중계기와 동일한 링크조건에서 순방향 출력을 40dBm으로 높이기 위해서는 중계기의 이득을 100dB로 높여야 한다. 순방향의 송신출력이 높아졌으므로 Open Loop 전력제어에 의한 단말기의 출력신호도 새롭게 결정되어야 한다. 그림 5.8에서 보듯이 Open loop 전력제어에 의해 단말기의 출력이 -23dBm으로 낮아졌으므로 중계기 서비스안테나를 통하여 입력되는 단말기 신호레벨은 -113dBm이 되고, 이 신호는 100dB의 중계기 역방향이득으로 증폭되어 -13dBm의 신호레벨을 링크안테나를 통하여 기지국으로 송신한다. 물론 이 분석에서도 안테나의 이득들이 경로손실 안에 포함되어 안테나의 이득이 링크버짓을 계산하는데 큰 문제가 되지 않는다. 기지국과 중계기사이의 경로손실은 두 안테나이득을 포함하여 100dB이므로 기지국 안테나포트에 입력되는 역방향(단말기) 신호레벨은 -113dBm이 될 것이다. 이번에는 중계기 입력 단부터 링크된 기지국 입력 단까지의 잡음레벨을 분석하여 보자. 잡음레벨은 중계기의 입력포트로부터 계산할 수 있다. 중계기의 서비스안테나 케이블손실도 신호가 느낄 수 있는 잡음지수이므로 중계기 전체의 잡음지수는 7dB이다. 여기에 중계기이득 100dB로 증폭되면 중계기 출력포트에서의 잡음레벨은 -6dBm이 된다. 여기서 확인할 수 있듯이 중계기에 입력되는 단말기 신호의 신호대잡음비가 소출력 RF중계기와 차이가 있다는 것을 알게 된다. 결국 중계기의 순방향 출력이 높아짐에 따라 단말기의 출력이 낮아지게 되고 이 원인으로 중계기에 입력되는 단말기신호의 신호대잡음비가 낮아진 것을 볼 수 있다. 이 신호는 그대로 증폭되어 중계기 역방향 출력 단에서의 송신신호는 중계기 잡음지수만큼 더 열화 되어 잡음레벨 속으로 묻히는 현상이 발생한다. 이 신호는 기지국까지 100dB의 경로손실을 겪고 기지국의 안테나를 통해 입력되는 단말기 신호레벨은 -113dBm이 된다. 이 값은 Open Loop에 의해 단말기의 출력신호가 기지국 안테나에 동일한 신호레벨로 입력될 수 있도록 조절되었기 때문에 소출력 RF중계기의 경우에서도 동일한 값이었다. 그렇지만 고출력 RF중계기의 경우에는 Open Loop 전력제어에 의해 단말기의 송신출력이 상대적으로 낮아져, 중계기의 출력포트에서는 신호레벨이 잡음레벨보다 낮게 송출된다. 잡음레벨 속으로 숨어버린 단말기 신호와 기지국에 입력되는 신호레벨은 동일해야 하므로 다른 단말기에 비해 상대적으로 잡음레벨이 높게 된다. 그림 5.8에서 보듯이 중계기 링크안테나 전에서의 단말기 신호레벨은 -13dBm인데 반하여 잡음레벨은 -6dBm이므로 잡음레벨보다 7dB 낮은 상태에서 기지국으로 송신되면 기지국 안테나 포트에서 측정되는 신호와 잡음레벨은 각각 -113dBm과 -106dBm이 될 것이다. 잡음레벨은 소출력 RF중계기에 비해 상당히 높아서 기지국의 잡음레벨인 -106dBm(-113dBm+7dBNF)과 동일해져 이 두 잡음레벨이 합쳐지면 -103dBm으로 잡음레벨이 상승하게 된다. 기지국 입력 측의 잡음레벨은 중계기의 잡음레벨과 합쳐져서 기지국의 잡음레벨을 3dB 더 상승시켜서 기지국 역방향 잡음지수를 높인다. 이 때문에 단말기 신호는 합쳐진 잡음레벨(-103dBm/1.23MHz)보다 10dB 낮게 유지되어 통화품질이 나빠지게 되면 기지국의 제어명령에 의해 단말기는 Closed Loop 전력제어를 통하여 단말기의 송신출력을 높이게 된다. 이와 같이 고출력 RF중계기는 소출력 RF중계기보다 더 많은 양의 잡음레벨을 기지국에 유입시켜서 기지국 잡음레벨 상승의 원인이 된다. 기지국 잡음레벨 상승에 따라 기지국 커버리지 외곽에 위치한 단말기들은 통화품질을 유지하기 위하여 단말기 출력을 더 높이게 되고 결국 기지국 커버리지는 높아진 출력만큼 축소하게 된다.

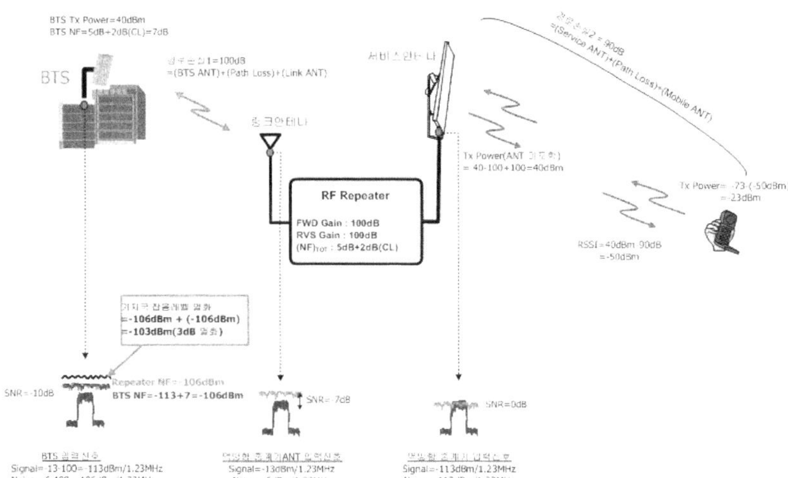

[그림 5.8 고출력 RF중계기의 역방향 링크 분석]

그러면 기지국에 링크된 고출력 RF중계기의 잡음지수를 계산해 보자. 역방향 링크경로의 잡음요소(Noise Factor)를 구하는 식으로부터 역방향

링크경로 잡음지수를 구하면,

$$Linked\ \ repeater\ Noise\ Factor = NF_R + \frac{NF_B}{G_T} \tag{5.8}$$

G_T = 경로손실 1 + G_R(중계기 이득)=-100dB+100dB =0dB

NF_B, NF_R =5dB(시스템 잡음지수) + 2dB(안테나케이블 손실) = 7dB

$Noise\ Factor$ => $10^{(7/10)}$ =5.01 (선형크기로 환산한 값) (5.12)

G_T = 0dB => $10^{(0/10)}$ = 1 (링크 이득을 선형크기로 환산한 값)

$$Linked\ \ repeater\ Noise\ Factor = 5.01 + \frac{5.01}{1} = 10$$

$$Linked\ \ repeater\ Noise\ Factor = 10 \times \log(10) = 10dB \tag{5.13}$$

링크된 고출력 중계기의 잡음지수는 10dB이고, 이것은 링크된 기지국에 입력되는 단말기신호의 SNR이 중계기의 서비스안테나로 입력되는 단말기 신호 SNR에 비해 정확히 10dB 나빠져 있음을 그림을 통해 알 수 있다.

5.1.4.4 소출력 및 고출력 RF중계기의 역방향 동작점

위에서 논의한 두 종류의 RF중계기는 순방향 출력레벨의 차이에 의한 분류이며 소출력 중계기의 경우에는 넓은 커버리지를 얻을 수는 없지만 링크된 기지국에 역방향 잡음레벨 전달을 최소화하여 적절한 무선링크를 구현할 수 있다. 반면 고출력 중계기는 높은 순방향 송신전력으로 넓은 커버리지를 얻을 수 있지만 커버리지가 커진 만큼 기지국에 높은 역방향 잡음레벨을 전달하여 기지국의 잡음지수를 높여 역방향 커버리지를 축소시키는 영향을 초래한다. 결국 순방향 출력차이는 순방향 커버리지를 결정할 뿐만 아니라 역방향의 단말기 출력 값도 변화시켜서 역방향 커버리지를 결정하도록 한다는 것이다. 다시 말해서 소출력 중계기의 송수신 안테나의 커버리지 안에 위치한 단말기는 고출력 중계기의 안테나로부터 동일한 거리에 위치한 단말기보다 더 높은 신호를 송신하기 때문에 중계기 안테나에 입력되는 역방향 단말기신호는 높은 신호대잡음비를 가지게 된다. 하지만 동일한 거리에 위치한 고출력 중계기의 단말기보다 더 높은 출력을 내야 하기 때문에 단말기의 최대출력을 내야 하는 역방향 최대 커버리지는 고출력 중계기지역보다 작아지게 되어, 중계기의 순방향 송신전력은 이미 역방향 커버리지에도 관계하는 것을 알 수 있다. 그림 5.9는 동일한 위치에서 중계기의 순방향 출력레벨에 따른 중계기 서비스안테나에서의 단말기 신호레벨과 신호대잡음비이다. 소출력 중계기 커버리지에 있는 단말기는 고출력 중계기보다 더 높은 송신출력을 내기 때문에 중계기로 입력되는 역방향신호의 신호레벨과 신호대잡음비는 매우 높다. 하지만 소출력 중계기 커버리지에 위치한 단말기의 송신출력이 고출력 중계기의 단말기보다 높기 때문에 역방향 커버리지는 그림 5.10과 같이 줄어들게 된다. 즉, 소출력 중계기 커버리지는 최대 경로손실이 118dB 이내로 제한되지만 고출력 중계기 커버리지는 최대 경로손실이 138dB까지 확장될 수 있다. 그러므로 중계기 링크로 인해 기지국으로 유입되는 잡음레벨은 링크경로의 전체이득(G_T)에 kT를 곱한 값이 된다. 식에서 Linked_BTS나 Linked_Repeater라는 색인은 중계기가 기지국에 링크되었을 때의 각 시스템 상태를 나타낸다. 이 식에서 Noise Floor는 잡음레벨(Noise Level)과 같은 뜻이고, 한 식 내에서의 Noise Floor는 동일한 대역폭에서의 값을 적용해야 한다.

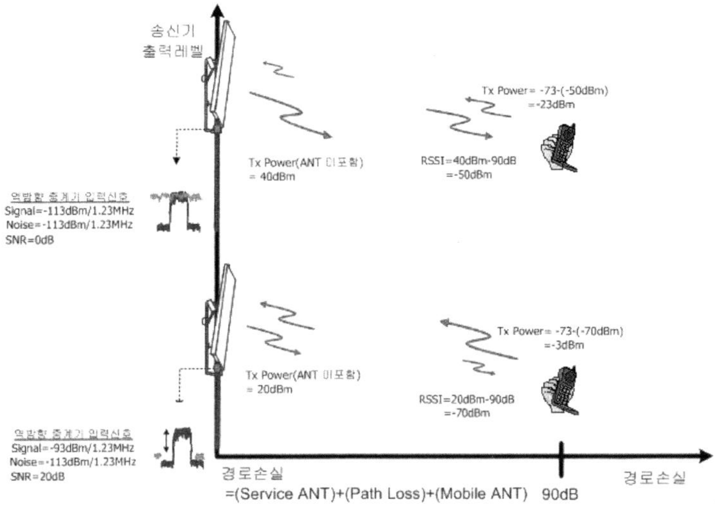

[그림 5.9 소출력,고출력 중계기의 안테나에 입력되는 단말기신호의 SNR]

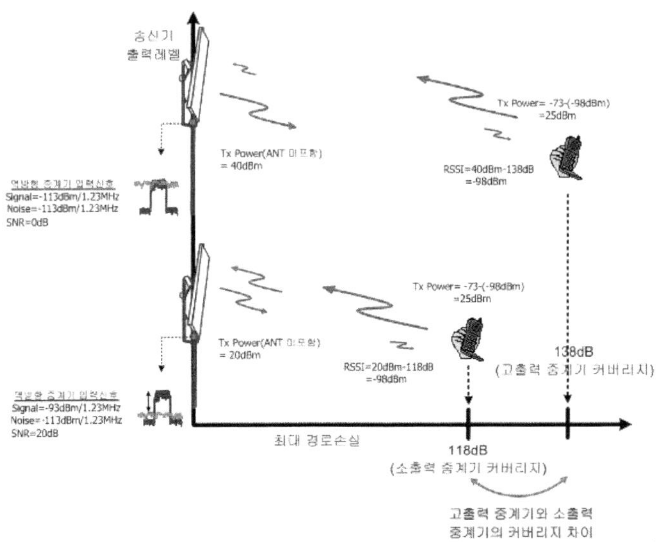

[그림 5.10 소출력 및 고출력 중계기의 역방향 커버리지 비교]

$$(Noise\ Floor)_{Linked\_reepeater} = G_T + kTB \tag{5.14}$$
$$= \{NF_{repeater} + G_{repeater} + G_{Link\_ANT} + L_{Path\_Loss} + G_{BTS\_ANT}\} + 10\log(kTB \times 10^{-3})$$
$$(k: Boltzmann Constants,\ T: Temperature(Kelvin),\ B: BandWidth)$$

기지국 안테나 케이블에서 형성되는 잡음레벨은 아래와 같이 계산할 수 있다.

$$(Noise\ Floor)_{Linked\_BTS}$$
$$= (Noise\ Floor)_{BTS} + (Noise\ Floor)_{Linked\_repeater}$$
$$= 10 \times \log\{10^{[(Noise\ Floor)_{BTS}/10]} + 10^{[(Noise\ Floor)_{Linked\_repeater}/10]}\} \tag{5.15}$$

여기서, $(Noise\ Floor)_{BTS} = (Thermal\ Noise)_{BTS} + (Noise\ Figure)_{BTS}$

그러므로 중계기 잡음레벨에 의한 기지국 잡음레벨상승은 곧 기지국 잡음지수의 열화를 의미하고 아래와 같은 식으로 나타낸다.

$$(Noise\ Figure)_{Linked\_BTS} = (Noise\ Figure)_{BTS} + \Delta(Noise\ Floor)_{Linked\_BTS}$$
$$= (Noise\ Figure)_{BTS} + \{(Noise\ Floor)_{Linked\_BTS} - (Noise\ Floor)_{BTS} \tag{5.16}$$

소출력 중계기가 링크된 기지국의 잡음지수는

$$(Noise\ Figure)_{Linked\_BTS}$$
$$= 7dB + \{-105.95dBm - (-106dBm)\} = 7.05dB \tag{5.17}$$

고출력 중계기가 링크된 기지국의 잡음지수는

$$(Noise\ Figure)_{Linked\_BTS} = 7dB + \{-103dBm - (-106dBm)\} = 10dB \quad (5.18)$$

링크된 중계기의 링크경로 잡음지수도 위의 식을 사용하여 쉽게 계산할 수 있다.

$$(Noise\ Figure)_{Linked\_repeater} = (Noise\ Figure)_{repeate} + \Delta(Noise\ Floor)_{Linked\_repeate}$$
$$= (Noise\ Figure)_{repeater} + \{(Noise\ Floor)_{Linked\_BTS} - (Noise\ Floor)_{repeater}\} \quad (5.19)$$

링크된 소출력 중계기의 잡음지수는

$$(Noise\ Figure)_{Linked\_repeater} = 7dB + \{-105.95dBm - (-126dBm)\} = 27.05dB \quad (5.20)$$

링크된 고출력 중계기의 잡음지수는

$$(Noise\ Figure)_{Linked\_repeater} = 7dB + \{-103dBm - (-106dBm)\} = 10dB \quad (5.21)$$

위의 두 중계기별 분석결과를 정리해 보면 다음의 표와 같다.

중계기 종류	순방향 송신출력	기지국 열화 정도	역방향 링크잡음지수		비고
			기지국	중계기	
소출력 중계기	0.1W (20dBm)	0.05dB	7.05dB	20.05dB	
고출력 중계기	10W (40dBm)	3dB	10dB	10dB	

[표 5.1 소출력 및 고출력 중계기의 역방향 링크 잡음지수]

위의 표가 의미하는 바와 같이 중계기의 커버리지를 넓히면 중계기의 잡음레벨 유입량 증가로 인하여 기지국의 커버리지는 축소된다. 위의 표에서 소출력 중계기는 0.05dB의 작은 영향으로 기지국의 커버리지 중 일부를 손해보고 소출력 중계기 커버리지를 확보하는 상태를 의미하고, 고출력 중계기의 경우는 기지국 커버리지의 많은 부분을 손해보고 고출력 중계기의 커버리지를 확보하는 개념이라 할 수 있겠다. 책의 처음부분에서 언급하였지만 중계기는 커버리지 확장의 개념보다는 기지국 커버리지를 필요한 다른 지역의 커버리지로 이동, 분산하여 서비스하는 형식이라 할 수 있겠다.[23]

위에서 언급한 바와 같이 중계기가 기지국과의 링크에 의해 무선 네트워크에 미치는 영향은 바로 잡음레벨 발생에 의한 기지국 수신기의 수신감도를 둔화시키는 것이다. 소출력과 고출력 중계기의 차이점은 원하는 출력을 송신하기 위한 중계기 이득에 있다. 동일한 경로손실을 가진 무선환경에서 고출력 중계기는 소출력 중계기에 비해 많은 이득을 필요로 한다. 중계기의 이득이 높을수록 기지국을 열화 시키는 잡음레벨은 더욱 많이 전달되고, 그 정도는 링크된 중계기의 역방향 경로 전체이득(G_T)에 관여한다. G_T는 중계기 입력으로부터 기지국 안테나 케이블까지의 경로를 의미하며, $G_T < -10$dB일 때에는 기지국 잡음레벨 상승 정도가 1dB이하이고, $G_T > -10$이상일 때에는 기지국 잡음레벨 상승을 1dB 이상 올리게 되어 기지국 역방향 커버리지에 상당한 영향을 줄 수 있다. 중계기 적용에 있어서 중요한 파라 미터는 링크경로의 전체이득(G_T)이다. 소출력 중계기와 같이 이 값이 작으면 중계기 커버리지는 줄어들고, 중계기 링크로 인한 기지국 영향이 줄어든다. 이러한 중계기는 지하주차장 등과 같은 옥내서비스 등에 적용될 수 있다. 출력이 높아질수록 링크경로의 전체이득(G_T)은 커져서 기지국에 전달하는 잡음레벨이 점점 증가하게 된다. 이 상황은 앞에서 언급했듯이 G_T가 커짐에 따라 기지국 지역의 커버리지가 점차 중계기 지역으로 이동되는 것으로 이해할 수 있다. 지금까지는 CDMA 방식을 기준으로 한 커버리지를 분석하였고, 이 분석방법을 이용하여 어떠한 이동통신 시스템이라도 커버리지 분석이 가능하며 예를 들어 표 5.2의 조건을 만족하는 임의의 이동통신 시스템에 대하여 커버리지 분석을 하면, 기지국과 중계기 사이의 커버리지 상호작용이 어떻게 일어나는지를 알 수 있다. 이와 같은 분석조건에서 커버리지 상호 분석을 한 분석한 데이터들을 살펴보자.

(커버리지 분석조건)

Parameter	항목조건	비고
기지국 잡음지수	5dB	
중계기 잡음지수	7dB	
사용 대역폭	9.6KHz	
최소요구 SNR	10dB	
간섭마진	5dB	
페이딩 마진	8dB	
단말기 최대 EIRP	25dBm(0.2W)	
경로손실모델	ITU Vehicular 모델	
사용주파수 대역	2.345GHz 대역	

[표 5.2 커버리지 분석을 위한 파라미터 조건]

그림 5.11은 중계링크 이득변화에 따른 기지국 수신감도의 변화추세를 나타낸다. 중계기가 낮은 링크이득으로 기지국에 링크될 때에는 중계기링크에 의한 영향이 작아서 기지국은 낮은 수신감도를 유지할 수 있지만 링크된 중계기의 링크경로 이득(G_T)이 높아질수록 중계기로부터 유입되는 잡음레벨이 커져서 기지국 수신기의 잡음레벨을 상승시켜 단말기 신호대잡음비를 열화 시키게 되어, 단말기는 기지국에 접속을 위해 단말기 송신출력을 높여 열화된 신호대잡음비를 개선하게 된다. 단말기 송신출력을 높이게 되면 기지국 수신기에 수신되는 신호레벨이 높아져 기지국 수신감도를 높이는 요인이 된다. 이 추세는 기지국 잡음지수 변화추세와 동일하며, 그림 5.12에서 보듯이 중계링크 이득이 −20dB이하의 낮은 중계기 링크이득일 때에는 기지국 잡음지수는 시스템 잡음지수(5dB)를 유지하여 중계기 링크에 의한 영향을 받지 않지만 링크이득이 높아짐에 따라 기지국 잡

음지수는 높아지고 상대적으로 링크된 중계기경로의 잡음지수는 낮아져서 링크이득이 20dB인 곳에서는 중계기 고유의 잡음지수(7dB)를 얻을 수 있게 된다. 이처럼 중계기 커버리지는 분산된 기지국 커버리지의 일종이므로 하나의 기지국 수신기에 연결되어야 하고, 이에 따라 한 쪽의 수신성능을 높이면 다른 쪽의 수신성능이 낮아지는 현상이 나타나게 되는 것은 당연한 일이다. 수신성능 교환에 의해 나타나는 기지국 및 중계기 커버리지 관계를 그림 5.13에 나타내었다. 중계링크 이득에 의해 커버리지는 서로 교환되게 되는데, 커버리지 분석을 통해 중계기 동작점을 잘 선택하면 통합 커버리지를 극대화 시키는 효과를 얻게 되어 중계기의 성능을 십분 발휘할 수 있게 된다.[24] 중계기의 잡음지수도 전체 커버리지에 영향을 주게 되는데, 중계기 시스템 잡음지수(NF_R)가 7dB, 5dB, 3dB일 때의 기지국과 중계기 커버리지 분석 데이터를 그림 5.14에서 확인할 수 있다.[25] 중계기의 잡음지수가 낮아지면서 중계기 커버리지는 점차 늘어나게 되고, 이에 따라 잡음지수의 개선만큼 기지국으로 유입되는 잡음레벨도 낮아져 링크기지국의 커버리지도 늘어나게 되는 것을 볼 수 있다.[26] 중계기 자체의 잡음지수가 개선됨에 따라 통합 커버리지도 넓어지고 특히 그 최대점이 중계링크 이득(G_T)이 높은 방향으로 이동하게 되는데 그 이유는 중계기 잡음지수가 개선됨에 따라 중계기 최대 커버리지가 기지국 최대 커버리지보다 커지게 되는 것을 의미한다.

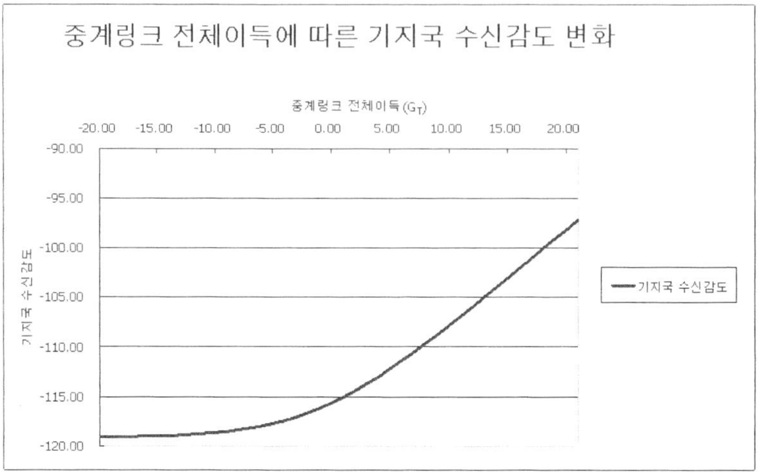

[그림 5.11 중계링크 이득변화에 따른 기지국 수신감도]

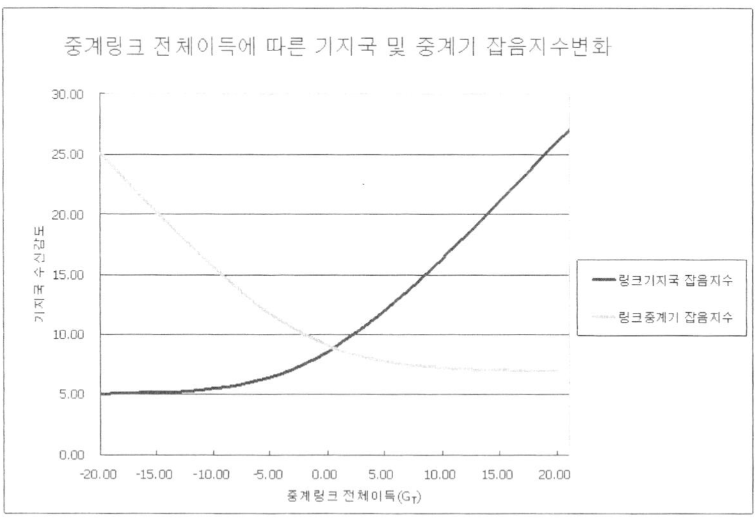

[그림 5.12 중계링크 이득변화에 따른 잡음지수 변화]

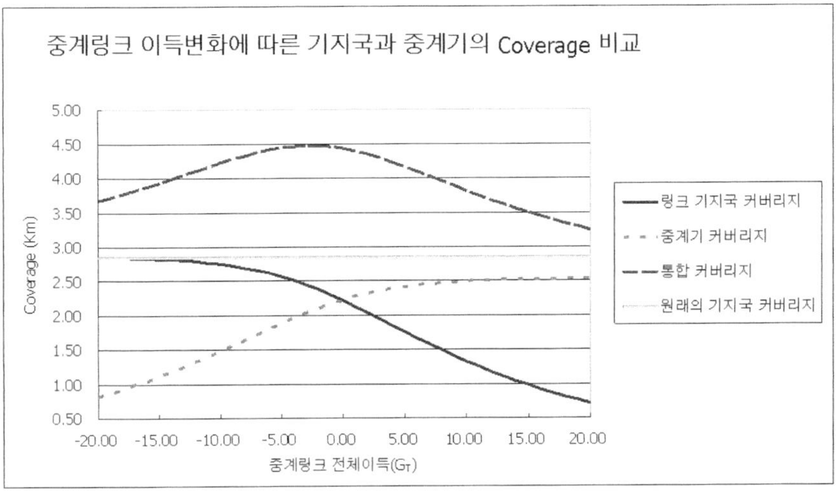

[그림 5.13 중계링크 이득변화에 따른 기지국과 중계기의 커버리지 변화]

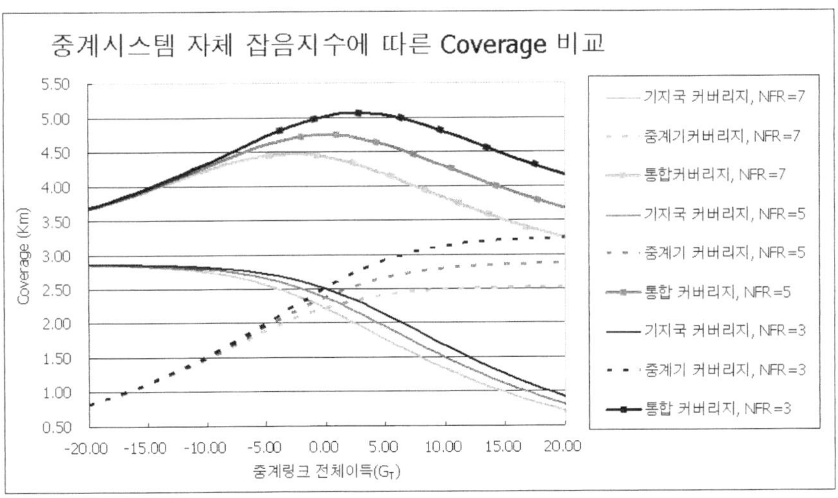

[그림 5.14 $NF_R=3,5,7DB$에서 링크이득(G_T)에 따른 커버리지 비교]

이번에는 최소요구 SNR에 따른 커버리지 변화를 살펴보기 위하여 잡음레벨이 -129.2dBm/9.6KHz인 기지국에 열화가 1.5dB 일어 나도록 중계기를 링크시키면, 중계기의 유입 잡음레벨은 -133.2dBm/9.6KHz가 되어 링크된 기지국 잡음레벨은 -127.7dBm/9.6KHz가 된다. 이 링크상태를 유지하면서 SNR이 20dB~-20dB의 범위에서 이동통신 기지국과 중계기의 커버리지 커버리지가 어떻게 변화하는지에 대하여 나타낸 것이 그림 5.15이다. 저속 데이터 전송을 위한 변조방식에서는 최소요구 SNR이 낮아도 통신이 가능하므로 넓은 커버리지를 얻을 수 있지만, 고속의 데이터 전송을 위한 변조방식은 최소요구 SNR이 높아야 데이터 복조가 가능하므로 커버리지가 상대적으로 작아지는 것을 확인할 수 있다.

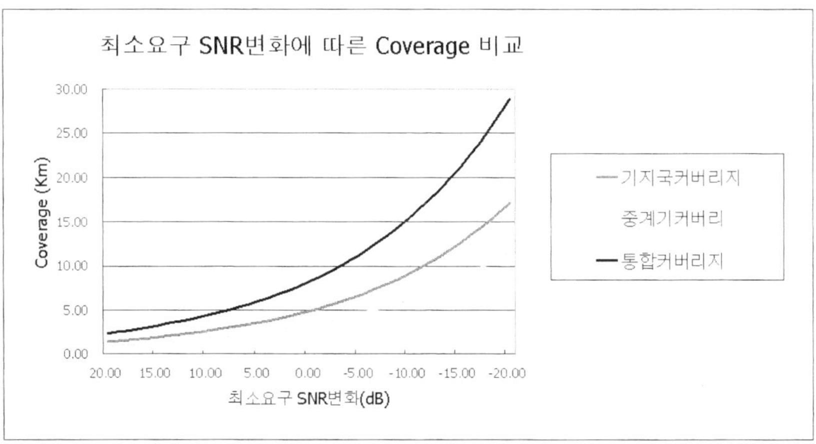

[그림 5.15 최소요구 SNR에 따른 커버리지 변화 비교]

5.1.5 기지국과 링크된 옥내 커버리지 분석

옥내 커버리지는 특성상 작은 커버리지가 여러 곳에 분산된 형태를 가지고 있다. 그러므로 분산된 커버리지를 서비스 하기 위해서는 이 지역에 안테나를 설치하여 무선환경을 제공하여야 한다. 옥외 커버리지 확보와는 달리 옥내 커버리지는 제한된 공간을 서비스 하는 방식이므로 커버리지 외곽지역에서 규정된 전계 강도를 만족하는 순방향 신호레벨을 공급하여 주면 역방향 단말기 송신신호레벨은 전력제어 기능에 의해 결정되어 옥내 안테나 및 중계기를 통해 기지국과 접속하게 된다. 이것은 기지국에 속한 또 다른 옥내 커버리지(중계기 커버리지)를 확보하는 것이라 할 수 있다. 그러므로 분산된 옥내 커버리지에서 기지국까지 얼마나 효과적인 링크를 이루었는가에 따라 옥내 커버리지 확보의 성패가 좌우되며, 분산 안테나를 이용한 중계기의 적용으로 효과적인 링크를 구현할 수 있다. 옥내 커버리지 확보에 대한 의미는 커버리지 극대화에 있는 것이 아니고 고품질의 커버리지를 확보하는데 있기 때문에 실내에 혼재하는 많은 기지국 신호레벨보다 높은 품질의 무선 신호를 제공하여 통화 또는 전송품질을 높이려는 목적을 가지고 있다. 옥내 커버리지에서 통화품질을 높이기 위해서는 분산 안테나를 포함한 중계기 링크에 대한 분석을 통하여 신호링크에 큰 영향을 주는 파라미터를 도출할 필요가 있고, 이 파라미터를 이용하여 옥내 커버리지를 최적화 하는 방법을 모색할 수 있다. 옥내 커버리지를 확보하기 위해 중계기의 송수신 안테나는 분산된 서비스 지역까지 RF 급전선 케이블로 연결되어야 하기 때문에 중계기의 출력포트로부터 분산된 안테나 포트까지의 큰 경로손실을 감수하여야 한다. 이 경로손실에는 안테나 포트의 수만큼 분기된 분배 손실(10log$N$ dB)과 안테나까지의 케이블 손실 등이 포함된다. 일반적으로 안테나 수에 따른 분배기의 분배손실은 주파수에 관계없이 분배된 개수만큼의 손실을 갖지만 안테나 케이블 손실인 경우에는 주파수가 높아질수록 손실이 증가한다.

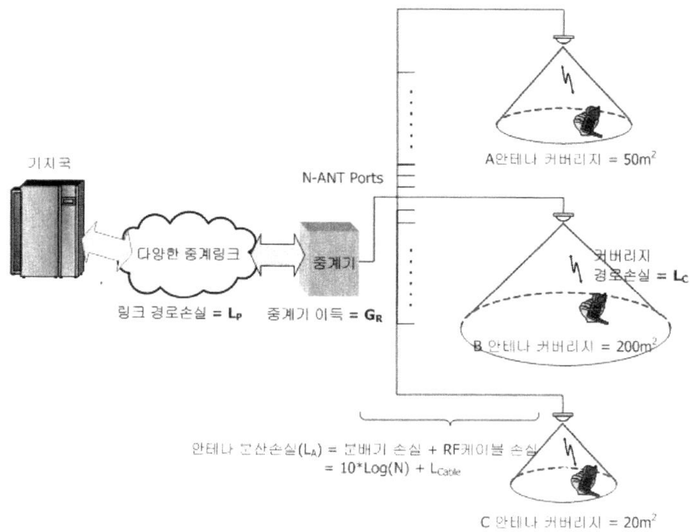

[그림 5.16 옥내 커버리지 확보를 위한 중계기 링크 구성]

커버리지의 분포형태에 따라 다소 차이가 있겠지만 일반적으로 중계기로부터 안테나까지의 안테나 분산손실은 약 20개의 안테나를 분산하여 사용한 경우에는 13dB의 분배손실과 RF 급전선 케이블 손실을 포함하여 기본적으로 20dB 이상의 안테나 분산손실을 갖게 된다. 하지만 이러한 안테나 분산손실은 순방향과 역방향 무선환경의 경로손실(Path Loss)과 동일하게 해석할 수 있어서, 경로손실을 이용한 일반적인 커버리지 분석으로 해석할 수 있다. 모두 동일한 안테나 분산손실을 갖도록 설계 된 지역에서는 안테나포트의 수신감도는 모두 동일하기 때문에 무선환경의 커버리지에 안테나 분산손실을 더해준 만큼의 경로손실을 갖는 커버리지를 형성할 것이다. 그러므로 기지국으로부터 옥내 커버리지까지의 전체 링크경로 이득에 대하여 정리하면 다음과 같다.

$$G_T : (\text{중계링크이득}) = (\text{경로손실})_{\text{링크}} + \text{중계기이득} = L_T + G_R$$

$$PL_C = \text{중계기와 단말기 사이의 경로손실}$$

$$= (\text{분산손실})_{\text{안테나}} + (\text{경로손실})_{\text{커버리지}} + (\text{페이딩마진})_{\text{커버리지}} + (\text{투과손실})_{\text{커버리지}}$$

$$= L_A + L_C + L_{Fading} + L_{Penetration} \quad (5.22)$$

옥내의 무선환경은 옥외 무선환경에 장애물에 의한 투과손실 및 이에 의한 심한 페이딩 효과가 추가되어야 한다.[27] 그러므로 실내 커버리지의 무선환경은 옥외 커버리지보다 심한 경로손실을 겪는다고 볼 수 있다. 또한 위의 식에서 알 수 있듯이 동일한 중계기 송수신 성능에서, 안테나 분산손실이 많을수록 각 안테나포트에서 서비스할 수 있는 무선 경로손실은 줄어들게 되어 각 안테나의 커버리지는 줄어들게 된다. 이렇게 안테나 분산손실이 포함된 커버리지 전파 경로손실을 해석함으로써 옥내 커버리지 분석을 위한 기초를 얻을 것이다. 보통 여러 개의 기지국신호들이 혼재한 옥내 지역에서는 통화 및 전송품질 개선을 위해 요구되는 단말기의 수신레벨(*RSSI*)이 정해지게 되는데 이것은 결국 중계기부터 단말기까지의 경로손실을 제한하게 된다. 만약 안테나 분산손실이 동일하게 적용된 안테나포트에서는 중계기에 의한 송신출력과 수신감도는 모든 안테나포트에서 동일하기 때문에 위의 식으로부터 안테나포트당 커버리지는 안테나 이득과 무선 경로손실로 결정되게 된다. 무선 경로손실은 옥내에 설치된 파티션 및 벽, 문 등의 장애물[28]에 따라 많은 영향을 받으므로 신호방사에 영향이 없는 곳에 안테나를 설치하여야 효과적인 커버리지를 얻을 수 있다. 각 커버리지가 동일한 무선환경을 가지고 있다고 가정할 때, 중계기 출력레벨은 안테나 분산손실과 커버리지 전파경로 손실이 나누어 갖게 된다. 그러므로 중계기 순방향 링크 출력신호 레벨은 옥내 커버리지 크기, 설치된 안테나 분산손실 및 요구되는 단말기 수신레벨 (*RSSI*)에 의해 결정되게 된다. [29]

$$(RSSI)_{required} = (Output\ Level)_{repeater} - (L_A + L_C + L_{Fading} + L_{Penetration})$$
$$(L_{Fading} = Fading\ margin,\ L_{Penetration} = Penetration\ Loss) \quad (5.23)$$

요구되는 단말기 수신레벨은 옥내의 무선환경마다 차이가 있지만 옥외에서 인입되는 혼재된 기지국 신호들보다 옥내 안테나 신호레벨이 10dB 이상 커야 핸드오프에 의한 호 손실을 일으키지 않을 뿐만 아니라 옥내의 장애물에 의한 불안정한 무선환경 속에서도 높은 통화품질을 유지할 수 있다. 만약 안테나 분산손실이 30dB, 옥내 커버리지 크기의 전파경로손실이 70dB, 실내 무선환경의 페이딩 마진 및 투과손실이 20dB인 옥내 커버리지 외곽에서 요구되는 단말기 RSSI가 -80dBm을 얻기 위해서 중계기 순방향 출력신호레벨은 다음과 같이 계산된다.

$$(Output\ Level)_{repeater} = (RSSI)_{required} - L_A - L_C + (L_{Fading} + L_{Penet})$$
$$= -80dBm - (-30dB) - (-70dB) - (-20dB) = 40dBm \quad (5.24)$$

또한 역방향의 경우에도 단말기 송신레벨을 기준으로 중계기링크를 통한 기지국 수신감도를 측정할 수 있다. 일반적인 이동통신 시스템의 경우 단말기의 안정된 통화품질을 유지하기 위한 송신출력 레벨은 0dBm 근처이므로 목표 커버리지 외곽에서의 단말기 신호가 0dBm을 유지하기 위한 경로손실을 구하면 다음과 같다.

$$\begin{aligned} L_C &= (\text{경로손실})_{\text{옥내커버리지}} \\ &= PL_C - (L_A + L_{Fading} + L_{Penetration}) \\ &= \{(Sensitivity)_{Linked\_BTS} - (T_x\ Power)_{Mobile} - G_T\} - (L_{Fading} + L_{Penetration} + L_A) \end{aligned}$$

$$\begin{cases} Sensitivity = SNR_{required} + 10 \times Log(10^{N_B/10} + 10^{N_R/10}) \\ N_B(\text{기지국잡음레벨}) \\ = -174\,dBm/Hz + 10 \times Log(Band\ Width) + NF_B \\ N_R(\text{중계기링크로부터 유입되는 잡음레벨}) \\ = -174\,dBm/Hz + 10 \times Log(Band\ Width) + NF_R + G_T \end{cases} \tag{5.25}$$

위의 분석조건과 같이 대역폭이 9.6KHz인 신호가 복조 가능한 최소 SNR이 10dB가 요구되는 시스템에서 기지국 잡음지수가 5dB, 중계기의 잡음지수가 7dB를 가지고 있다고 한다면, 중계기 링크이득(G_T)이 −10dB인 곳에서의 수신감도는 다음과 같다.

$$\begin{aligned} (Sensitivity)_{repeater} &= 10 + 10 \times Log(10^{-129.2/10} + 10^{-137.2/10}) \\ &= -118.6\,dBm/9.6\,KHz \end{aligned} \tag{5.26}$$

$$L_C = -118.6dBm/9.6KHz - 0dBm/9.6KHz + 10dBm + 30dBm + 20dBm$$
$$= -58.6dBm \quad (5.27)$$

즉, 중계기 링크이득이 -10dB인 곳에서 10dB의 SNR을 만족하면서 단말기의 출력레벨을 0dBm으로 접속할 수 있는 역방향 링크의 최대 커버리지는 L_C=-58.6dB를 만족하는 지역을 얻을 수 있다. 하지만 일반적인 경우 모든 안테나포트가 할당해야 할 커버리지 크기는 항상 동일하지 않다. 중계기로부터 단말기까지의 가능한 최대 경로손실은 이미 정해져 있으므로 각 안테나포트의 최대 커버리지 또한 이미 결정되었다고 말할 수 있다. 각 안테나 포트가 커버해야 할 면적이 다행히 최대 커버리지보다 작으면 문제가 없겠지만 때로는 서비스해야 할 면적이 최대 커버리지보다 큰 경우도 있을 것이다. 이러한 상황에서는 커버리지 외곽지역에서는 통화품질이 열화 되는 현상이 일어날 것이다. 이러한 상황에서는 중계기에서 안테나까지의 안테나 분산손실을 줄이면 이만큼의 경로손실을 무선 경로손실로 사용할 수 있어서 커버리지 확장이 가능하다.[30] 하지만 이 경우에는 이미 설치된 안테나 케이블을 새로 설치해야 하고 만약 이 케이블이 다른 이동통신 서비스와 공유하는 케이블이라면 변경이 곤란하다. 이러한 상황에서 유용하게 사용할 수 있는 것이 바로 안테나모듈의 이득을 구별하여 설치하는 방법이다. 안테나는 특성상 이득에 의해 수신되는 신호레벨을 높여서 신호대잡음비를 향상시키는 역할을 담당한다. 그러므로 이득이 높은 안테나는 송신신호도 높게 방사할 수 있을 뿐만 아니라 수신신호도 높여서 입력시키므로 중계기와 안테나포트 사이의 안테나 분산손실을 줄이는 역할을 하여 무선 커버리지를 확장할 수 있다. 실내형 안테나로는 다음 표와 같이 전방향(옴니)안테나와 지향성을 갖는 패치 안테나 등으로 나뉘는데 종류에 따라 2~11dB까지의 다양한 이득을 얻을 수 있다. 안테나 이득의 차이만큼 신호대잡음비는 개선이 될 수 있으므로 이득 차이만큼 경로손실의 이득을 볼 수 있다. 또한 커버리지에 따라서 안테나 이득을 차별해서 사용하여도 각 안테나 포트에서 형성되는 열 잡음레벨은 안테나 이득에 관계하지 않으므로 각 안테나포트의 커버리지에 영향을 주지 않는다.[31]

안테나종류	안테나 이득범위	적용부문
전방향(옴니)	2 ~ 5dBi	실내용
지향성(패치)	6 ~ 11dBi	실내용
지향성(야기)	6 ~ 12dBi	실외(실내)용
지향성(섹터)	12 ~ 17dBi	실외(실내)용

[표 5.3 안테나의 종류에 따른 이득범위]

차별화된 안테나모듈의 적용은 앞에서 논의한 G_T와는 무관하게 수신신호 레벨만을 높여 수신되는 신호의 SNR을 높이는 기능을 하므로 차별화된 커버리지 확보에 매우 유용한 부분이라 할 수 있다. 아래의 그래프는 안테나 이득의 증가로 인한 옥내 커버리지 크기의 변화를 나타낸다. 때로는 한 안테나 모듈이 충분히 넓은 지역을 서비스해야 할 때가 있다. 예를 들어 백화점이나 공장 등의 넓은 공간에 하나의 안테나모듈을 사용하여 서비스해야 할 때에 안테나모듈이 갖는 송신출력은 부족할 뿐만 아니라 역방향 수신감도 또한 나빠서 넓은 공간에 충분한 커버리지 확보가 불가능하다. 이러한 경우에는 분산된 커버리지 중 넓은 지역 서비스를 필요로 하는 안테나모듈의 송수신성능을 높일 필요가 있다. 또한 송수신 성능을 높이더라도 다른 안테나모듈의 송수신성능에는 영향을 주어서는 안 된다. 그러므로 분산된 커버리지 중에서 특정지역의 커버리지를 충분히 넓힐 필요가 있을 때에는 그 부분의 안테나 케이블에 분배기를 달아서 안테나 모듈을 추가하고, 그 지역의 커버리지의 극대화를 위해서는 그 지역에 추가되는 안테나 분배손실을 보상할 수 있거나 그보다 더 높은 이득을 가진 안테나를 사용하여야 한다. 아래의 그래프는 위의 분석조건을 만족하는 환경에서 안테나 이득에 의한 실내커버리지 변화를 나타낸 그래프이다.

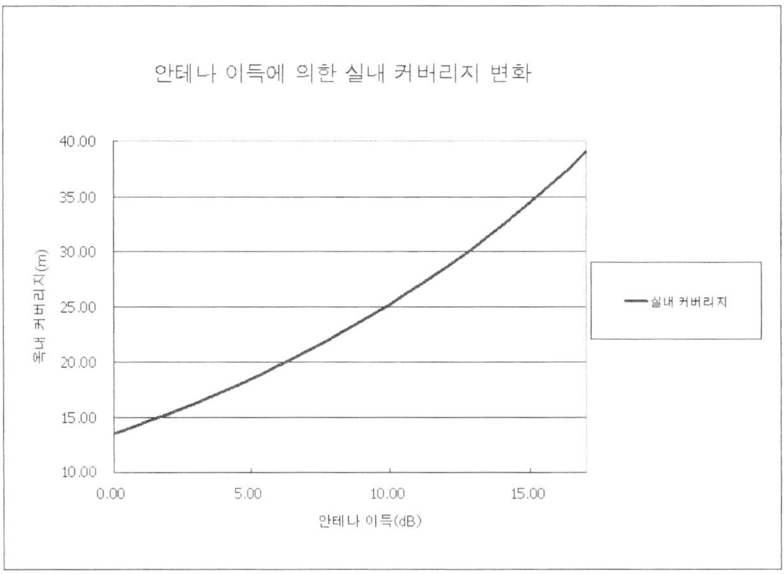

[그림 5.17 안테나 이득에 의한 옥내 커버리지 변화]

5.1.6 중계기의 현장 최적화 운용

중계기를 기지국과 링크하는 데 있어서 가장 중요하고 어려운 부분이 바로 역방향 링크이다. 역방향 링크는 중계기를 통하여 단말기 신호를 기지국으로 전달하는 경로로 이 경로가 무선환경에 맞도록 중계기가 조정되지 않을 경우에는 기지국 수신성능을 열화 시켜 기지국 커버리지를 줄이고 커버리지의 통화품질도 해치는 문제를 발생시킨다. 또한 역방향 링크는 순방향 링크와는 달리 단말기의 음성신호가 있을 때마다 신호레벨이 순간적으로 발생하므로 경로손실 및 출력레벨의 기준을 잡을만한 신호가 없다. 이러한 경우 우리는 잡음레벨을 이득 및 경로손실의 기준점으로 삼는다. 대역 내의 잡음레벨은 이득 및 손실로 인해 발생되는 에너지의 절대레벨을 가리키므로 이 레벨을 측정하여 시스템 이득 및 경로손실을 추정할 수 있다. 현재의 온도환경 속에서 기저대역의 잡음으로 존재하는 열 잡음 레벨을 모든 잡음을 표현하는 절대레벨로 사용한다. 시스템의 잡음레벨은 시스템의 이득과 잡음지수에 아래와 같은 관계를 가지고 있다.

$$\begin{aligned}&System\ Noies\ Level(dBm) \qquad (5.28)\\&=Thermal\ Noies(dBm)+System\ Gain(dB)+System\ Noies\ Figure(dB)\end{aligned}$$

열 잡음 레벨은 앞에서 논의한 바와 같이 다음과 같은 식으로 표현되며, 측정하려는 무선환경의 온도에 관계하여 변화한다. 또한 동일한 환경의 열 잡음 레벨도 측정하려는 대역 폭이 넓어질수록 열 잡음 레벨은 커지며, 그 관계는 다음 식과 같다.

$$N_{min}=KTB=-174+10\log B(dBm) \quad @290^\circ K \tag{5.29}$$

K=볼쯔만 상수

T=절대온도(°K)

B=측정하려는 대역폭

290° K인 자유공간에서 최소대역 폭인 1Hz에 포함된 기저 열 잡음 레벨은 −174dBm이고 대역폭이 증가함에 따라 10log(Band Width)만큼씩 높아진다. 아래의 표에 대표적인 대역폭의 열 잡음을 정리해 보았다.

대역폭,B(Band Width)	10logB	열 잡음(Thermal Noise)
1Hz	1	−174dBm
1KHz	30	−144dBm
100KHz	50	−124dBm
1MHz	60	−114dBm
1.23MHz	61	−113dBm
3.84MHz	66	−108dBm
8.44MHz	69.3	−104.7dBm
10MHz	70	−104dBm

[표 5.4 대역폭에 따른 열 잡음 레벨]

예를 들어 아래의 그림처럼 링크손실이 90dB인 위치에 중계기가 90dB의 이득을 가지고 링크된 경우의 중계기의 잡음레벨을 1Hz 대역폭으로 계산해 보면 다음과 같다.

$$링크\ 잡음레벨 = (1Hz대역\ 열잡음) + (중계기\ 잡음지수) + (중계기\ 이득) + (링크손실) \quad (5.30)$$

$$= -174dBm/1Hz + 7dB + 90dB - 90dB$$

$$= -167dBm/1Hz = -106dBm/1.23MHz$$

$$= -101dBm/3.84MHz = -97.7dBm/8.44MHz$$

기지국의 잡음지수가 5dB라면 기지국 잡음레벨은 -169dBm/Hz이 되고 여기에 위에서 계산한 중계기 링크의 잡음레벨 -167dBm/Hz이 기지국안테나로 유입되어 링크된 기지국 잡음레벨은 결국 -165dBm/Hz로 상승된다. 이로 인해 기지국 잡음지수는 4dB가 열화 되어 역방향 커버리지가 줄어들게 된다. 이러한 열화현상은 기지국 역방향 커버리지를 줄이고 커버리지 내에서의 단말기 송신출력을 높이게 되어 통화품질에 심각한 영향을 초래한다. 그러므로 이 경우에 링크된 중계기 이득을 적절히 낮추어 기지국 잡음레벨 열화를 최소화 해야 한다.

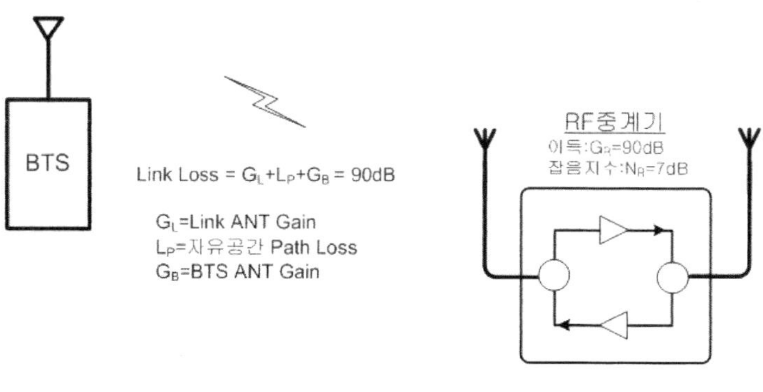

[그림 5.17 중계기 링크에 의한 기지국 잡음지수의 증가]

위의 분석결과에서 볼 수 있듯이 중계링크의 전체이득을 증가시키면 중계기의 링크 잡음지수가 줄어들어 수신감도가 증가하는 반면, 기지국 잡음지수는 증가되어 기지국 수신감도의 열화에 따라 기지국의 커버리지가 중계기로 이동하는 것을 확인할 수 있다. 중계기는 기지국의 부가장비임을 항상 기억하고 중계기를 위한 기지국이 되지 않도록, 중계기 링크에 의한 기지국 열화를 최소화 하는 범위에서 중계기를 최적화 해야 할 것이다.

5.1.7 단말기를 이용한 전파환경 측정 및 중계기 최적화

중계기 최적화란 중계기 커버리지를 극대화하면서 중계기에 의한 기지국 영향을 최소화 하는 과정을 의미한다. CDMA등과 같은 이동통신에서 단말기의 *RSSI*, E_c/I_o, 단말기 T_x Power, T_x Adjust, FER 등과 같은 현장의 신호품질을 나타내는 파라미터를 이용하여 단말기 근처의 무선환경을 진단할 수 있다. 이러한 값들은 CDMA를 비롯한 이동통신 네트워크를 진단하는데 척도가 되는 요소들이므로 무선망의 품질을 대변하는 값이라 할 수 있다.[32]

5.1.7.1 *RSSI*

*RSSI*는 Received Signal Strength Indicator의 줄임 말로써, 이 값은 단순히 수신되는 신호의 세기를 측정한 값이다. 이 수신신호는 단말기와 연결된 기지국 신호 이외에 다른 기지국으로부터 수신되는 신호들이 포함된 신호 수신세기를 나타낸다. 물론 이 값이 크게 나타나면 링크된 기

지국 신호의 수신상태가 양호할 가능성이 크다. 그러나 항상 그런 것은 아니고, 수신신호 세기는 양호하지만 그 지역의 다른 기지국 신호들을 포함한 잡음신호도 크다면 수신신호의 SNR이 나빠져 통화품질이 나빠지는 현상이 발생한다. 어쨌든 단말기의 *RSSI* 값은 중계기 설치 시 중계기의 순방향 출력을 무선환경에서 확인할 수 있는 파라미터이므로 이 값을 이용하여 중계기의 순방향 커버리지의 전계강도를 가늠할 수 있다. 설치된 중계기의 순방향 출력은 서비스해야 할 커버리지의 크기 및 형태에 의하여 결정된다. 먼저 안테나로 방사되는 중계기의 순방향 출력신호는 중계기 서비스지역과 기지국 서비스지역간의 원활한 핸드오프가 이루어 질 수 있는 정도의 레벨이 출력될 수 있도록 최적화를 실시하고 중계기 순방향 출력레벨은 단말기의 *RSSI* 기능으로 신호레벨을 측정하여 커버리지 각 지역에서의 순방향 전계강도를 확인할 수 있다. 목표로 한 중계기 커버리지 외곽지역에서 중계기가 링크된 기지국 섹터 PN신호를 잡은 단말기의 수신신호 레벨이 −80~−85dBm이 되도록 중계기의 출력을 조절한다. 중계기 순방향 출력을 너무 과다하게 사용하면 순방향과 역방향 사이의 커버리지 불균형이 일어나 이웃한 기지국이나 타 중계기 커버리지로 이동할 때에 원활한 핸드오프를 이룰 수 없다. 옥내 중계기의 출력을 결정하는 기준은 안테나 근처와 커버리지 외곽지역에서의 비교이다. 즉, 실내형 안테나가 사람들이 상주하는 곳에 설치된 경우에는 실내형 안테나 근처에서 측정된 단말기의 *RSSI* 레벨이 −20dBm이하가 되도록 중계기의 출력을 조절하고 이 신호가 커버리지 외곽지역에서 −80dBm 이상이 되는지 확인한다. 만약 커버리지 내에 단말기 수신신호 레벨이 −80dBm 이하가 되는 지역이 있으면 실내안테나 추가설치를 고려하던지 근처의 비 상주지역에 안테나를 설치하여 신호레벨을 높이는 방법이 있다. 예를 들어 셀룰라 CDMA 네트워크에서 -127dBm이 이상적인 단말기가 수신할 수 있는 최저레벨의 신호라 할 수 있다. 간단히 설명해 보면 9600bps 음성 전송데이터의 확산이득은 21dB이고, 음성통화에 필요한 최소 E_b/N_o가 7dB이므로 -113dBm/1.23MHz - 21dB+7dB=-127dBm/1.23MHz 이다. 하지만 이 계산은 시스템의 잡음지수와 무선환경의 페이딩 같은 열화 파라미터를 포함하지 않은 값이므로 실제 무선환경의 페이딩 마진과 간섭마진은 이동통신의 변조방식에 따라 차이가 있기 때문에 본 논문에서는 800MHz CDMA방식이 무선환경에서 열화되는 성분들에 대한 최소 수신신호 레벨을 계산해 보도록 하겠다.

· Fading Margin : 6dB

· Interference Margin : 3dB

· Clutter Loss(나무 또는 다른 장애물에 의한 손실) : 10dB

· Mobile Noise Figure : 10dB

∴ Minimum RSSI =-127dBm+6dB+3dB+10dB+10dB=-98dBm

Clutter Loss는 실내환경이나 도심지의 복잡한 무선환경을 고려한 파라미터이므로 -96~-106dBm사이의 신호레벨은 무선환경의 변화에 따라 접속 가능한 상황이 될 수도 있고, 접속된 "호"도 언제든지 단절될 수 있는 범위이다. *RSSI*는 다음과 같이 3가지 지역으로 나뉜다.

지역구분	신호범위(*RSSI*)	지역 무선환경 설명
양호지역	*RSSI* 〉 −85dBm	옥 내외에서 단말기가 필요한 충분한 신호레벨을 수신할 수 있는 지역 (Green Area)
외곽지역	−95≤*RSSI*≤−85dBm	옥내에서는 서비스가 어렵지만 옥외에서는 서비스가 가능한 지역 (Yellow Area)
호 절단지역	*RSSI* 〈 −95dBm	옥내 외 어디에서도 CDMA 네트워크에 접속하기 어려운 지역 (Red Area)

[표 5.5 *RSSI* 범위에 의한 지역구분 및 지역 무선환경 설명]

5.1.7.2 단말기 T_x Power

커버리지 설계가 잘 되어 있는 무선 네트워크에서 단말기 송신전력은 이 지역의 다른 단말기에 간섭을 최소화 하기 위하여 가능한 낮은 레벨로 송신하도록 작동된다. CDMA 시스템에서도 마찬가지로 끊임없이 단말기 출력레벨을 조정한다. 역으로 단말기의 송신출력이 적당한 레벨(0dBm) 이하에서 작동되도록 한다면 그 지역의 무선 네트워크는 잘 설계되어 있다고 할 수 있다. 단말기 송신출력(T_x Power)은 기지국에서 멀어질수록 더욱 높아지게 되고 아래와 같은 등급으로 나뉠 수 있다.

지역구분	송신전력(T_x Power)	지역 설명
양호지역	T_x Power < -21dBm	주위의 호가 없는 상태에서 최적의 송신 전력으로 접속 가능 지역(Dark Green)
	$-21 \le T_x$ Power $\le$ 0dBm	주위의 호가 많아진 상태이지만 최적의 송신 전력으로 접속가능 지역(Green)
"호" 유지 지역	$0 < T_x$ Power $\le$ 14dBm	"호"접속이 가능하지만 접속된 "호"를 유지하는데 많은 전력을 소모하는 지역(Yellow)
"호" 단절지역	T_x Power > +14dBm	"호"가 단절되는 지역으로 단말기의 최대전력으로 접속되더라도 다른 단말기의 접속에 의해 "호" 단절이 되는 지역(Red Area)

[표 5.6 단말기 T_x Power 범위에 의한 지역구분 및 지역 무선환경 설명]

5.1.7.3 E_c/I_o(Energy per chip to Interference Ratio)

무선망의 순방향 신호분석에 고려하는 또 하나의 파라미터는 E_c/I_o이며, 이 값은 파일럿 신호의 신호대잡음비 또는 파일럿 신호의 질을 나타낸다. 특히 CDMA의 경우에는 잡음레벨이 무선 네트워크의 용량을 결정하기 때문에 무선망 분석에서 간과해서는 안될 중요한 파라미터이다. 그래서 *RSSI* 값이 높고 E_c/I_o 값이 좋다면 수신되는 신호 중 링크된 기지국 신호세기가 크다는 것을 의미하기 때문에 통신상태가 좋아진다. 일반적으로 신호대잡음비(SNR)라는 것은 통신에서 사용하는 기본적인 개념이며, 무선 이동통신 시스템의 경우는 E_c/I_o 및 FER이 그것을 대신한다. CDMA방식을 비롯하여 많은 이동통신 방식은 주파수 공용방식을 사용하므로 각 셀들은 서로 동일채널간의 간섭을 반드시 유발하게 되는데 이 간섭 정도를 확인하여 시스템에서 제어할 수 있을 정도의 신호대잡음비를 유지하는 것이 통화품질의 성패를 결정짓는 중요한 부분이라 할 수 있다. 단말기는 이 E_c/I_o값을 계속 측정하여 T_ADD나 T_DROP등과 같은 여러 파라미터의 임계치와 비교하여 핸드오프를 위한 판단기준으로 삼기도 한다. 특히 잡음레벨 속에서 통신하는 CDMA방식에서 이 E_c/I_o는 Pilot 신호의 신호대잡음비를 측정하여 Pilot 신호의 오염 정도를 나타내는 값으로 순방향의 통화가능성을 판단하는 척도로 사용된다. 이 값은 아래와 같이 3개의 그룹으로 분류된다.

지역구분	E_c/I_o 값	지역 설명
음질양호지역	$-10 \leq E_c/I_o \leq -2$dB	무선환경의 간섭신호가 적고, 음성통화의 질이 매우 안정된 지역 (Green Area)
핸드오프지역	$-20 \leq E_c/I_o < -10$dB	음성통화의 질이 나빠지기 시작하고, 핸드 오프를 위해 다른 기지국의 파일럿신호를 찾음 (Yellow Area)
무선문제지역	$E_c/I_o < -21$dB	기지국 신호가 없거나 외부신호의 간섭이 매우 심하여, 통화가 불가능한 지역(Red Area)

[표 5.7 단말기 E_c/I_o 범위에 의한 지역구분 및 지역 무선환경 설명]

5.1.7.4 FER(Forward Frame Error Rate)

*RSSI*나 E_c/I_o 등의 파라 미터는 수신되는 신호의 통화품질을 예측하기 위한 것이고, 이것은 다른 말로 얼마의 Frame Error Rate(FER)를 가지느냐를 말하기도 한다. 음성데이터의 경우 한 프레임의 길이는 20msec 이다. 즉 하나의 프레임은 20msec동안의 음성정보를 담고 있어 한 프레임의 데이터가 소실되면 20msec의 음성이 소실된다는 것을 알 수 있다.

따라서 E_c/I_o나 $RSSI$등과 같은 값들이 열악해지면 프레임을 구성하는 정비비트가 소실되어 프레임에러가 발생되는데 이 일을 담당하는 보코더에서는 각 프레임의 CRC 체크를 하고, 정보가 소실된 프레임은 에러로 처리한다. 이 파라 미터는 송신 기지국으로부터 수신되는 순방향 신호의 호 품질을 나타내며 E_c/I_o와 매우 관계가 깊고 아래와 같이 4가지로 분류된다.

지역구분	FER 값	지역 설명
양호지역	0 ~ 2%	통화품질이 뛰어난 지역(Dark Green)
	3 ~ 7%	통화품질이 좋지만 "호"가 많은 지역(Green)
불안정지역	8 ~ 20%	무선환경이 불안정하여 통화품질이 나쁜 지역 (Yellow)
통화불능지역	〉21%	높은 frame Error로 통화가 불능하고, "호" 접속이 불가능한 지역(Red Area)

[표 5.8 단말기 FER 범위에 의한 지역구분 및 지역 무선환경 설명]

5.1.7.5 RF중계기의 커버리지 측정의 예

다음은 RF중계기를 아래의 운용조건으로 설치하고 이에 대한 중계기 커버리지를 DM(Diagnostic Tool)을 이용하여 측정한 시험데이터이다. 커버리지 측정을 위한 설치환경은 아래와 같다. 이 필드시험을 위해서 최대이득이 95dB이고 순방향(하향링크) 최대출력이 30W(45dBm)인 RF중계기를 설치하였다. 모기지국과의 거리는 2.1km이고 모기지국 안테나와 중계기 링크안테나간 링크경로는 육안으로는 가시선상에 있었지만 1st Fresnel Zone 안에 많은 장애물들이 근접해 있는 상태이었다. 중계기 설치장소에서 링크안테나는 지상에서 20m 높이의 건물옥상에 위치하여 있고, 링크안테나로 수신되는 순방향(하향링크) 신호의 세기는 −55dBm/FA이어서 안테나 이득을 포함한 경로손실은 97dB인 것으로 확인되었다.(기지국 송신출력은 42dBm/FA였음) 중계기 출력레벨을 5W/FA(37dBm/FA)가 되도록 중계기 순방향 이득을 92dB로 설정하였으므로 중계기 서비스안테나의 EIRP는 200W/FA (53dBm/FA)가 방사되었다. 역방향(상향링크)의 경우 경로손실이 상향링크와 동일하다는 조건하에 97dB를 고려하여 이 경로손실 후, 기지국 안테나케이블의 잡음레벨을 0.5dB이하로 열화 되는 조건으로 중계기의 역방향 이득을 87dB로 조절하여 기지국 안테나를 통하여 케이블 내에 입력된 중계기의 잡음레벨이 −118dBm인 상태를 유지하도록 중계기 역방향을 링크시켰다.

그림 5.19와 그림 5.20의 DM을 이용한 측정 데이터는 링크된 중계기가 꺼졌을 때와 켜졌을 때 각각 측정한 데이터이다. 그림 5.19는 링크섹터 PN196에 대한 E_c/I_o의 측정값이다. 기지국 PN196 섹터의 커버리지에서는 대부분 −8dB 이상의 E_c/I_o 값을 가지고 있고, 중계기 설치위치에서의 E_c/I_o도 −6dB 정도의 값이 단말기를 통해 수신된다. 하지만 중계기 커버리지 지역에서는 −12dB이하로 PN196의 전파환경이 나빠서 핸드오프가 요구되는 지역임을 확인할 수 있다.

●설치환경

모기지국과 중계기 사이의 링크거리 : 2.1km

중계기 링크안테나 : 12dBi Yagi-Antenna

중계기 서비스안테나 : 16dBi Sector(Panel) Antenna

대항목	소항목	항목에 대한 설명	성능
기지국 송신	기지국 출력레벨	기지국 시스템 송신레벨	42dBm/FA
순방향 링크	링크 손실	기지국출력단에서 중계기입력단까지 경로손실 (이 경로 손실에는 모든 안테나 이득이 포함됨)	97dB
중계기 순방향 이득 및 송신	중계기 순방향 수신레벨	링크안테나로 수신되는 순방향 신호레벨	−55dBm /1.23MHz
	중계기 순방향이득	중계기 순방향 신호를 증폭시키는 이득	92dB
	중계기 순방향 송신레벨	중계기 이득을 통하여 증폭하는 출력레벨	37dBm/FA
	서비스안테나 EIRP	중계기 서비스안테나로 송신되는 출력레벨	53dBm/FA
중계기 역방향 이득 및 잡음	중계기 잡음지수	중계기 역방향의 SNR을 열화 시키는 요소	5dB
	중계기 역방향 열 잡음	중계기의 잡음지수에 의해 형성된 잡음레벨	−108dBm/FA
	중계기 역방향 이득	기지국과의 링크를 고려한 역방향 이득	87dB
	중계기 역방향 출력잡음	기지국으로 송신되는 중계기 역방향 출력잡음	−21dBm /1.23MHz
역방향 링크	링크 손실	역방향 링크경로 손실(링크를 위한 기지국 안테나 및 중계기 안테나 이득이 포함됨)	97dB
기지국 역방향 잡음레벨	기지국에 입력되는 중계기 잡음레벨	기지국에 입력되는 중계기 잡음레벨	−118dBm /1.23MHz
	기지국 역방향 잡음지수	기지국 수신부의 SNR을 열화 시키는 요소	5dB
	기지국 자체 잡음레벨	기지국 수신부의 잡음지수로 인한 잡음레벨	−108dBm /1.23MHz
	중계기 + 기지국 잡음레벨	기지국 자체 잡음레벨 + 중계기의 잡음레벨	(−108dBm/ 1.23MHz + 118dBm/ 1.23MHz) −107.6dBm/ 1.23MHz
	기지국 열화 정도	중계기 링크로 인한 기지국 잡음레벨 상승	0.4dB

[표 5.9 기지국과 링크된 RF중계기의 경로버짓 예]

이 상태에서 중계기를 켰을 때에 중계기 커버리지 지역의 PN196(모기지국 PN)의 E_c/I_o가 −6dB 이상이 되어 PN196섹터의 신호가 음영지역에 원활하게 공급되고 있음을 알 수 있다. 특히 목표로 했던 500m 이내의 커버리지에서는 E_c/I_o가 −4dB 이상을 유지하고 있는 것을 확인할 수 있다. 그림 5.20은 단말기 수신 전계강도인 *RSSI*에 대한 데이터이다. 중계기가 작동되지 않는 상태에서는 기지국 근처의 커버리지에서 멀어질수록 단말기 *RSSI*가 줄어들어 중계기 설치위치에서 기지국 신호만의 *RSSI*는 −75~−84dBm(녹색) 정도이고 중계기 커버리지 지역의 *RSSI*는 이보다 더 열악한 −85~−94dBm(노란색) 정도를 나타내고 있음을 알 수 있다. 이 상태에서 중계기를 동작시켰을 때, 단말기의 *RSSI*는 중계기로부터 500m 떨어진 지점까지는 −75dBm 이상의 *RSSI*를 얻을 수 있었고, 1km의 거리까지 −85dBm이상의 단말기 *RSSI*를 얻을 수 있었다. 또한 중계기 커버리지 안에서 중계기의 순방향과 역방향 이득균형 차이가 5dB 발생하였고, 기지국과의 링크 시에 기지국 잡음레벨보다 10dB 더 낮은 레벨로 링크가 되어있어, 실제의 단말기 T_x Adjust는 0~+7dB정도로 Open Loop 전력제어레벨 값보다 더 높게 송신하는 것을 확인하였다.

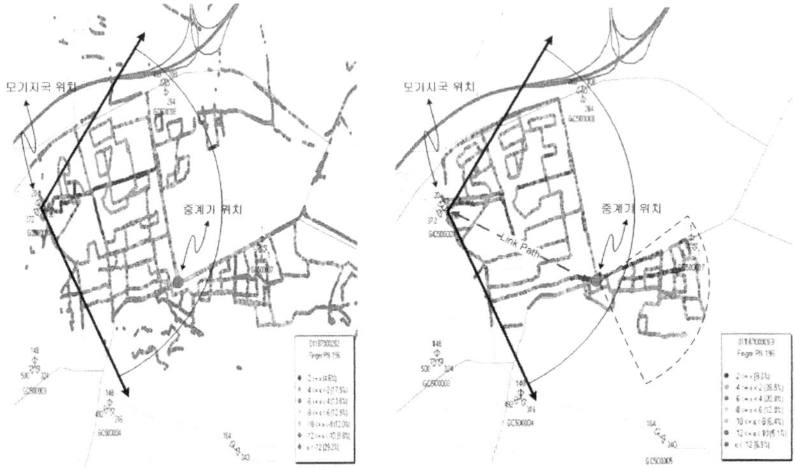

(a) 중계기 사용 전　　　　(b) 중계기 사용 후

[그림 5.18 중계기 커버리지에서 링크섹터 PN196 E_C/I_O 측정]

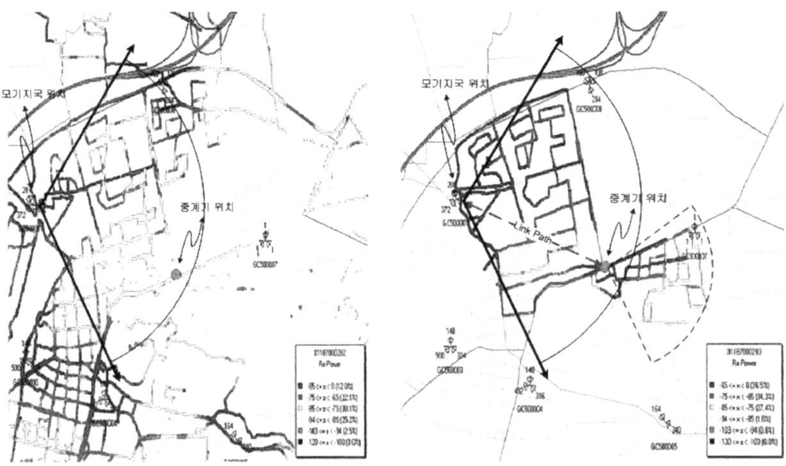

(a) 중계기 사용 전　　　　(b) 중계기 사용 후

[그림 5.19 중계기 커버리지에서 링크섹터 RSSI 측정]

5.1.7.6 중계기 커버리지에서 이득균형

다음은 중계기 커버리지 안에서의 순방향, 역방향 이득 균형을 유지하는 방법에 대하여 알아보자. 단말기의 RSSI(Received Signal Strength Indicator)와 E_c/I_o는 중계기의 순방향 출력신호 상태를 측정하는데 사용한다면 단말기의 T_x Power 및 T_x Adjust는 중계기의 역방향 링크상태 및 순방향 역방향 경로 균형유지 여부를 확인할 수 있는 파라미터이다. 만약 중계기의 순방향 경로에 비해 역방향 경로의 이득이 적은 경우, 기지국은 단말기에게 더 높은 출력으로 신호를 보내라는 메시지를 보내게 되고 이에 따라 단말기는 더 높은 출력으로 네트워크 접속을 시도하게 된다. 이럴 경우 단말기의 T_x Power와 T_x Adjust가 높게 측정되는데 이것은 단말기의 부품과 배터리 수명을 단축시킨다. 단말기의 T_x Power는 아래의 식에 의해 조절된다.

$$
\begin{aligned}
&T_x\ Power = K - RSSI + T_x\ Adjust \\
&T_x\ Adjust = -K + RSSI + T_x\ Power
\end{aligned}
\tag{5.31}
$$

K값은 서비스방식과 사용주파수대역에 따라 다소 차이가 있고, 우리나라 CDMA의 경우, 800MHz대역에서는 −73, 1.8GHz대역에서는 −76이다. T_x Adjust 값은 Open Loop 전력제어로 결정된 단말기 출력레벨부터 조정된 출력 값의 차이를 의미한다. 한편 단말기의 T_x Power값은 역방향 통화 중의 상태를 표시하는 값으로 중계기의 순방향 출력이 높을수록 또는 역방향 수신감도가 좋아질수록 낮은(−) 값을 나타낸다. 그러므로 위의 파라미터들을 이용하면 중계기의 수신감도를 대략 계산하여 예측할 수 있다. 수신감도란 3%이하의 FER(Frame Error Rate)를 가지면서 통

화하는데 필요한 최소의 수신신호 레벨을 의미한다.

중계기 수신감도

= (단말기 T_x Power) − (단말기와 중계기사이의 경로손실)

= (단말기 T_x Power) − (중계기 출력레벨 − 단말기 $RSSI$)

= $K - RSSI + T_x$ Adjust − 중계기 출력레벨 + $RSSI$

= $K + T_x$ Adjust − 중계기 출력레벨

$$\therefore \text{중계기 수신감도} = (K - \text{중계기출력} + T_x \text{ Adjust})\text{dBm} \quad (5.32)$$

이 식은 중계기 안테나로부터 장애물이 없는 가까운 위치에서 측정한 상태에서 유효하며 만약 안테나로부터 멀리 떨어진 곳에서는 페이딩 마진 및 간섭마진 등이 포함되어야 하므로 정확도가 떨어진다. 예를 들어 800MHz대 CDMA 중계기 순방향 출력이 30dBm/FA인 커버리지 내의 한 지점에서 단말기의 T_x Adjust가 −5dB라면, 중계기 수신감도 = −73 − 30dBm − 5dB = −108dBm 임을 알 수 있다. 중계기 수신감도는 중계기의 잡음지수 성능에 의해서도 영향을 받지만 기지국에 유입되는 중계기의 잡음레벨에 따라 링크 중계기의 잡음지수가 달라지므로 주로 그 지역에서의 중계기 순방향, 역방향 이득조절 값에 의해 영향을 받는다. 물론 중계기의 순방향, 역방향 이득을 높여서 중계기 출력을 높이고 단말기의 T_x Adjust를 낮추면 중계기의 수신감도는 기지국 수신감도만큼 좋아지지만 그 대신 중계기에 링크된 기지국의 수신감도는 중계기의 잡음레벨 유입에 의해 심각하게 나빠진다. 이러한 경우 기지국에 링크된 중계기 커버리지는 확장되는데 비해 모기지국의 커버리지는 축소되어 중계기를 위한 기지국으로 전락하고 만다. 아래의 계산결과 도표는 아래의 조건에 맞게 구성된 무선환경에 중계기 링크에 의한 잡음레벨과 중계기 수신감도를 계산한 도표이다. 아래의 T_x Adjust 값은 중계기 커버리지에서 Open Loop 전력제어 값이 무선환경에 적당하여 Closed Loop 전력제어가 필요 없다는 가정하에, 중계기의 역방향 이득을 순방향 이득보다 5dB 낮게 설정하였을 때, 경로손실의 균형을 유지하기 위하여 단말기 출력을 5dB 더 높게 송신하게 되고 이 값은 T_x Adjust 값으로 나타난다. 이 때의 중계기 수신감도를 T_x Adjust 값을 이용하여 계산하면

$$\text{중계기 수신감도} = -73 - 30\text{dBm} - 5\text{dB} = -108\text{dBm} \qquad (5.33)$$

조건)

시스템	시스템 순방향 출력레벨	역방향 잡음지수	역방향 열 잡음레벨
기지국	40dBm	5dB	-108dBm/1.23MHz
중계기	30dBm	7dB	-106dBm/1.23MHz

계산결과)

<table>
<tr><th>도너
안테나
입력레벨</th><th>기지국
~중계기
경로손실</th><th>중계기 이득
순방향
/역방향</th><th>유입되는
중계기
잡음레벨</th><th>기지국
수신감도
열화</th><th>중계기
수신감도</th><th>단말기
T_x Adjust</th></tr>
<tr><td>-40</td><td>80</td><td>70/65dB</td><td rowspan="6">-121dBm</td><td rowspan="6">0.2dB</td><td rowspan="6">-108dBm</td><td rowspan="6">+5dB</td></tr>
<tr><td>-45</td><td>85</td><td>75/70dB</td></tr>
<tr><td>-50</td><td>90</td><td>80/75dB</td></tr>
<tr><td>-55</td><td>95</td><td>85/80dB</td></tr>
<tr><td>-60</td><td>100</td><td>90/85dB</td></tr>
<tr><td>-65</td><td>105</td><td>95/90dB</td></tr>
</table>

[표 5.10 다양한 링크 경로손실에 의한 중계기 순방향 역방향 이득조정]

고출력 고이득 중계기일수록 또한 기지국과 링크된 중계기의 순방향과 역방향 이득을 동일하게 할수록 기지국에 유입되는 잡음레벨은 더욱 커지므로 고출력 중계기 사용시에는 역방향 이득을 순방향 이득보다 3~5dB 낮게 조절하여 링크 기지국의 역방향 잡음레벨 유입을 줄여서 기지국 열화를 최소화 한다. 이 경우에는 중계기 커버리지의 단말기 송신출력이 중계기 순방향과 역방향 이득 차이만큼 높아지게 된다. 중계기 커버리지 안에 있는 단말기의 송신출력이 높아진 만큼 기지국 잡음레벨 열화를 낮추므로 링크된 고출력 중계기를 이용한 최적화에 중요한 부분이 된다. 이렇듯 중계기는 이미 운용되고 있는 이동통신 무선 네트워크의 커버리지를 보완하기 위하여 설치되는 부가장비이다. 따라서 중계기의 커버리지는 그 중계기를 관할하는 기지국의 커버리지보다 좋은 환경이 되어서는 안 된다. 기지국 수신성능 열화를 최소화하기 위하여 중계기 커버리지 내에서의 수신성능은 기지국 성능보다 나쁜 조건을 갖는 것이 당연하다 할 것이다.

5.2 광 중계기의 링크분석

5.2.1 순방향 동작점

광 중계기는 기지국과의 링크가 유선으로 이루어져 있어 매우 안정된 기지국 신호를 원격부 커버리지에 전달할 수 있다. 사실상 광 중계기 원격부의 서비스안테나에서 송신하는 순방향 신호의 파형의 질은 기지국 송신기에서 송신하는 신호의 질과 비교해서 전혀 손색이 없는 고품질의 신호라 할 수 있다. 기지국으로부터 유선으로 제공받는 고품질의 순방향 신호를 원격부에서 동일한 품질로 송신하기 위해서는 몇 가지 중계기의 동작점을 찾을 필요가 있다. 모든 무선 시스템에서도 그렇듯이 중계기의 순방향 출력레벨은 역방향 커버리지를 고려하여 결정해야 한다. 예를 들어 중계기의 역방향 셀 반경이 2km인데 비해 높은 순방향 출력레벨에 의해 순방향 셀 반경이 4km가 되었다면 순방향 송신부는 과 설계 되었다고 말할 수 있고, 이러한 경우 이웃하는 셀에도 영향을 미치기 때문에 순방향 셀 반경을 줄여야 한다. 따라서 중계기의 역방향 셀 반경을 검토한 후에 균형을 이룰 수 있는 순방향 출력레벨을 갖도록 순방향 송신부(고출력 증폭기 등)를 설계하는 것이 경제적이다. 일반적으로 기지국의 순방향/역방향 셀 반경이 균형을 이루도록 조정되어 있고, 중계기의 역방향 수신감도가 기지국 역방향 수신감도와 동일하다고 가정하면, 역방향 다이버시티 수신부가 없는 중계기의 최대출력 레벨은 기지국 최대출력에 비해 약 8dB정도 낮은 출력으로 설정하는 것이 좋다. 이는 기지국의 수신 다이버시티 성능이 약 2~8dB의 수신성능 개선의 효과를 가져오기 때문이다. 일반적으로 다이버시티 수신 기능이 없는 RF중계기인 경우에 순방향 최대출력이 5W(37dBm) 이상이 넘을 필요가 없다는 것이 그 이유이다. 또한 기지국 출력레벨의 설정에 따라 시스템 통화용량에 많은 영향을 준다. 과도하게 설정된 중계기 순방향 전력레벨은 통화량 증가 시 중계기 순방향 고출력 증폭기의 포화를 발생시켜 순방향 신호의 선형성을 손상시키는 원인이 되어 무선환경을 해칠 수 있으므로 링크된 기지국 통화량 증가 시에도 중계기 순방향 고출력 증폭기가 최대출력에 도달하지 않도록 중계기 순방향 출력을 설정하여야 한다. 아래의 그림과 같이 CDMA 하향링크 신호에서 통화량이 없을 때와 최대 통화량을 가질 때의 기지국 출력신호 변화는 약 5dB 정도이므로 중계기 설치 시에는 최대출력에서 5dB 낮은 출력레벨을 갖도록 조정하여야 한다.

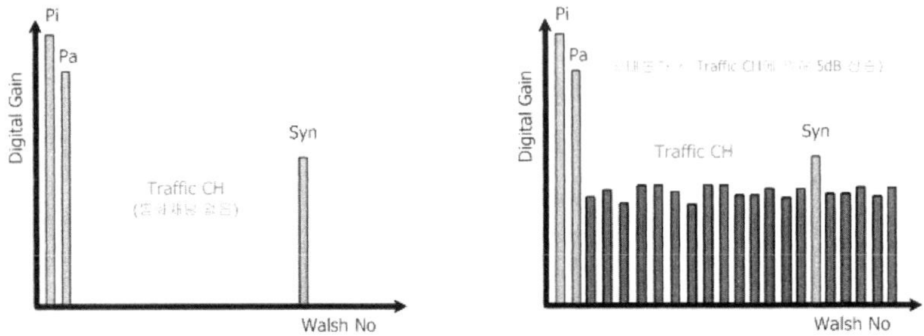

(a) 통화량이 없을 때 (b) 통화량이 최대일 때

[그림 5.20 통화량에 따른 출력레벨의 변화]

5.2.2 역방향 동작점

모든 이동통신 시스템의 순방향 링크는 신호 다중화를 기초로 설계되었고 역방향 링크는 다중접속을 주요기능으로 구성된다고 할 수 있다. 신호 다중화란 기지국 송신신호에는 셀 내에 위치하거나 이웃한 모든 단말기의 정보를 포함되어야 한다는 의미이고, 다중접속이란 기지국 셀 내에 위치한 모든 단말기들의 접속 신호들을 동시에 처리할 수 있는 능력을 갖추어야 한다는 것이다. 기지국과 단말기의 중간에 위치하는 중계기의 입장에서 보면, 순방향의 경우 기지국 성능과 다중화 된 신호를 처리할 수 있도록 송신 성능에 중점을 두어야 하고, 역방향의 경우 링크되는 기지국에 다중접속이 가능하도록 중계기 커버리지의 단말기 신호들을 기지국에 전달해 주어야 한다. 그러므로 역방향 동작점을 찾기 위해서는 중계기와 기지국의 수신성능을 먼저 분석해야 하고 중계기가 기지국에 링크될 때의 수신성능 영향을 분석하여 역방향 동작점을 고려해야 한다. 얼마나 낮은 수신신호에서도 호 처리가 가능한가에 대하여 분석하는 것을 수신성능이라 하고, 그 대표적인 분석이 수신감도 분석이다. 이미 RF중계기의 역방향 동작점 분석에서 언급되었지만 수신감도에 영향을 주는 것은 기지국 또는 중계기의 잡음지수와 무선구간에서의 다른 단말기 신호에 의한 간섭이 있다. 하나의 단말기가 접속되어 다른 단말기의 영향이 없다는 가정하에 시스템의 잡음지수에 의한 영향만을 고려하여 수신감도를 생각해 보자. 잡음지수 7dB, 필요한 E_b/N_o=7dB, 음성 전송속도가 9600bps인 CDMA 시스템의 수신감도는 다음과 같다.

$$\begin{aligned} Sensitivity &= (E_b/N_o)_{min} + (-174 + NF) + 10log(T_x\ Rate) \\ &= 7dB + (-174dBm + 7dB) + 10log(9600) \qquad (5.34) \\ &= -120.2dBm/1.23MHz \end{aligned}$$

다음에는 잡음지수 7dB, 필요한 SNR=5dB, 반송파 대역폭이 9.766KHz인 Wibro 신호의 하나의 부반송파에 대한 수신감도는 다음과 같다.

$$\begin{aligned} Sensitivity &= (SNR)_{min} + (-174dBm + NF) + 10log(\text{대역폭}) \\ &= 5dB + (-174dBm + 7dB) + 10log(9766) \qquad (5.35) \\ &= -122.1dBm/9.766KHz \end{aligned}$$

물론 Wibro는 하나의 부반송파로는 데이터 전송에 의미가 없지만 셀 내에 접속된 사용자 수에 따라 여러 부반송파가 그룹화되어 동적으로 할당되기 때문에 하나의 부반송파에 대한 수신감도를 알면 이것을 기준으로 한 단말기에 할당된 부반송파의 개수만큼을 10log(*N*)하여 위에서 계산한 하나의 부반송파 수신감도에 더해주면 할당된 부반송파 개수에 따른 수신감도를 알 수 있다.

광 중계기인 경우에는 하나의 섹터에 하나 이상의 원격부가 연결되어 중계되므로 원격부의 링크 수에 따른 잡음레벨 변화와 그에 따른 수신감도 열화에 대하여 분석해 볼 필요가 있다. 원격부의 개수(*N*)에 따른 광 중계기 역방향 잡음레벨 상승 정도는 아래와 같은 식으로 증가된다.

$$Noise\ Floor\ Level = -174dBm(BW) + Noise\ Figure + Gain + Gain + 10\log(N)$$

$$(N:\text{원격부 갯수},\ BW: Band\ Width) \tag{5.36}$$

광 중계기 6개의 원격부가 동일한 잡음지수와 이득을 가지고 동일한 섹터로 링크시키기 위하여 하나의 포트로 합쳐지게 되면 그림 5.22와 같이 잡음레벨(Noise Floor Level)은 한 개의 원격부가 연결되어 있는 잡음레벨보다 7.8dB 더 증가하게 된다. 이것은 6개의 중계기 원격부를 하나의 기지국 섹터에 링크함에 따라 각 원격부의 잡음지수가 7.8dB 더 높아지는 것을 의미한다. 링크 잡음지수 증가에 따라 수신감도는 그만큼 나빠지게 되고 단말기는 7.8dB만큼 더 높은 출력신호가 필요하게 되므로 결국 7.8dB만큼의 커버리지가 줄어들게 되는 것이다.

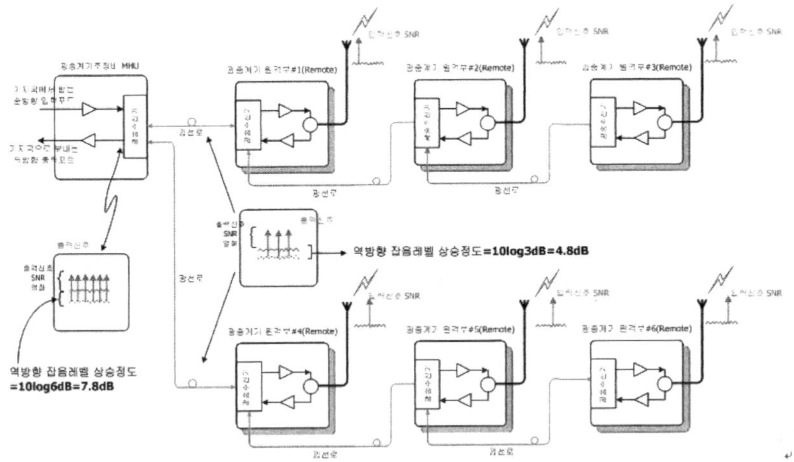

[그림 5.21 다수의 광 중계기 원격부 링크에 따른 역방향 잡음레벨 증가]

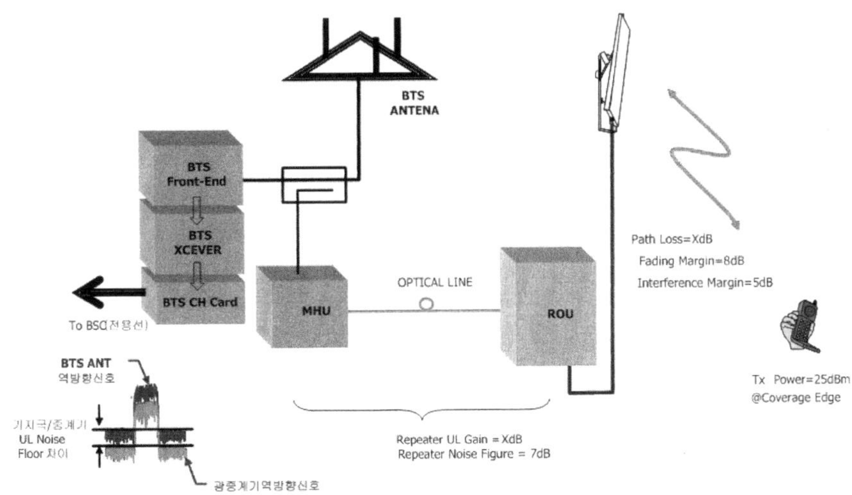

[그림 5.22 기지국에 링크된 광 중계기의 역방향 링크버짓]

이 분석방법을 이용하여 다수의 원격부가 링크된 기지국의 커버리지 분석을 위하여 표 5.2의 분석조건을 만족하는 이동통신 시스템의 커버리지 분석을 하면 다음과 같은 분석 결과를 얻을 수 있다. 한 기지국 섹터에 다수의 중계기가 링크된 경우에는 기지국에 유입되는 잡음레벨(N_R)이 다수의 중계기에 의해 발생된 잡음레벨의 합에 의해 형성되게 되므로 다수의 중계기 링크에 의한 기지국 잡음레벨 변화는 아래와 같이 나타낼 수 있다.

$$\begin{aligned} N_{Linked\_B} &= N_B + N_R \\ &= N_B + \{N_{R1} + N_{R2} + N_{R3} + \cdots + N_{Rn}\} \end{aligned} \tag{5.37}$$

여기서 링크된 중계기의 잡음지수와 전체링크 이득이 모두 같다고 가정하면 링크된 중계기 전체의 유입 잡음레벨(N_R)은 다음과 같은 식으로 나타낼 수 있다.

$$\begin{aligned} N_R &= N_{R1} + N_{R2} + N_{R3} + \cdots + N_{Rn} \\ &= -174dBm/Hz + 10*Log(BW) + G_T + NF_R + 10*Log(n) \end{aligned} \tag{5.38}$$

이 경우에는 모든 링크된 중계기들이 동일한 수신감도를 갖게 되므로 동일한 커버리지를 얻을 수 있다. 이렇게 다수의 중계기가 링크된 경우, 각 중계기의 커버리지는 그림 5.24에서 볼 수 있듯이 링크된 중계기의 수가 늘어남에 따라 지수함수적으로 감소하게 되고 링크된 중계기 전체의 커버리지 면적은 로그함수적으로 증가하게 된다. 그러므로 중계기 수에 따라 효과적인 커버리지를 얻기 위해서는 전체 커버리지 면적 그래프의 접선 기울기가 급격한 부분인 6개 이하의 중계기를 링크시킬 때 추가된 중계기에 의한 커버리지 극대화 효과를 얻을 수 있다. 이 분석은 여러 개의 원격부가 한 섹터에 연결되는 광 중계기 망 구성에서의 중계기 커버리지 해석에 유용한 자료가 된다. 때로는 링크된 중계기의 커버리지 차이를 두어 운용할 필요가 있다. 다수의 중계기가 링크된 경우에는 먼저 중계기 링크로 인한 기지국 최대 열화 정도를 정해야 한다. 만약 다수의 중계기 링크에 의한 기지국 열화 정도를 1.5dB로 결정하였으면 이 값을 유지하기 위한 전체 중계기 링크 잡음레벨을 결정할 수 있다.

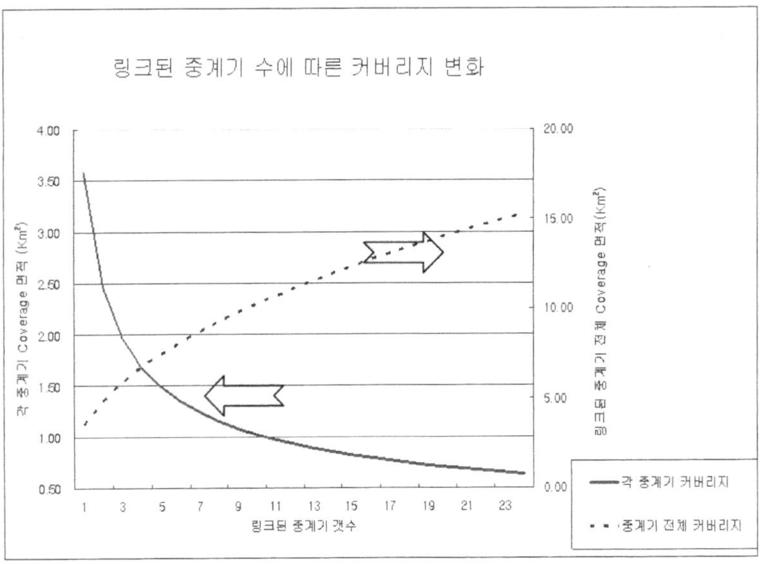

[그림 5.23 링크된 중계기 수에 따른 커버리지 변화]

$$N_{Linked\_B} = N_B + N_R = 10 \times Log(10^{N_B/10} + 10^{N_R/10}) = N_B + 1.5dB \qquad (5.39)$$

그러면 기지국 자체 잡음레벨에서 1.5dB를 열화 시키는 각 중계기들의 동작점의 조합을 찾을 수 있으므로 이 조합들 중에서 적당한 링크이득으로 선택하면 된다. 그림 5.25에 나타난 데이터는 두 개의 중계기가 한 기지국에 링크된 경우의 커버리지 분석 그래프이다. 앞에서 논의한 조건을 사용하여 분석한 결과이고, 중계기 링크에 의한 기지국 잡음레벨이 −127.7 dBm(−129.2dBm+1.5dB)이 되도록 두 중계기의 링크 이득 조합을 갖는 커버리지 그래프 중의 어느 한 점에 동작점을 맞추면 이 점에서의 두 중계기 커버리지가 서로 다르게 형성된다.[33] 링크이득이 −10dB일 때 두 중계기의 커버리지는 같아지고 이 점으로부터 한 중계기의 이득이 커진 만큼 다른 중계기의 이득은 작아지게 되어 한 중계기가 −5dB 링크이득을 가지면 다른 중계기는 −15dB의 이득을 가져서 두 중계기의 링크에 의한 열화 정도는 일정해 진다. 원래의 기지국 커버리지는 약 2.84km정도이고, 중계기의 링크로 인해 기지국 잡음레벨이 1.5dB 상승하여 기지국 커버리지가 줄어 든 것을 볼 수 있다. 그림 5.26은 기지국 열화 정도에 따른 기지국과 중계기의 커버리지 변화에 대한 그래프이다. 1~2dB의 기지국 열화로 얻어지는 전체 커버리지는 기지국 대비 1.6배 이상의 커버리지를 확보할 수 있으며 이것은 중계기의 링크 수 및 그 조합에 따라 다소 차이를 나타낸다.

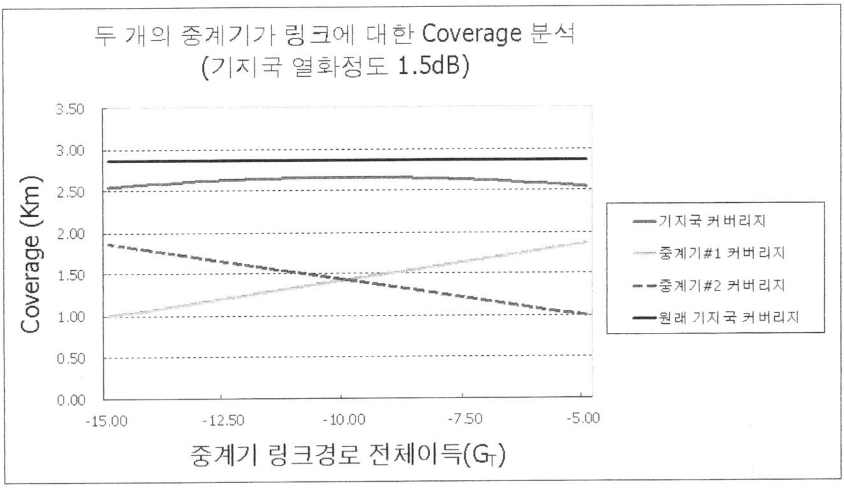

[그림 5.24 두 중계기 링크에 대한 커버리지 분석]

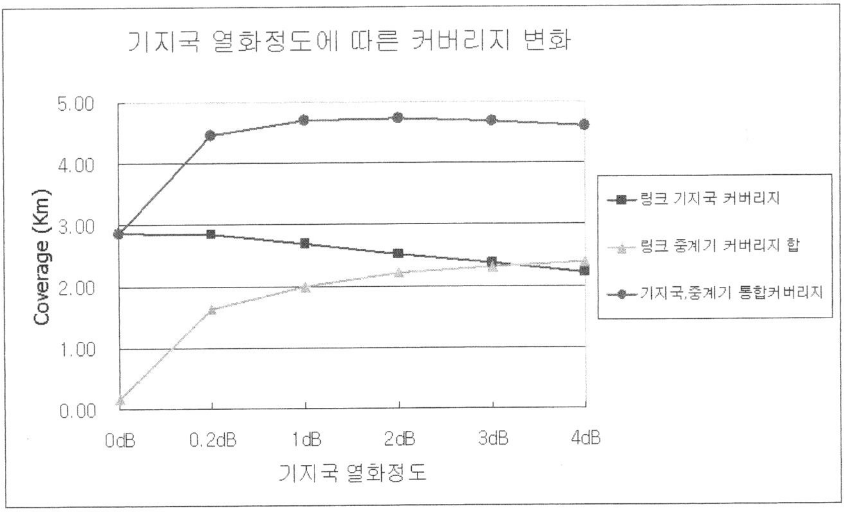

[그림 5.25 기지국 열화 정도에 따른 커버리지 변화]

5.2.3 다이버시티 기능

무선 이동통신은 유선에 의한 통신에 비해 매우 불안정한 통신환경을 가지고 있다. 기지국과 단말기, 또는 중계기와 단말기 사이의 무선환경은 여러 개의 다중경로를 만들어내고 이러한 다중경로가 수신부에서 합쳐지면서 시간에 따라 서로 비슷한 신호들이 경합되면 신호의 크기는 커지고, 서로 다른 성질의 신호들이 합쳐지면 상쇄되기도 하면서 신호들이 수신되게 되는데 우리는 이러한 현상을 다중경로 페이딩(Multipath Fading)현상이라고 부른다. 이러한 페이딩 현상을 극복하기 위하여 구현된 기술이 다이버시티 기술인데, 하나 이상의 송수신안테나를 사용하여 서로 독립적으로 송수신이 이루어지면 페이딩에 의해 일부 신호가 상쇄되어 수신되더라도 다른 안테나로 수신된 신호가 양호하면 이들 두 신호들의 적절한 결합으로 안정적인 송수신을 이루려는 것이다. 신호의 다양성을 얻는 방법으로써 공간적으로 다른 곳에 위치한 안테나로 신호들을 수신하는 공간 다이버시티, 서로 다른 주파수로 신호를 송수신하여 사용하는 주파수 다이버시티, 서로 시간간격 차이를 두어 신호를 송수신하는 시간 다이버시티 등이 있다. 이 중 주파수 다이버시티는 주파수 자원이 있는 경우만 가능한 구현 방식이므로 이 방법을 제외하고, 현재 이동통신 중계기에서 사용하고 있는 공간 다이버시티와 시간 다이버시티 방식에 대하여 알아보겠다. 결국 다이버시티란 송수신 신호에 대한 다양한 전송 경로를 구현하여 서로 다른 특성을 가지고 수신되는 신호를 효과적으로 결합시켜서 무선환경에서 통신품질을 향상시킬 수 있는 방법 중의 하나이다.

5.2.3.1 공간 다이버시티

수신하려는 신호파장의 λ/2이상 안테나를 이격시켜서 무선신호를 송신 또는 수신하는 방식이다. 반 파장 이상 떨어져서 수신되는 신호는 서로 다른 전파환경을 통하여 송수신된다고 할 수 있기 때문에 서로 독립적이어서 이들 신호를 독립적으로 사용하거나 결합하여서 다이버시티의 이득을 얻게 된다. 현재의 이동통신 시스템은 송신 다이버시티 기능[34]을 대부분 사용하지 않고 모든 기지국과 중계기 일부에서 두 개의 역방향 수신 안테나를 사용하여 공간 다이버시티 기능만을 적용하고 있어, 기지국에서는 두 개의 경로로 수신되는 신호들을 우수하게 결합하여 수신성능을 높이고 있다.

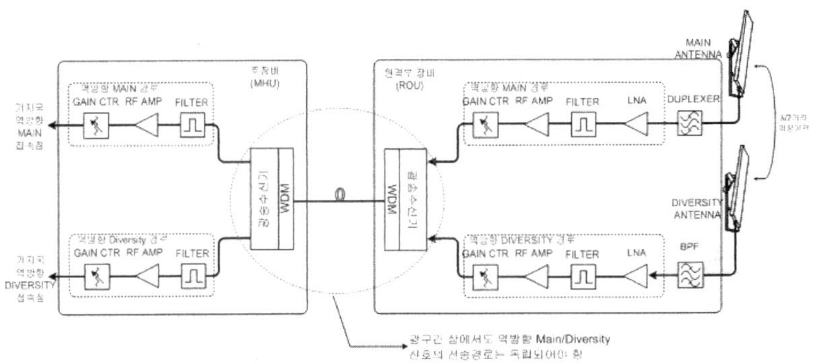

[그림 5.26 광 중계기 역방향 다이버시티 기능 구현을 위한 구성도]

순방향 트래픽이 많은 데이터 통신의 경우에는 순방향 경로의 다이버시티 기능이 절실하다. 하지만 단말기의 경우, 크기상의 제약 때문에 수신 다이버시티 구현이 어려워, 이 기능을 대신하기 위해 기지국 또는 중계기의 송신 다이버시티 기능을 채택할 수 있다. 최근 와이브로 등의 고속 이동통신 기술이 발달함에 따라 보다 높은 전송효율을 얻기 위한 MIMO (Multiple Input Multiple Output) 기술에 대한 연구가 활발하게 진행되고 있는데, 이 방법은 송신 측에서 많은 송신점으로 신호를 전송하고, 여러 개의 수신점에서 신호를 수신하여 결합함으로써 다이버시티의 효과를 극대화 시키는 방식이다.

5.2.3.2 시간 다이버시티

동일한 신호를 시간을 달리하여 송신하고 이들 신호를 수신하여 적절하게 결합하여 이득을 갖도록 하는 방식이다. 그러나 동일신호를 반복하여 송수신하는 과정에서 두 신호간의 독립성을 확보하기 위해서는 합리적인 시간간격을 가져야 한다. 시간차를 두고 수신되는 다수개의 신호들을 수신기에서 코릴레이터를 통하여 복조 하게 될 때, 데이터의 한 주기만큼의 신호구간에 대하여 코릴레이션을 취하게 된다. 그러므로 수신 시간차가 데이터 한 주기보다 작으면 각 신호들은 독립성을 잃게 된다. CDMA 방식에서 사용되는 레이크 수신기는 일종의 시간 다이버시티 방식이라 할 수 있다. 이 수신기는 다수개의 분해 가능한 다중경로 각각의 신호를 결합하여 복조하는 기능을 갖는다. CDMA 시스템에서는 여러 개의 다중경로를 분해할 수 있고, 이들 경로신호들을 결합하여 다이버시티 이득을 얻을 수 있어 서로 다른 다중경로는 서로 다른 시간에 수신되므로 그 자체가 시간 다이버시티의 역할을 한다.

RF중계기의 경우 수신성능을 높이기 위하여 공간 및 시간 다이버시티를 혼용하여 사용하기도 한다. 아래의 그림과 같이 중계기에 두 개의 서비스 안테나를 단말기로부터 사용하는 한 예로써 RF중계기의 경우, 두 개의 서비스 안테나를 이용하여 공간적으로 이격함으로써 공간 다이버시티 방식으로 단말기 신호를 수신한 후, LNA를 이용해 저잡음 증폭하여 두 신호가 적당한 시간차를 갖도록 하여 결합하고 이것을 기지국으로 전송하면 하나의 링크경로에 2개의 다이버시티 신호가 전송되기 때문에 기지국 레이크 수신기는 시간차가 생긴 이 신호를 독립된 신호로 처리할 수 있으므로 두 신호를 적절히 이용하여 수신감도 개선효과를 볼 수 있다.[35]

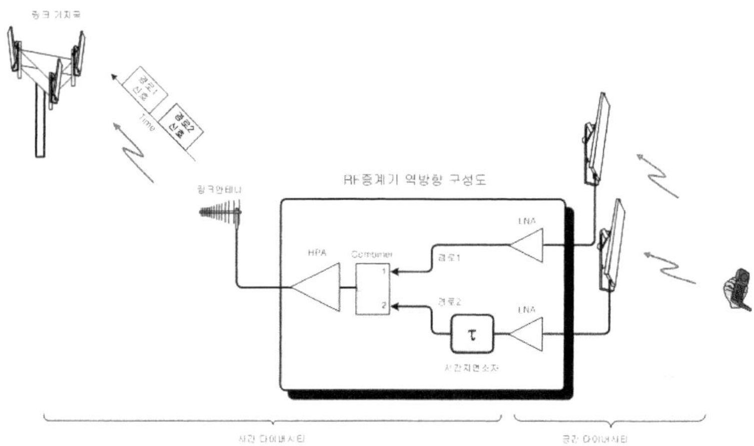

[그림 5.27 시간/공간 다이버시티 효과를 이용한 RF중계기 역방향 구성도]

5.2.3.3 중계기에 적용된 다이버시티 효과

이동통신에서 다이버시티 효과를 이용하는 목적은 수신감도를 높여서 단말기의 송신전력을 낮추어 역방향 셀 커버리지를 넓히는 것이다.[36] 초기의 단말기 송신전력은 Open Loop 전력제어에 의해 이루어지지만 기지국은 단말기 수신신호를 처리하면서 다이버시티 효과로 인해 수신감도가 개선된 것을 느끼게 되고, 기지국은 단말기에게 개선된 수신감도만큼 단말기 송신신호를 줄이라는 Closed Loop 전력제어 명령을 내려서 낮은 송신출력에서도 무선 네트워크에 접속할 수 있도록 해 준다. 다이버시티 효과는 커버리지 개선은 물론 다이버시티 효과만큼 링크된 기지국의 잡음레벨 열화를 줄일 수 있어 기지국 접속용량을 증대시킬 뿐만 아니라 호 절단율을 줄이고 단말기의 배터리 소모를 줄일 수 있어 무선링크에 중요한 역할을 한다. 이처럼 광 중계기는 물론, 일부의 RF중계기에서도 다이버시티 효과를 이용하여 커버리지를 확대하고, 링크된 기지국의 열화를 줄이려는 노력이 계속되고 있다.

구분	커버리지 중심			커버리지 외곽지역		
	RSSI	Mobile T_x	T_{xadj}	*RSSI*	Mobile T_x	T_{xadj}
Diversity 중계기	−65.5	−11.2	−4.3	−95.4	+13.3	−5.5
일반 중계기	−66.2	−5.3	−0.4	−93.8	+16.2	−1.6

[표 5.11 다이버시티 효과로 인한 단말기 송신신호 변화]

(PCS CDMA 셀에서 시험)

5.2.4 Hand-Off 기능에 영향을 주는 광 선로 전파지연

5.2.4.1 CDMA방식에서의 Handoff(Hand Over) 기능

CDMA 방식과 같은 이동통신 시스템에서 핸드오프(Hand Off)는 이

동성(Mobility)을 보증하는 중요한 기능이다. 핸드오프란 단말기가 한 기지국 셀에 접속되어 통화하다가 다른 셀로 이동할 때에 무선환경을 판단하여 통화품질의 영향을 최소화하면서 다른 셀로 접속을 옮겨가는 것을 말한다. 핸드오프 시도가 발생할 때에는 대부분 수신신호 전계강도 또는 신호의 품질이 많이 저하된 상태여서 기지국과 단말기 모두가 강한 송신신호를 서로에게 요구하므로 핸드오프 기능이 적절한 시기에 일어나지 않으면 그 셀 주위의 가입자 접속용량에 영향을 미치게 된다. 따라서 이동통신에서 생명과 같은 핸드오프의 기능이 원활하게 이루어 질 수 있도록 여러 가지 방법을 이용하여 많은 개선을 가져왔다. CDMA방식의 IS-95나 CDMA2000과 같은 네트워크에서는 기지국들이 시간에 의해 동기화되어 동작한다. 기지국 각 섹터의 순방향 신호들은 2^{15} Chip 길이의 Pseudorandom Noise(PN)로 포장되어 있고, short code라 불리는 이 2^{15} PN code는 각 기지국 섹터의 동기화 된 시스템 시간으로부터의 offset으로 각 기지국 섹터를 식별할 수 있도록 구성되어 있다. 그러므로 단말기는 네트워크 안의 각 섹터를 구분 및 확인하기 위하여 이 PN코드를 사용한다. 특히 Walsh code 0의 Pilot 채널은 단말기가 CDMA 네트워크를 이동하는 동안 이웃하는 섹터들을 볼 수 있도록 탐색하는 코드채널이다. 아래의 그림에 나타난 것처럼 PN short code 전체의 길이는 32768chip 이며 이것을 시간 길이로 따지면 26.67msec이다. 모든 기지국 섹터의 시간 offset은 64chip간격을 사용하도록 규정되어 있어 섹터들에게 할당되는 가능한 PN offset 값은 최대 512이다. 단말기의 레이크 수신기 내부의 탐색기능은 다중경로 신호와 이웃섹터 신호를 계속적으로 탐색한다. 통화 또는 쉬는 시간 동안 단말기로 이웃 기지국 리스트가 전송되고 레이크 수신기 내부의 Correlator는 시간 offset 차이를 탐색한다.

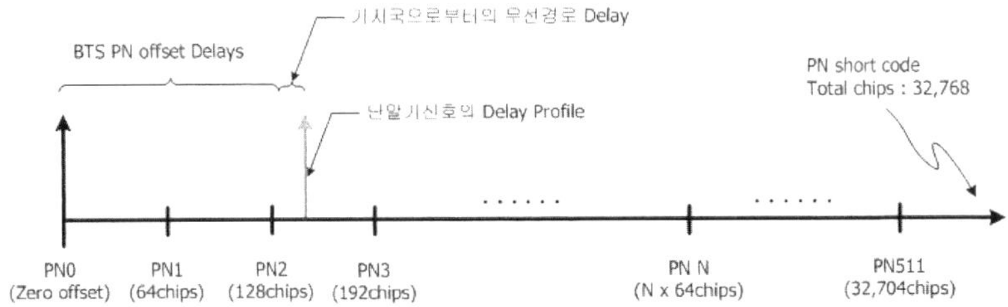

[그림 5.28 PN OFFSET의 할당]

이 탐색은 각 chip offset에서의 correlation을 찾는 chip들의 차이 간격(span)에 관심을 가지게 되는데, 이 chip들의 간격(span)을 탐색 창(Search Window)라 한다. 단말기는 각 pilot set을 검색하기 위하여 특정 탐색 창 크기(Search Window Size)를 가지고 검색한다. 탐색 창(Search Window)이 크게 되면 찾을 확률은 많아지지만 정확하게 찾는데 시간이 많이 소요된다. 반면 탐색 창이 작으면 찾을 확률은 줄어들지만 찾는데 시간이 적게 소요된다. 그러므로 전파환경과 커버리지에 따라서 시스템에서는 최적의 값을 할당하는 것이 통화품질을 위하여 매우 중요한 요소가 된다. 기지국 PN에 의한 correlation 에너지 신호가 이 시간간격(chips span) 안에 감지되면 주어진 시간지연에서 수신된 파일럿 신호의 correlation이 일어난다. 탐색창의 크기들은 Idle 시간 동안 오버헤드 메시지와 함께 단말기로 보내지게 되고, 탐색창의 크기 범위는 아래 표와 같다. 이 중 Remaining set 탐색은 Active 및 Neighbor set 탐색에 대한 단순한 확장이기 때문에 여기서는 Active set과 Neighbor set 탐색에 대한 내용을 주로 다루기로 한다. 표 5.12의 탐색 창(Search Window) 크기의 선택은 시스템 운용에서 품질관리의 매우 중요한 요소가 된다. 일반적으로 기지국 간격이 좁은 대도시 밀집지역에서는 Active set의 탐색창은 기지국의 서비스 영역이 상대적으로 넓은 시골지역보다 좁게 설정되어야 한다.

SRCH WIN A SRCH WIN N SRCH WIN R	탐색 창 Window Size (PN Chips)	SRCH WIN A SRCH WIN N SRCH WIN R	탐색 창 Window Size (PN Chips)
0	4	8	60
1	6	9	80
2	8	10	100
3	10	11	130
4	14	12	160
5	20	13	226
6	28	14	320
7	40	15	452

[표 5.12 탐색 창의 크기 및 조절 간격]

왜냐하면 기지국간 거리가 먼 곳에 있는 시골지역에서는 다중경로 페이딩에 의하여 주된 신호성분이 넓게 분포할 수 있기 때문이다.

5.2.4.2 Hand-Off를 위한 광 선로 전파지연 보상

CDMA에서 사용하는 PN코드의 경우 1chip은 약 244m의 거리에 해당한다. 따라서 탐색창의 경우 10chip이라고 한다면 약 2440m의 지연을 보상해야 한다는 것인데, 기지국과는 상당히 멀리 떨어진 지역에 설치된 원격부의 경우 동일한 탐색창의 크기로 핸드오프를 위한 처리를 하게 된다면 해당 창의 크기로는 핸드오프를 하기 위한 타당한 신호를 수신할 수 없는 경우가 발생할 수도 있다. 또한 중계기와 기지국간의 거리가 특정 chip이상 떨어지게 된다면 신호의 처리과정에서 서로 다른 신호로 오인될 수 있는 경우가 발생할 수 있다. 탐색기(Searcher)는 기지국 및 단말기 내부에 장착되어 있어 수신신호의 유무를 판단하기 위하여 국부발진 코드의 위상과 시간을 순차적으로 변화시켜 가면서 수신신호와의 correlation 값을 탐색하는 일을 수행한다. 불안정한 무선환경을 분석하고 대처하기 위하여 일정영역 안에서 변화하는 다중경로 수신신호 성분의 크기 및 시간위치를 계속 추적하여 그 correlation값을 보고함으로써 레이크 수신기에서 결합하려는 경로를 선택할 수 있도록 해 주며 지속적인 동기가 가능하도록 해 준다. 여기서 탐색기는 무한대의 시간을 탐색할 수 없고 정해진 일정영역 동안만을 탐색해야 하는데 이 탐색영역을 탐색 창(Search Window)라고 한다. 이 탐색창안에서 탐색기는 신호성분들을 탐색하여 가장 큰 값을 갖는 경로성분에 대하여 레이크 수신을 수행한다. 탐색 도중 현재 값보다 더 좋은 신호성분이 발견되면 기존의 경로를 포기하고 새로 탐색된 경로성분에 대한 레이크 수신을 수행하게 된다. 또한 이 탐색기에서 탐색하는 성분들은 핸드오프를 위해 각 기지국 PN 측정값을 제공해 줌으로써 탐색된 신호성분에 대한 주변 기지국 섹터에 대한 List를 작성하도록 정보를 제공한다.

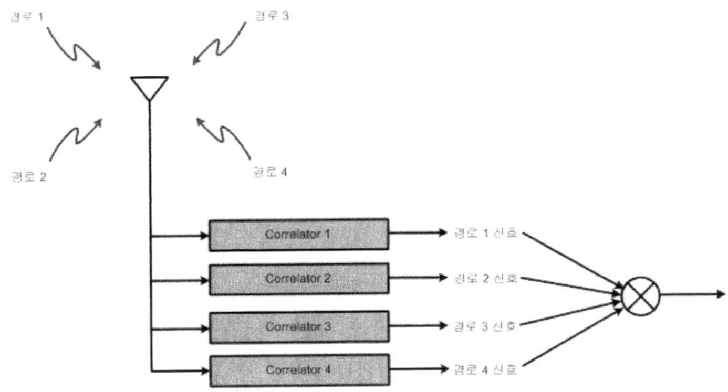

[그림 5.29 레이크 수신기의 개념도]

무선 네트워크에서 중계기의 사용은 네트워크 안에 새로운 방사 점(Radiating Point)를 구축하는 것이다. 중계기의 알맞은 동작을 위해 시스템 시간 파라미터 조정이 중요하다. 무선 네트워크의 접속을 위해서는 다음과 같이 중계기 사용에 관계하는 4가지의 기본적인 파라미터가 있다.

· 접속채널 탐색 창(Access Channel Search Window size) : 셀 반경
· 역방향링크 트래픽채널 다중경로 탐색 창 크기(Reverse Link Traffic Channel multipath search window size)
· Active set 탐색 창 크기(Active set search window size)
· Neighbor set 탐색 창 크기(Neighbor set search window size)

중계기의 설치는 기지국과 단말기사이의 시간지연을 증가시킬 수 있다. 접속채널 탐색과정은 모든 가능한 단말기 접속시도를 통하여 최대 round trip 전파공간의 전반적인 탐색을 요구한다. 그래서 중계기에 의해 최대

전파지연이 증가하면 접속채널 탐색창도 같이 증가되지 않으면 원하는 중계기 커버리지의 서비스가 불가능해질 수 있다.

$$(Search\ Window)_{Access\_CH} = Link\ Path\ Delay + Repeater\ Delay + Repeater\ Path\ Delay \quad (5.40)$$

무선 네트워크에 중계기를 적용하는 것은 시간지연 현상을 분산시키는 역할을 하는데, 이것에는 두 가지 이유가 있다. 중계기는 6chip 정도의 자체 시간지연을 가지고 있고, 기지국과 중계기의 신호를 둘 다 복조 하기 좋은 곳에 위치한 단말기가 있다고 생각해 보자. 구성된 다중경로는 양방향에 대해 E_c/I_o의 좋은 조건을 제공하여 순방향/역방향을 위한 시간 diversity path로서의 역할을 제공하기 때문에 많은 도움을 준다. 하지만 이 기능을 하기 위해서는 트래픽 다중경로 탐색 창(Traffic multipath search window)과 active set 탐색 창은 중계기에 의해 만들어진 새로운 다중경로에 상응하는 시간지연 만큼을 양방향 경로에 늘려 주어야 한다. 그러므로 Active set search window는 통화중인 자기 셀이나 핸드오프를 위해 대기중인 셀로부터의 다중경로 신호를 검색하기 위한 PN 코드 검색구간을 설정해 주는 값이다.

$$(Search\ Window)_{Active\_set} = 2 \times (T_{Repeater} - T_{BTS}) \quad (5.41)$$

$T_{Repeater}$: 기지국 신호가 중계기를 통해 단말기에 도달한 시간

T_{BTS} : 신호가 기지국으로부터 직접 도달한 시간

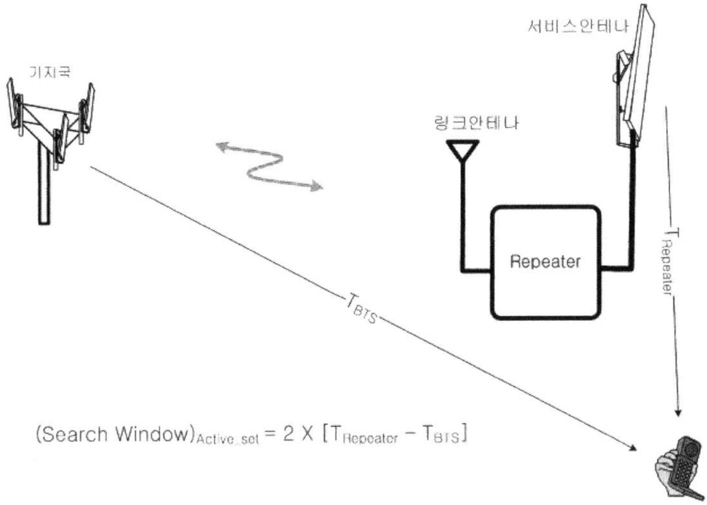

[그림 5.30 중계기에 의한 ACTIVE SET SEARCH WIDOW의 재설정]

파일롯 신호 검색기는 자기 셀 안의 다중경로 신호 뿐만 아니라 이웃한 셀의 신호도 검색해야 하기 때문에 Neighbor set search window가 필요하다. 그러므로 중계기의 설치에 의해 시간지연 차가 일어난 이웃한 셀의 Neighbor set search window도 시간지연이 일어난 차이만큼 증가시켜 주어야 한다.

$$(Search\ Window)_{Neighbor\_set}=2\times(T_{Repeater}-T_{Neighbor\_BTS}) \quad (5.42)$$

$T_{Repeater}$: 이웃한 기지국 신호가 중계기를 통해 단말기에 도달한 시간

$T_{Neighbor\_BTS}$: 이웃한 기지국 신호가 기지국으로부터 직접 도달한 시간

이와 같이 Neighbor set search window는 Active set search window값보다 더 커야 더 멀리 위치한 인근 기지국 신호를 검색할 수 있

다. 모든 다중경로 신호를 검색하기 위해서는 탐색 창(Window Width)이 충분히 커야 하지만 검색기의 검색성능을 위해서는 탐색 창을 좁게 할수록 좋으므로 이 값은 중계기를 포함한 그 셀 주변의 전파환경에 따라 결정되어야 한다.

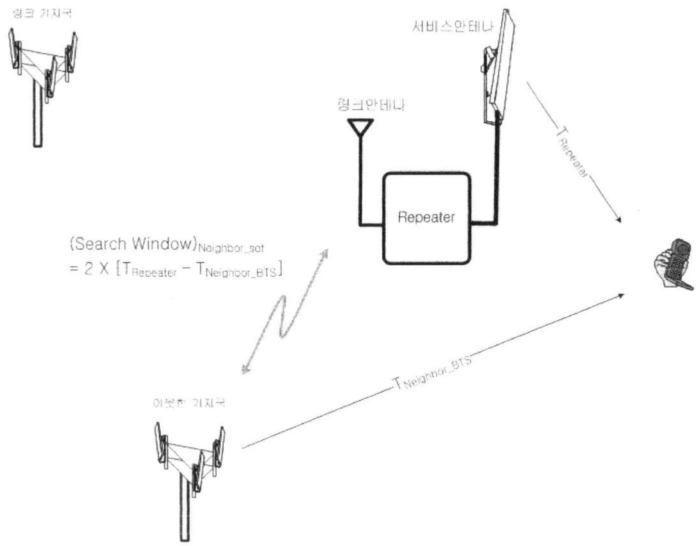

[그림 5.31 중계기에 의한 NEIGHBOR SET SEARCH WIDOW의 재설정]

5.3 중계링크 분석에 대한 결론

본 커버리지 분석에서는 이동통신 중계기가 기지국과 링크되면서 얻어지는 중계기의 커버리지 변화가 기지국 커버리지에 어떠한 영향을 미치는

가에 대한 분석을 하였다. 중계기 커버리지는 새로운 송수신링크 경로를 가지고 분산된 또 하나의 기지국 커버리지로 볼 수 있으며 두 커버리지 사이의 상호작용은 수신링크(중계링크) 경로의 이득(G_T)과 잡음지수 (NF_R)에 의해 좌우되며, 이 파라미터의 분석을 통해 기지국 커버리지 열화를 최소화 하면서 중계기 커버리지를 극대화 하는 중계링크의 동작점을 찾을 수 있다. 이 분석을 바탕으로 링크 기지국에 연결된 다수의 중계기에 대한 커버리지 분석을 기지국 열화 정도에 따라 논의해 보았다. 본 논문에서는 역방향 링크를 위한 커버리지 분석에 초점을 맞추었는데, 그 이유는 기지국의 송신 성능이 단말기의 송신 성능보다 뛰어나서 기지국 또는 중계기의 높은 순방향 송신출력에 의해 순방향 커버리지는 충분히 넓게 확보될 수 있기 때문에 순방향 링크의 커버리지는 모든 역방향 링크의 커버리지에 균형을 맞출 수 있다. 반면 송신출력이 제한된 이동통신 단말기는 접속할 수 있는 거리의 제한을 가져오므로 역방향 링크 커버리지 분석을 집중적으로 다루게 되었다. 이 커버리지 분석방법은 이동통신 시스템에서 요구하는 신호대잡음비 (SNR)만 주어지면 커버리지를 보다 쉽게 계산하고 동일한 신호를 서비스하는 이웃하는 커버리지 사이의 상호작용에 관한 이해를 쉽게 얻을 수 있다. 또한 옥내의 커버리지 확보를 위한 링크분석은 모든 안테나 모듈의 수신성능을 해치지 않도록 하면서 차별된 커버리지를 얻을 수 있는 방법 등을 논의하였고, 그 중 안테나 이득을 이용한 커버리지 확장방법에 대하여 살펴 보았다. 커버리지 분석의 기본 틀을 마련한 이 논문은 다양한 무선통신 및 이동통신의 커버리지 계산에도 확대 적용할 수 있는 분석방법이라 할 수 있다.

제 6 장

지능형 중계 시스템을 위한 선행기술

6.1 중계기 선택대역 가변 조정방법

이 절에서 논의될 중계기 대역폭 조정기술은 그 동안의 고정된 대역을 중계하는 수준에서 벗어나 중계기의 주파수 대역 및 대역폭을 조정할 수 있도록 해 줌으로써 필요한 대역을 선택하여 중계할 수 있다. 뿐만 아니라 이웃한 타사 대역으로의 대역선택을 자유롭게 할 수 있어 원하는 중계 대역을 선택할 수 있는 이점을 가지고 있다. 대부분의 통신 서비스 초기에는 할당된 전체대역 중 일부의 대역만을 사용하여 서비스를 시작하므로 할당된 전체대역을 중계기로 증폭할 필요가 없음에도 불구하고 고정대역 중계기는 전체의 대역을 모두 증폭하여 불필요한 대역의 잡음레벨을 높이는 결과를 초래하였다. 또한 사업자마다의 주파수대역 차이에 의해 중계기의 RF신호처리 회로를 새로 설계하여야 하는 불편함이 있었지만 본 절에서 논의된 기술을 이용하면 RF신호처리 회로를 공용화 할 수 있어 중계기 공용화에도 큰 역할을 할 것으로 기대된다. 또한 인접대역과의 간섭을 최소화 하기 위하여 정밀한 대역선택을 요하는 경우, 이 기능을 이용하면 대역폭 선택 및 대역이동을 매우 정밀하게 구현할 수 있다.

기존의 이동통신 및 방송용 중계기는 고정대역을 선택하여 증폭하는 고정대역 양방향 증폭기의 일종이다. 하지만 필요에 따라 중계하는 주파수대역을 자유롭게 선택(Filtering)하여 그 대역만을 중계할 수 있는 기능이 요구됨에 따라 원하는 주파수와 그 대역폭을 자유롭게 조정하여 대역선택을 할 수 있어 중계기 하드웨어의 사업자간 호환 가능성 및 불필요한 대역의 공중파 잡음레벨 방사를 최소화 할 수 있는 장점을 가지고 있다. 이 기술은 주파수 대역폭을 필요한 만큼 조정하여 사용할 수 있으므로 중계기의 필요한 중계대역을 조정하여 사용할 수 있을 뿐 아니라 근접한 대역 중 원하는 주파수대역으로 이동할 수 있고, 그 주파수 근처의 필요한 대역을 선택(Filtering)하여 중계할 수 있는 장점을 가지고 있어 중계기 활용 시 매우 유용한 기능을 제공할 수 있다.

본 대역선택 기능을 구현하기 위하여 주파수 하향변환, 상향변환 회로 및 중간주파수를 필터링하는 대역여과 필터(BPF)와 주파수변환을 위해 사용되는 국부발진기(Local Oscillator)로 구성되며, 이러한 회로 및 소자들을 조합하여 RF신호 통과대역을 이동시키거나 대역폭을 조정할 수 있다. 그림 6.1은 일반적인 중계기가 높은 대역선택 기술을 구현하기 위하여 SAW(Surface Acoustic Wave) Filter를 사용하여 중계주파수 대역을 선택(Filtering)하는 대역선택 방법에 대한 구성을 나타낸다. 높은 이득을 갖는 중계기에서는 대역 외(Out Band)의 잡음레벨(Noise Level)도 중계기의 이득 영향으로 높게 증폭되어 인접대역에 영향을 주므로 높은 선택도를 갖는 대역필터를 이용하여 대역 외의 잡음레벨을 엄격하게 억제해야 한다. 초고주파와 같은 높은 주파수를 가진 RF신호는 대역 필터링을 구현하는 데에 한계를 가지고 있으므로 국부발진 주파수를 혼합(Mixing)하여 주파수가 낮은 중간주파수(IF)로 변환하면, 이 중간주파수에서는 높은 Q값을 갖는 Filter등을 이용하여 엄격한 대역선택(Filtering) 기능을 구현할 수 있다.[37] 필터링 된 중간주파수(IF)는 다시 동일한 국부발진 주파수를 혼합(Mixing)하여 원래의 주파수인 RF주파수로 복원함으로써 우수한 성능의 대역 선택특성을 구현한다. 국부발진 주파수에 의해 결정된 중간주파수가 Band Pass Filter에 의해 대역여과 된 후, 이 신호가 다시 동일한 국부발진 주파수에 의해 RF 주파수로 복원되는 구성도와 측정 데이터를 그림 6.1과 그림 6.2에서 볼 수 있다.

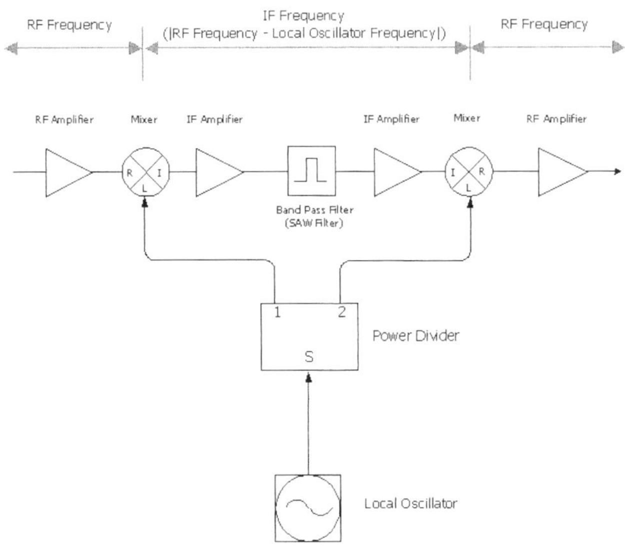

[그림 6.1 IF FILTER를 이용한 RF대역선택기술 구성]

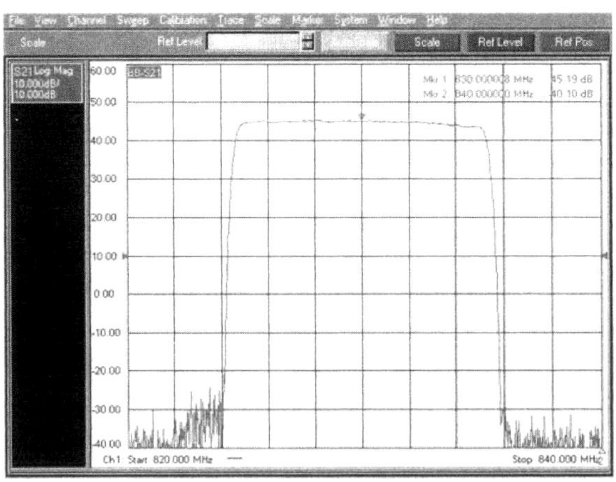

[그림 6.2 IF FILTER를 이용한 RF대역선택 데이터]

이 대역선택 기술을 이용하여 국부발진 주파수를 조정할 수 있도록 설계하면 그림 6.3과 같이 IF BPF(Band Pass Filter)에 의해 통과되는 주파수대역을 이동시킬 수 있다. 그림 6.4의 측정 데이터에서 볼 수 있듯이 국부발진 주파수를 적절히 조절하면 통과 주파수대역이 이동되는 효과를 얻을 수 있다.

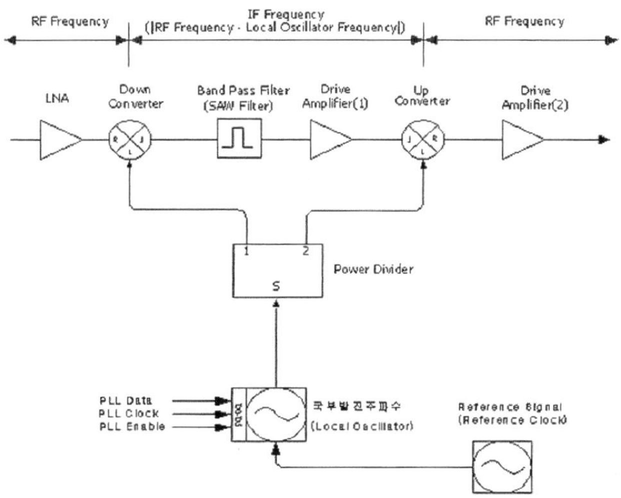

[그림 6.3 국부발진주파수 조정에 의한 주파수대역 이동]

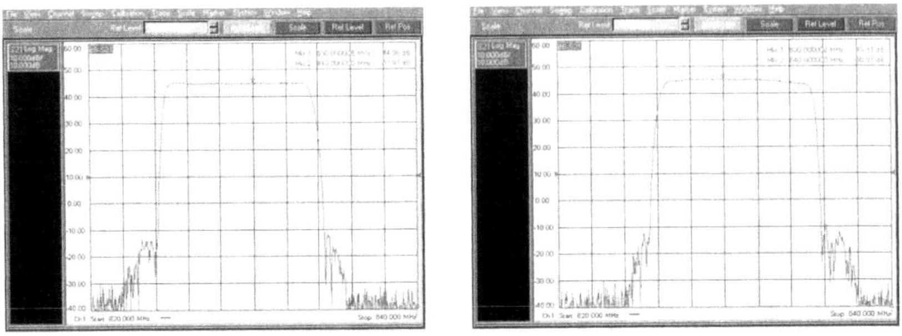

(a)중심주파수:829MHz/대역폭:8MHz (b)중심주파수:831MHz/대역폭:8MHz

[그림 6.4 국부발진 주파수 조정에 의한 선택대역 이동 데이터]

이번에는 위의 회로에 주파수 대역폭을 조정하는 기능을 구현하기 위하여 그림 6.5와 같이 그림 6.6의 회로와 동일한 주파수 대역선택 회로를 하나 더 추가하여 연결한다. 이렇게 두 개의 회로가 연결되면 첫 번째 주파수 대역선택 회로를 통하여 하나의 주파수대역이 선택(필터링)되고, 이 신호는 다시 두 번째 주파수 대역선택 회로에 입력된다. 이미 첫 번째 하향/상향 주파수변환회로에 의해 일정대역이 선택된 입력신호는 두 번째 주파수 대역선택 회로의 두 번째 국부발진 주파수의 결정에 따라 첫 번째 주파수 대역선택 회로와 다른 IF신호가 결정되게 되고 첫 번째 및 두 번째 주파수 대역선택 회로 통과대역의 공통부분만이 선택(필터링)되어 출력되고 이 공통부분(선택된 대역)은 첫 번째와 두 번째 국부발진 주파수 차이만큼 줄어들어 출력된다. 이 회로를 이용하여 두 가지의 국부발진 주파수를 상호 조정하여 준다면 자유롭게 대역을 이동하거나 대역폭을 조정을 할 수 있다. 여기서 사용한 BPF는 두 개의 주파수 대역선택 회로에 동일한 IF BPF를 사용하는 것을 원칙으로 하고 필요에 따라 대역폭이 다르거나 주파수 통과대역이 다른 IF BPF를 사용할 수도 있다. 제1, 제2 국부발진 주파수가 동일하다면 IF BPF 고유의 통과대역폭을 얻을 수 있고 이 대역폭이 얻을 수 있는 최대의 대역폭이 된다. 이 최대의 대역폭으로부터 제1, 제2 국부발진 주파수의 차이만큼씩 대역폭이 줄어들어 제1, 제2 국부발진 주파수와의 차이만큼을 대역선택 할 수 있다. 또한 각 주파수대역선택 회로의 국부발진신호의 위상 편이 및 주파수편차를 최소화 하기 위하여 주파수 하향 및 상향 혼합기에 제공되는 한 쌍의 국부발진신호는 공통으로 사용하며, 첫 번째 및 두 번째 주파수 대역선택 회로에 사용하는 2개의 국부발진회로의 주파수 및 위상편차를 최소화 하기 위하여 두 국부발진기는 PLL 구동을 위한 기준 클럭신호를 공통으로 사용한다.

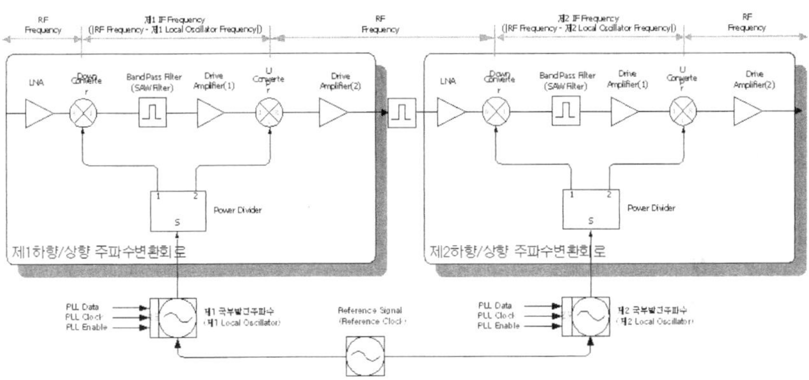

[그림 6.5 두 개의 국부발진 주파수 차이에 의한 대역폭 가변조정 구성]

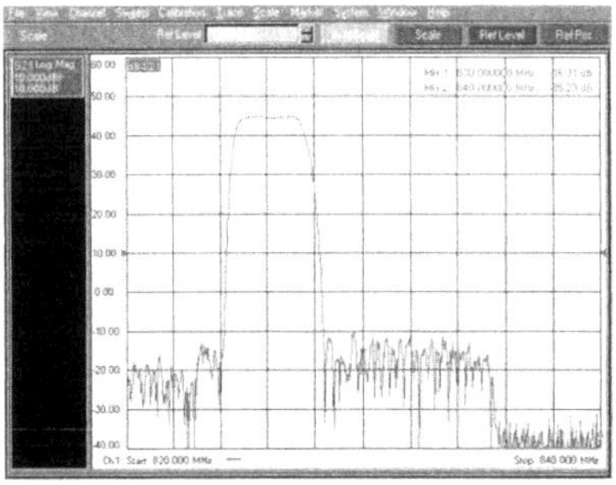

(a)중심주파수:826MHz/대역폭:2MHz

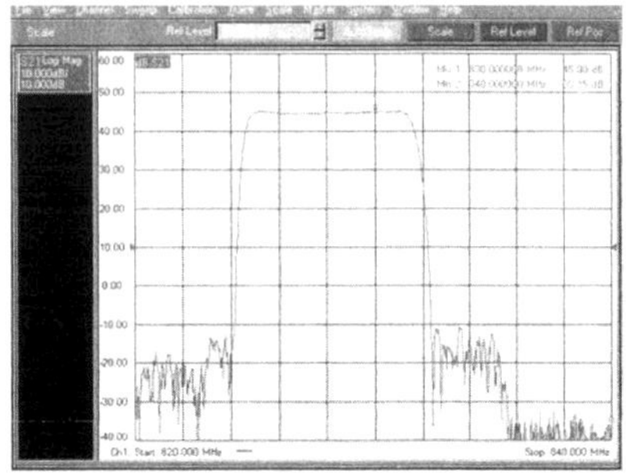

(b)중심주파수:828MHz/대역폭:6MHz

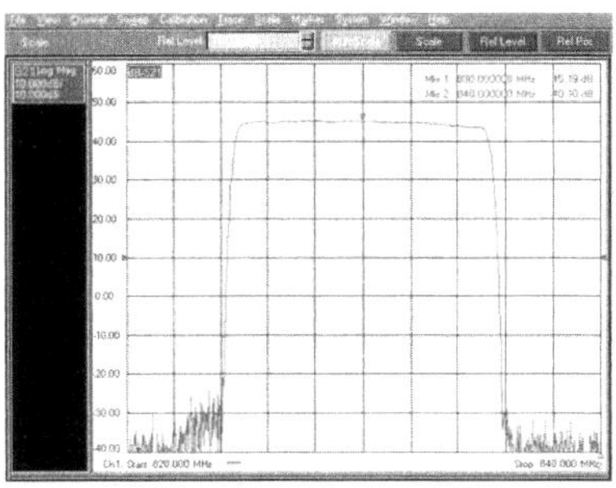

(c)중심주파수:830MHz/대역폭:10MHz

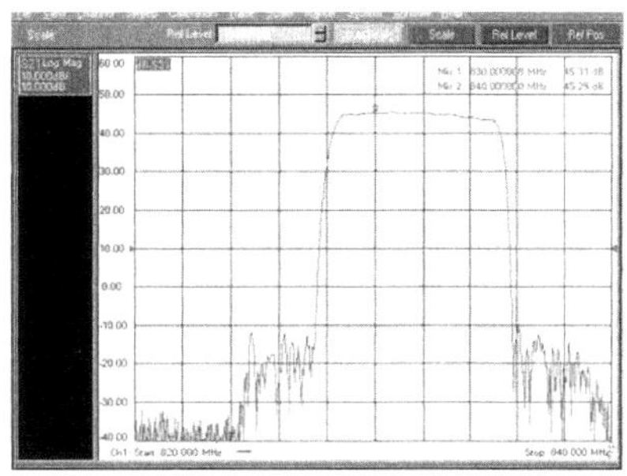

(d)중심주파수:832MHz/대역폭:6MHz

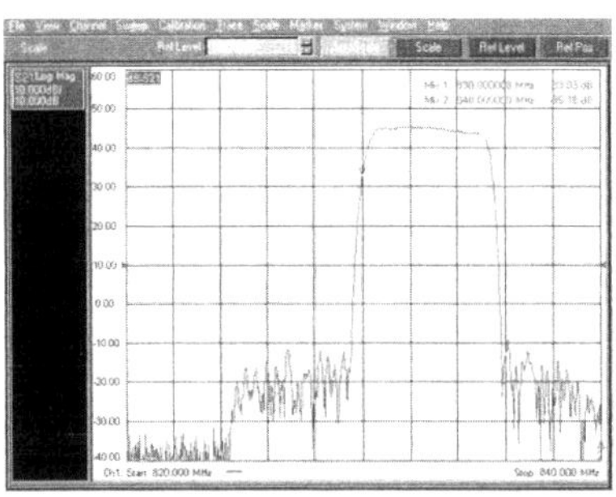

(e)중심주파수:833MHz/대역폭:4MHz

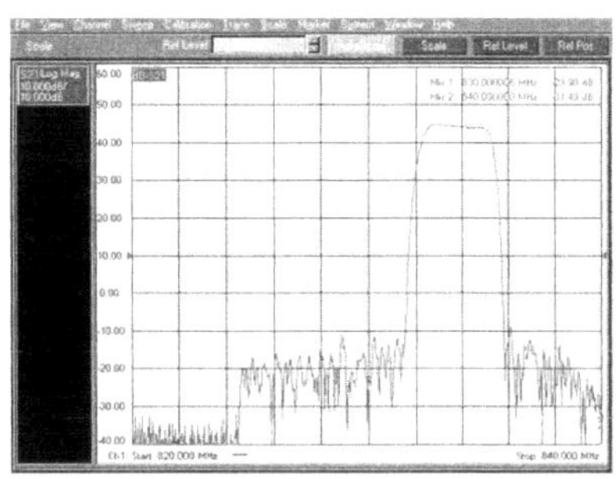

(f)중심주파수:834MHz/대역폭:2MHz

[그림 6.6 대역폭 가변조정 데이터]

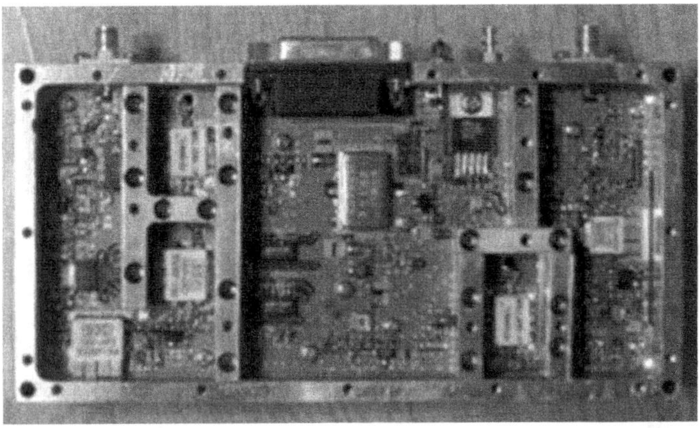

[그림 6.7 대역 가변조정 기술을 적용한 모듈사진]

이 절에 논의된 가변대역 선택기술의 적용은 인접한 주파수대역을 사용하는 모든 사업자의 소형 또는 초소형 중계기 RF신호처리부를 호환할 수 있는 장점을 가지고 있다. 뿐만 아니라 고출력 중계기의 경우에도 사업자 대역이 다른 전치단(Front-End-Unit)의 Filter만 바꾸어 주면 원하는 사업자 대역의 중계기로도 호환이 가능하도록 유연하게 사용될 수 있는 특징을 가지고 있다. 이 밖에도 대역조정이나 대역이동을 손쉽게 구현할 수 있어, 중계기뿐만 아니라 모든 송수신 시스템에도 대역선택 기능으로 적용이 가능하다.

6.2 적응적 조정방식을 도입한 중계기 시스템

대부분의 중계기 시스템은 설치된 중계기의 상태정보를 정기적으로 확인하고 재조정하기 힘들기 때문에 관리에 소홀해 질 우려가 있다. 또한 설치된 중계기가 제대로 성능을 내고 있는지, 상 하향링크에서 출력되는 레벨이 정상적인지 등에 대하여 알아야 하고 중계기 커버리지에서의 무선환경에 대한 정보도 수집해야 한다. 수도 없이 많이 설치된 중계기들을 일일이 중계기 설치장소에 직접 방문하여 중계기 상태를 파악하고 중계기 커버리지 안의 무선환경들을 측정하는 일은 많은 시간을 요구하고 많은 인력이 소비될 뿐만 아니라 실시간으로 중계기 성능을 관리 할 수 없기 때문에 중계기에 문제가 발생된 후 여러 시간 지난 후에 조치가 될 수 밖에 없다. 이러한 불편함을 해소하기 위하여 중계기의 이득 균형을 유지하면서 운용이 되고 있는지 등을 쉽게 알 수 있고, 때로는 중계기 커버리지의 무선환경을 판단하여 중계기의 이득 및 출력 최적화를 수행할 수 있는 기능이 중계기 안에 내장되어 있다면 중계기 운용에 큰 도움을 줄 것이다.

중계기의 성능을 정확하게 확인할 수 있는 방법은 모뎀을 사용하는 방법이다. 즉 중계기 커버리지 내에 있는 단말기와 유사하게 출력신호에 대한 경로손실을 만들어 주어서 단말기를 중계기 내부에 장착한다면 중계기의 성능뿐만 아니라 커버리지 안에서의 단말기의 송수신 파라미터를 확인하여 무선환경을 측정할 수 있다. 이 방법은 다중경로 페이딩 및 전파지연에 대한 효과를 제외하고는 거의 동일한 조건에서 중계기 커버리지 곳곳에서의 무선환경을 정확하게 판단할 수 있도록 다양한 정보들을 단말기를 통하여 얻을 수 있을 것이다. 서비스 안테나로부터 얻은 중계기 송신신호의 E_c/I_o, $RSSI$, FER 등은 중계기의 하향링크(순방향 링크)의 성능을 판단할 수 있고, 단말기의 송신신호에서 얻을 수 있는 T_x Power와 T_x Adjust 값 등은 중계기의 상향링크 (역방향 링크)의 성능 및 상하향 링크 균형에 대한 정보를 얻을 수 있어 이 정보들을 이용해 중계기의 하향 및 상향 링크에 대한 최적화를 능동적으로 보상할 수 있다. 이동통신 모뎀을 통하여 얻은 정보를 바탕으로 중계기 컨트롤러는 상 하향링크 이득을 미세조정하면서 꾸준히 중계기 성능을 최적화하기 위해 적응적 조정(Adaptive Control)을 계속하게 되고, 또한 모뎀의 데이터 전송기능을 이용하여 수집된 중계기 커버리지의 전파환경 및 중계기의 상태정보를 중계링크를 통하여 전송하여 중계기 관리센터로 메시지를 전달한다. RF중계기의 경우에는 링크안테나로부터 수신되는 신호를 이동통신 모뎀에 연결하여 링크기지국 하향신호의 *RSSI*와 E_c/I_o 등의 정보를 얻어서 중계기의 링크경로 상태를 판단할 수 있고, 중계기의 문제 발생시에는 이 링크안테나를 사용하여 이동통신 모뎀이 알람이나 중계기의 자세한 상태정보들을 중계기 관리센터로 송신하여 줌으로써 어떠한 상황에서도 중계기의 상태를 관리센터에서 받아 볼 수 있도록 해 준다. 중계기의 성능을 판단하기 위한 상태정보는 서비스안테나와 연결된 포트를 사용하여 수행한다. 먼저 중계기의 하향 송신신호의 출력레벨을 모뎀의 *RSSI*와 E_c/I_o를 확인하여 중계기 출력성능을 판단하고 링크 안테나로부터 입력되는 신호의 상태를 비교하여 중계기 하향링크 송신성능의 열화 정도를 확인할 수 있다. 또한 이동통신 모뎀은 서비스안테나 포트를 통하여 기지국으로 call setup을 시도하여 접속이 되었을 때의 모뎀의 T_x Power 및 T_x Adjust 정보를 얻어서 중계기의 상향링크 상태를 확인할 수 있을 뿐만 아니라 T_x Adjust 값을 이용하여 중계기의 상하향 링크 이득균형을 확인할 수 있다. 만약 각 파라미터들이 원하는 값의 범위에서 벗어나면 중계기의 이득을 조절하여 이 값의 범위를 가질 수 있도록 능동적 조정을 할 수 있다.

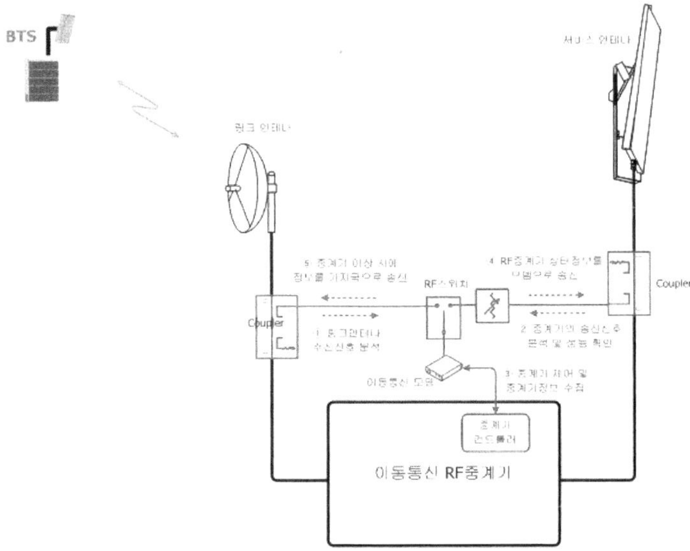

[그림 6.8 이동통신 모뎀을 이용한 RF중계기의 적응적 조정 방법]

광 중계기 및 주파수변환 및 레이저 중계기와 같이 링크를 이루는 중계기들도 모두 이 방식을 사용할 수 있고 그림 6.9과 같이 RF중계기와 광 중계기에서의 이동통신 모뎀을 이용한 적응조절방식 기능을 구성할 수 있다.

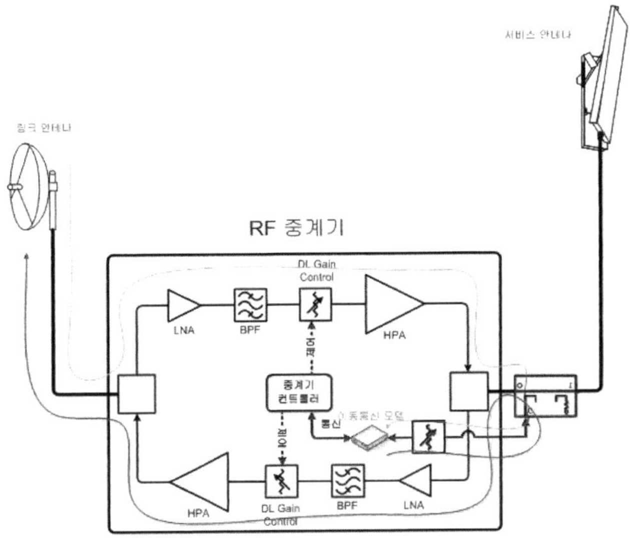

(a) 이동통신모뎀을 이용한 RF중계기의 성능확인

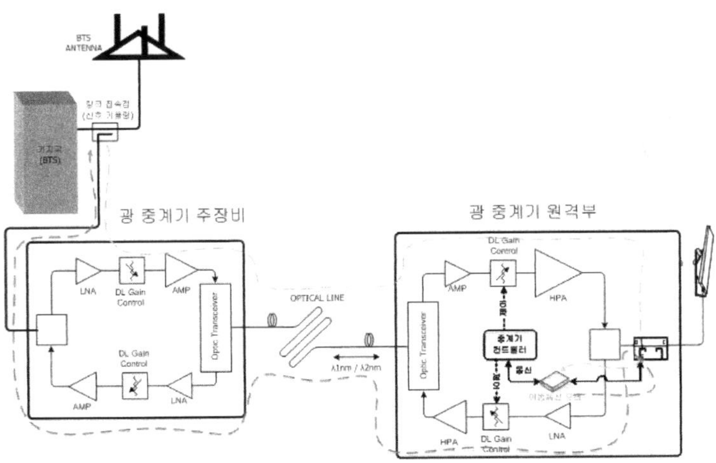

(b) 이동통신 모뎀을 이용한 광 중계기 성능확인

[그림 6.9 안테나 포트에 연결된 모뎀으로 중계기의 성능확인 구성도]

6.3 RF 집중링크를 이용한 원거리 링크 중계방식

무선 중계기술이 적용되기 시작하면서 이동통신용 무선중계 기술은 커버리지를 증대시키는데 값싸고 손쉬운 해결책이라는 것은 당연시 되어, 여러 형태의 중계기를 사용하여 많은 서비스 불감지역을 커버하는 중요한 기술로 부각되어 왔다. 중계기술의 도입은 손쉽고 값싼 방법으로 서비스가 필요한 전파 불감지역에 전파를 공급하기 위한 수단이 되었다. 하지만 광중계기와 같이 무선 이외의 다른 매체를 사용하여 무선신호를 전송하는 방법은 매체를 이용하는 비용을 지불해야 하거나 고가의 매체전송 기술을 이용하여야 하기 때문에 가격경쟁력 면에서 불리한 점을 가지고 있다. 이러한 면에서 무선(RF)링크 중계방식은 값싸고 손쉽게 중계기능을 구현할 수 있는 반면, 이미 앞에서 언급한 바와 같이 안테나간 분리도가 부족하면 이로 인한 발진현상이 발생되어 기지국 및 주위 전파환경을 해칠 수 있는 잠정적인 문제점을 가지고 있어 옥외 서비스 커버리지 확장에는 사용을 꺼리는 중계방식이다. 그러므로 기지국과 중계기 사이에 전파전파의 경로손실이 커지면 중계기는 많은 경로손실을 보상하기 위하여 높은 이득이 필요하지만 중계기의 링크안테나 및 서비스 안테나 사이에 안테나간 분리도가 충분치 않으면 안테나간 분리도에 의해 중계기의 이득이 제한된다. 만약 안테나간 분리도보다 더 높게 중계기의 이득을 설정하면 출력된 신호 중 일부의 신호가 다시 입력 측 안테나에 인입되어 발진현상이 시작된다. 그리하여 중계기의 이득은 안테나간 분리도보다 15dB정도 더 낮게 조정하여야 중계기의 안테나간에 발진현상이 없이 안정된 성능의 중계기능을 유지할 수 있다. 중계기가 필요한 옥외 음영지역에서는 기지국으로부터의 전파전파 경로손실이 심각하여 기지국 신호 수신감도가 좋지 않은 지역이 대부분이다. 이러한 지역들은 높은 중계기 이득이 필요한 곳이므로 높은 안테나간 분리도를 유지할 수 없다면 RF중계기의 적용이 어려워진다. 또한 무선 RF중계기의 단점중의 하나는 무선중계기의 링크안테나를 통해 수신되는 무선신호는 원하는 기지국 신호뿐만 아니라 다른 기지국 또는 다른 섹터의 무선신호까지 수신되어 링크하기 원하는 링크기지국의 신호와 합쳐져서 수신신호의 품질을 떨어뜨리는 결과를 초래하여 중계기를 통하여 출력되는 고출력의 송신신호도 품질이 나쁜 신호를 송출하여 높은 출력의 중계기 성능에도 불구하고 중계기 커버리지는 크게 확장되지 않는 결과를 초래한다. 또한 기지국의 안테나는 모두 지상으로 향해져 있으므로 원거리에서 기지국 신호를 링크할 경우, 수신레벨이 매우 낮고 많은 반사파들이 포함되어 있어 신호의 품질이 나빠져서 RF중계기의 적용이 어려워지게 되는데, 이러한 단점들을 보완하기 위하여 집중된 무선링크를 위한 송수신기를 기지국 내에 따로 설치하여 기지국으로부터 신호를 커플링하여 고출력으로 증폭한 다음 높은 지향성을 가진 좁은 빔 폭의 링크안테나를 이용하여 전파불감지역에 위치한 RF중계기의 링크안테나를 향하여 송신함으로써 집중된 무선링크를 구현하면 높은 품질의 기지국 신호를 중계기로 전달할 뿐만 하니라 기지국과 중계기 사이의 경로손실을 줄여 RF중계기의 이득을 최소화하여 안테나간 분리도가 높지 않더라도 무선(RF)중계기를 안정되게 운용할 수 있도록 일석이조의 효과를 얻는데 큰 의의가 있다고 할 수 있다.

그러므로 기지국과 RF중계기 사이에 안정된 최소의 경로손실을 갖는 집중 무선링크 구간을 구현하여 RF중계기의 이득을 최소화 함으로써 RF중계기의 안테나간 높은 분리도를 요구하지 않을 뿐만 아니라 링크안테나에 입력되는 모기지국 수신신호의 세기를 높임으로써 다른 기지국으로부터 수신되는 간섭신호보다 월등히 높은 레벨의 링크신호를 수신하게 되어 중계기의 출력신호도 고품질의 신호를 송신하여 더욱 넓고 질 좋은 커버리지를 확보할 수 있다. 이 방법을 이용하면 기존 RF중계기의 링크거리의 한계를 넘어서 원거리까지 RF중계기를 링크할 수 있어 음영지역이 기지국에서 멀리 떨어진 곳에 위치하더라도 안정된 무선링크를 이용하여 중계기 서비스가 가능하게 된다. 이러한 방법은 옥외 커버리지 확보에 RF중계기를 적용할 수 있도록 해 줌으로써 광, 레이저, 마이크로파 등을 이용한 다른 형태의 중계기보다 경제적이고 손쉬운 방법으로 원거리 음영지역을 서비스 할 수 있다.

이 링크방식의 초점은 결국 기지국과 중계기 사이의 경로손실을 줄여서 무선중계기의 이득을 줄이는 효과를 나타내어 안테나 분리도가 나쁜 곳에서도 쉽게 RF중계기를 적용할 수 있도록 하는 것이다. 기지국에 위치한 링크송수신기의 송수신 안테나로 사용되는 링크안테나는 기지국 안테나 시스템과 독립되어 설치되며, 높은 이득의 좁은 빔 폭을 가지고 있어 기지국 커버리지에 영향을 주지 않고 무선중계기의 링크안테나와 안정된 무선링크를 구현할 수 있다. 그림 6.10에서와 같이 높은 이득, 높은 지향성, 좁은 빔 폭을 갖는 링크안테나를 이용하여 독립된 링크경로를 구현하면 링크안테나의 경로손실을 최소화 할 수 있고 신호를 먼 거리까지 링크할 수 있어 매우 유용하다. 기지국 근처에 위치한 링크송수신기는 기지국 신호만을 증폭하여 링크경로에 송신하므로 RF중계기의 링크안테나는 링크된 기지국 신호를 타 섹터 또는 타 기지국의 원하지 않는 신호보다 월등히 높은 레벨로 수신할 수 있다. 이 신호를 전파 불감지역에 방사하면 중계기 커버리지는 통화품질이 뛰어날 뿐만 아니라 중계기 출력에 따라 효과적인 커버리지를 얻을 수 있다. 또한 집중 링크경로를 사용하므로 링크경로의 신호레벨이 다른 경로의 신호레벨보다 월등하여 다중경로 페이딩 현상을 줄일 수 있어 기지국 송신신호와 거의 유사한 품질의 신호를 전파 불감지역에 제공할 수 있어 무선중계기의 성능을 최대한 발휘할 수 있다는 것이다.

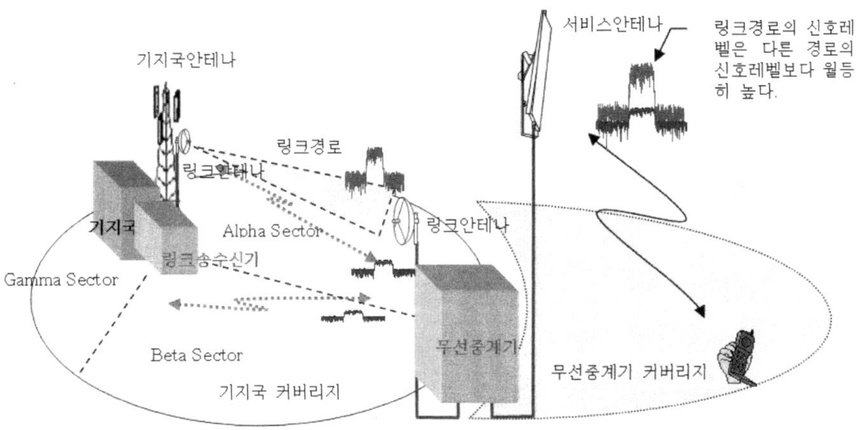

[그림 6.10 원거리 링크된 RF중계기의 링크 구성도]

역방향도 순방향과 동일한 방법으로 링크되며 순방향과 마찬가지로 안정된 무선링크를 이용하여 RF중계기의 증폭된 신호를 기지국에 설치된 링크안테나와 링크송수신기를 통하여 기지국에 전달된다. 또한 안정적인 무선링크는 경로손실을 최소화할 수 있어 무선중계기의 링크안테나를 통해서 수신되는 신호레벨이 높아서 중계기가 적은 이득(Gain)으로 동작을 해도 고출력 레벨로 송신할 수 있다. 이러한 방법으로 기지국과 RF중계기 사이의 무선링크는 경로손실을 최소화 할 수 있어 먼 거리까지 중계기능이 가능하다. 기지국으로부터 원거리에 있는 전파 불감지역은 대부분 광중계기를 이용하여 서비스를 해 왔으나 이 방법을 사용하면 고가의 광선로를 임대하지 않더라도 원거리에서의 중계기능이 가능해 진다.

RF집중링크의 경로손실 및 링크거리에 대한 내용은 앞 절에 언급한 주파수변환 중계기의 표 4.3을 참조하기 바란다. 본 방식의 적용은 RF(무선) 중계기의 이러한 단점들을 해결하여 경제적인 가격으로 옥외 음영지역에 RF중계기를 적용하기 위함이다.

6.4 발진방지 기능을 갖는 RF중계기

이동통신 중계방식 중 가장 손쉽고도 경제적인 방법이 바로 동일한 주파수의 링크방식을 이용한 RF중계기이다. 하지만 이 RF중계기는 RF신호를 증폭하여 재송신하는 데에 큰 결점을 가지고 있는데 그것이 바로 링크 및 서비스 안테나 사이의 분리도 부족으로 일어나는 발진현상이다. 수신된 신호를 증폭하여 재 송신하는 시스템에서는 입력과출력포트간의 분리도가 높아야 한다. 특히 높은 이득을 갖는 증폭 시스템에서는 입출력 포트 사이의 분리도가 중요한 파라미터가 된다. 하지만 RF중계기의 입출력 포트는 안테나에 연결되어 있고 안테나는 특성상 자유공간으로부터 무선신호를 수신하는 방식을 사용하므로 안테나 사이에 무한한 전파 분리도를 가질 수 없어서 송신 안테나를 통해 송신된 무선신호 중 일부가 수신 안테나로 다시 수신되는 현상이 일어나게 된다. 즉 송신된 높은 레벨의 신호 중 일부의 신호가 상대편 안테나에 인입 될 수 있으므로 이 되돌아 온(Feed back) 신호는 RF중계기의 입력신호 및 성능에 영향을 미치게 된다. 안테나간 분리도(Antenna Isolation)의 의미는 두 안테나가 서로간에 얼마나 격리되어 있는가를 나타내는 척도이다. 안테나간 분리도 부족은 중계기의 이득을 제한하여 중계기의 중요한 기능 및 성능을 저하시킨다. 안테나간 분리도가 중계기의 이득보다 15dB이상 높지 않으면 송신안테나로부터 되돌아 온(Feed back) 신호 중 상당한 세기의 신호가 수신안테나로 재입력되어 기지국으로부터 수신되는 입력신호와 합해져 입력신호를 오염시킬 뿐만 아니라 그 신호레벨을 증가시켜 중계기의 출력신호 레벨을 높이는 역할을 하며, 이러한 현상은 짧은 시간 안에 반복되어 중계기 출력신호를 점점 높여서 발진현상을 일으키게 된다. 또한 안테나 분리도가 중계기의 이득보다 15dB이상 높더라도 되돌아 오는(Feed back) 신호는 수신안테나에 입력되어 기지국 링크신호와 합쳐져서 링크신호를 오염시키게 된다. 그러므로 다중경로 페이딩에 의해 되돌아 오는 신호를 선택하여 제거하는 길만이 무선중계기를 옥외환경에서도 안전하게 동작시킬 수 있는 유일한 길이다.

그림 6.11에서 볼 수 있듯이 입력된 기지국 링크신호(①)는 링크 안테나를 통하여 입력되어 중계기의 이득만큼 증폭되어 서비스안테나를 통하여 높은 출력레벨로 재송신(②)된다. 서비스 안테나로부터 송신된 신호는 중계기 커버리지 안의 건물, 나무등과 같은 장애물들에 의해 반사되어 다중경로 페이딩 신호를 만들게 되고 그 신호 중 일부가 링크안테나로 재입력(③)되게 된다. 되돌아온 신호가 포함된 중계기 입력신호로부터 되돌아 온(Feed back)신호를 구분하기 위하여 중계기 내부에 장착된 AD변환기를 통하여 입력신호를 디지털화 하고 중계기 내부의 DSP에서 적용된 반복된 알고리즘을 통하여 이 신호들의 Delay profile을 구해서 원래의 링크신호와 구분하여 되돌아 온 신호들만 진폭과 Delay를 일치시키고 위상을 반

대로 회전시킨 디지털신호를 DA변환시켜 위상만 반대인 되돌아 온 신호(④)를 만들어낸다. 이 신호를 RF중계기의 입력단에 합해주면 되돌아 온 신호들을 모두 제거할 수 있어, RF중계기의 출력단에서는 링크된 기지국 신호만 출력된다. 이 과정에 의해 되돌아 온 신호는 약 20~30dB 정도 제거될 수 있고, 페이딩 신호가 적은 곳에서는 더욱 높은 제거성능을 낼 수 있다.[38]

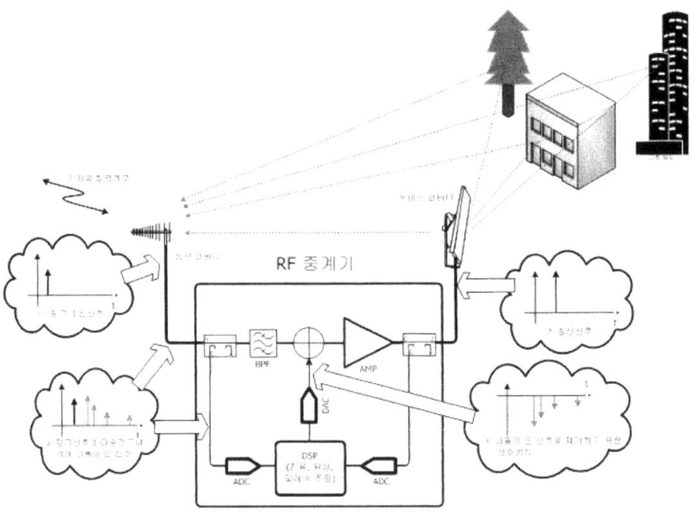

[그림 6.11 발진방지 기능을 갖는 RF중계기의 구성도]

앞으로 이러한 능동적인 방식으로 간섭신호를 제거하여 발진방지(防止) 기술을 구현한 중계기의 개발이 중계기술의 우위를 점할 것으로 생각되어 많은 중계기 제조업체에서는 발진방지 중계기에 대한 개발에 온 힘을 쏟고 있다. 이 기능이 상용화되면 모든 옥외의 음영지역에도 높은 이득의 RF중계기를 적용할 수 있어 많은 경제적인 이익을 가져올 수 있다. 이 기술은 다양한 형태의 옥외 커버리지 확보에 무선중계기를 적용할 수 있도록 해줌으로써 광, 레이저, 마이크로파 등을 이용한 다른 형태의 주파수자원을 사용하여 링크비용을 소비해야 하는 중계기보다 경제적으로 음영지역을 서비스 할 수 있다.

제7장
결론

본 논문은 중계기 시스템이 이동통신 시스템에 접속되면서 이동통신 네트워크에 미치는 영향에 대한 분석과, 이 분석을 토대로 이동통신 네트워크 안에서 중계 시스템을 최적의 성능으로 운용할 수 있는 방법을 찾기 위한 연구이다.

제2장과 제3장에서는 중계기의 주요성능인 송수신 성능에 대한 이론적인 배경과 실제의 중계 링크에서 열화 되는 현상을 해석하기 위해 신호의 열화에 대한 개념을 자세하게 설명하였고, 제4장에서는 기지국과의 안정된 링크를 확보하기 위한 방법에 대해 논의하면서 몇 가지 링크방식에 따른 중계 시스템의 특징에 대하여 알아보았다.

제5장에서는 앞 장의 논의내용을 바탕으로, 기지국과 중계기의 링크상태에 따른 상호 커버리지 영향에 대하여 분석하였고, 이 분석결과를 토대로 중계기가 이동통신 네트워크에 접속되면서 최소의 영향으로 최대의 커버리지 효과를 볼 수 있는 동작점을 제안하였다. 또한 커버리지 분석을 다수의 원격부로 연결된 망 구성으로 확장시켜, 두 개 이상의 중계기 링크가 형성될 때의 기지국 열화를 최소화 하는 방법 등에 대하여 제시하였다. 더 나아가서 실내 커버리지 확보를 위해 분산된 안테나모듈을 이용한 옥내 커버리지 분석을 설명하였다. 또한 무선환경의 다중경로 페이딩 현상을 줄이기 위해 중계기에 다이버시티 수신기능을 장착하여 개선된 수신감도를 확인 할 수 있었다. 제6장에서는 현재나 가까운 미래에 중계기 시스템에 적용될 기술들에 대해 논의하였고, 이 기술들은 본 논문을 준비하면서 연구과제로 진행하여 결실을 맺은 기술들이다.

중계기의 적용은 이동통신 네트워크 안에 잡음원을 추가 시키는 일이다. 그러므로 중계기 커버리지의 크기를 얼마로 할 것인가? 하는 물음은 곧 얼마의 잡음원을 이동통신 네트워크에 주입시킬 것인가? 에 대한 답변으로 귀결된다. 하지만 이 잡음원을 잘 이용하여 최대의 효과를 볼 수 있는 방법이 있으면 분명히 연구할 가치가 있는 분야이다.

참고문헌

[1] 이상근, 방효창 저, "IMT-2000 CDMA기술" pp. 259

[2] 한국정보통신기술협회, "2.3GHz 휴대인터넷 무선성능 적합성 시험규격", 2005. 12

[3] Hyung Joun Yoo, Ji-Hoon Kim, "The Receiver Noise Equation", Microwave Journal (2002. 7)

[4] M. pozar, "Microwave Engineering"(Addison-Wesley, 1998) pp. 574~575

[5] S.W. Kim, H.Y. Cho, Y.Kim, W.W.Lee, "Design of A Predistorter Controlling Each Individual Order of Intermodulation using New Harmonic Generators", Microwave Journal, Vol.4, No.46 pp. 106-114, Apr. 2003

[6] J.W.Heo, Ch.D.Kim, "Spectrum monitored adaptive feedforward linearization", Microwave Journal, Vol. 44, No. 8, ppp.160-167, Sep.2001

[7] 김용석외 저, "훤히 보이는 Wibro", pp. 182

[8] Dimitriou, A.G., Sergiadis, G.D., Vol. 54, No. 3, pp. 774-784, (2006)

[9] 김용석외 저, "훤히 보이는 Wibro" pp. 201

[10] Ryan Hendrickson, "Noise Factor", Wireless Design and Development (2000. 12)

[11] Sang-Jin Park, Whan Woo Kim, Bum Kwon, Vehicular Technology Conference, 2001. VTC 2001 Spring. IEEE VTS 53rd, Vol. 4, pp. 2781-2785, 6-9 May 2001

[12] R. Jakubowski, Proceedings of the IEEE Vehicular Technology Conference, vol. 2, pp. 523-527, May 1989.

[13] Slingsby, W.T., McGeehan, J.P., Antennas and Propagation, 1995. ICAP '95. Ninth International Conference on (Conf. Publ. No. 407) 4-7

Apr 1995, Vol.1 pp. 239-243

[14] Cooper, W., Zeidler, J.R., Bitmead, R.R., Vehicular Technology, IEEE Transactions on, Vol. 53, Issue 3, pp. 783-804, May 2004

[15] Besser Associates, "RF Transceiver Design", pp. RECEIVER 20

[16] Jong Min Cheong, David Ham, Myoung Hun Song, and Yong Sook Son, SPIE APOC2001 (Beijing, China, 2001)

[17] Kauffmann, P., Broadband Communications, 2000. Proceedings. 2000 International Zurich Seminar on 15-17 Feb. 2000, pp. 9-13 [6] Diouris, J.F McLaughlin, S. Zeidler, J., Communications, ICC '99. 1999 IEEE International Conference on 6-10 June 1999, Vol. 3, pp. 1598-1602,

[18] Chulajata, T., Kwon, H.M., Vehicular Technology Conference, 2000. IEEE VTS-Fall VTC 2000. 52nd, Vol. 2, pp. 638-645, 24-28 Sept. 2000

[19] Cheong, J.M., Kim, I.S., Jeong, K.S., Park, T., Seo, S.H., Kim, T., Park, S., Vehicular Technology Conference Proceedings, 2000. VTC 2000-Spring Tokyo. 2000 IEEE 51st Vol. 3, pp. 2564-2567, 15-18 May 2000

[20] Veeravalli, V.V., Sendonaris, A., Jain, N., Vehicular Technology Conference, 1997 IEEE 47th, Vol. 3, pp. 1450-1454, 4-7 May 1997

[21] Wan Choi, Bong Youl Cho, Tae Won Ban, Communications Letters, IEEE, Vol 5, Issue 4, pp. 138-141, April 2001

[22] Bavafa, M.R., Xia, H.H., Vehicular Technology Conference, 1998. VTC 98. 48th IEEE 18-21 May 1998, Vol. 2, pp. 1161-1165, Vol. 48, No. 2,

pp. 97-102, (2002)

[23] Lee, W.C.Y., Lee, D.J.Y., Vehicular Technology Conference Proceedings, 2000. VTC 2000-Spring Tokyo. 2000 IEEE 51st 15-18 May 2000, Vol. 3, pp. 1763-1767, Vol. 48, No. 2, pp. 97-102, (2002)

[24] Patwary, M.N., Rapajic, P.B., Oppermann, I., Vol. 53, No. 10, pp. 1620-1624, (2005)

[25] Knack, A.P., Kolesov, S., Mazierska, J., Microwave Conference Proceedings, 2005. APMC 2005. Asia-Pacific Conference Proceedings, Vol. 3, pp. 4, 4-7 Dec. 2005

[26] Jeong, K.S., Cheong, J.M., Park, T.H., Kim, T.G., Park, S., Vehicular Technology Conference Proceedings, 2000. VTC 2000-Spring Tokyo. 2000 IEEE 51st, Vol. 3, pp. 2439-2443, 15-18 May 2000, Vol. 48, No. 2, pp. 97-102, (2002)

[27] 김장주, 노환주 저, "이동통신 시스템 실무기술", pp. 260-263

[28] Liebendorfer, M., Zehnder, M., Dersch, U., Broadband Communications, 2000. Proceedings. 2000 International Zurich Seminar on 15-17 Feb. 2000, pp. 215-221

[29] Liebendorfer, M., Zehnder, M., Dersch, U., Broadband Communications, 2000. Proceedings. 2000 International Zurich Seminar on 15-17 Feb. 2000 pp. 215-221

[30] Rahman, M., Ernstrom, P., Vol. 53, No. 3, pp. 626-633, (2004)

[31] Hristov, H.D., Feick, R., Grote, W., Antennas and Propagation Society International Symposium, 2001. IEEE 8-13 July 2001, Vol. 2, pp. 158-161

[32] Hyun-cheol Jeon, Yoon-seok Jung, Bum Kwon, Jong-tae Ihm, Broadband Communications, 2002. Access, Transmission, Networking. 2002 International Zurich Seminar on 19-21 Feb. 2002, pp. 33-1-33-6

[33] Xun Liu, Yuantao Peng, Papaefthymiou, M. C., Vol. 25, No. 5, pp. 917-924, (2006)

[34] Hottinen, A., Wichman, R., Broadband Communications, 2000. Proceedings. 2000 International Zurich Seminar on 15-17 Feb. 2000, pp. 15-21, Vol. 48, No. 2, pp. 97-102, (2002)

[35] Xi Zhang, Jia Tang, Global Telecommunications Conference, 2004. GLOBECOM '04. IEEE, Vol 4, pp. 2700-2706, 29 Nov.-3 Dec. 2004

[36] Diouris, J.F McLaughlin, S. Zeidler, J., Communications, ICC '99. 1999 IEEE International Conference on 6-10 June 1999, Vol. 3, pp. 1598-1602

[37] Hsieh, T.-Y., Wang, N.-C., Microwave Journal. Vol. 46, No. 5, pp. 238-246. (2003)

[38] Toshiyuki Maeyama, Takashi Inoue, Electronics and Communications in Japan (Part I: Communications), Vol. 89, Issue 4, pp. 32-41, (2005)

[39] 박용완, 홍인기, 최정희 저, "이동통신공학", pp.290-291(2005)

[40] Alan V. Oppenheim, Alan S. Willsky, "Signal Systems" pp. 522-526

[41] Phillips, Parr, Riskin, "SIGNALS, SYSTEMS, AND TRANSFORMS" pp. 245-249

송두희 Doohee Song

· 서강대학교 물리학과 박사(2006년 이학박사)

· 현, 기산텔레콤 연구개발실 실장

이기진 Kiejin Lee

· 서강대학교 물리학과 박사(1993년 이학박사)

· 쯔구바대학 물질공학 연구소 교원

· 동경공업대학 응용물리학과 교원

· 현, 서강대학교 물리학과 교수

이동통신 중계기의 이해

초판 발행 | 2008년 8월 30일
2쇄 발행 | 2013년 9월 30일

지은이 | 송두희 · 이기진
발행인 | 유기풍
편집인 | 우찬제
발행처 | 서강대학교 출판부
등록번호 | 1978년 9월 28일 제313-2002-170호
Design & Direction | Project 409(02-5114-409)

주소 | 서울특별시 마포구 백범로 35번지
전화 | (02) 705-8212
팩스 | (02) 705-8612

인쇄 | 효일문화사 (02-2273-4856)

송두희 · 이기진
2008 Printed in Seoul, Korea
ISBN 978-89-7273-135-1 93420

정가 22,000원

* 잘못된 책은 구입하신 곳에서 바꿔드립니다.